看范例快速学习地基基础设计

《看范例快速学习地基基础设计》编委会　编

机械工业出版社

本书按照《建筑地基基础设计规范》（GB 50007—2011）进行编写，主要包括土的物理性质及分类、地基中的应力计算、土的压缩性与地基沉降计算、土的抗剪强度与地基承载力、土压力与土坡稳定、建筑场地的工程地质勘察、天然地基上浅基础的设计、桩基础、软弱地基处理、区域性地基等内容。理论结合范例，深入浅出，可帮助读者快速学习地基基础设计。

本书可作为地基基础设计相关技术人员快速学习参考用书，也可作为高等院校土木工程专业及相关专业的教学用书。

图书在版编目（CIP）数据

看范例快速学习地基基础设计/《看范例快速学习地基基础设计》编委会编 . —北京：机械工业出版社，2016. 6
ISBN 978-7-111-54026-7

Ⅰ. ①看…　Ⅱ. ①看…　Ⅲ. ①地基—基础（工程）—建筑设计
Ⅳ. ①TU47

中国版本图书馆 CIP 数据核字（2016）第 131780 号

机械工业出版社（北京市百万庄大街 22 号　邮政编码 100037）
策划编辑：关正美　　责任编辑：关正美
责任校对：张　薇　　封面设计：张　静
责任印制：乔　宇
北京富生印刷厂印刷
2016 年 8 月第 1 版第 1 次印刷
184mm×260mm·15.5 印张·400 千字

标准书号：ISBN 978-7-111-54026-7
定价：59. 00 元

本书编委会名单

主任　沈　宇

编委　方明科　李金凤　耿保池　刘凤珠　蔡泽森
　　　王忠礼　王　冰　贺训珍　刘雪兵　陈　龙
　　　李俊华　段　坤　汤清平　玄志松　谢振奋
　　　王玉松　张建波　谢慧平　莫　骄　翟红红

前　　言

我国修订的《建筑地基基础设计规范》（GB 50007—2011）已于 2012 年 8 月 1 日开始实施。新版地基基础规范反映了近十年来我国地基基础实践经验和科研成果，较"2002 规范"在技术水平上有了较大的提高，内容更加充实和完善。

本书根据《建筑地基基础设计规范》（GB 50007—2011）系统阐述了土力学的基本理论和地基基础的常用设计方法，结合地基基础设计的相关规定提供地基基础设计的工程设计实例进行解析，其目的是使建筑结构设计人员提高解决具体问题的能力。

书内所有术语、符号和公式均依据现行规范，如《建筑地基基础设计规范》（GB 50007—2011）、《建筑桩基技术规范》（JGJ 94—2008）、《建筑抗震设计规范》（GB 50011—2014）、《建筑基坑支护技术规程》（JGJ 120—2012）、《建筑边坡工程技术规范》（GB 50330—2013）、《建筑地基处理技术规范》（JGJ 79—2012）、《建筑桩基检测技术规范》（JGJ 106—2014）等。

在编写本书时，参考了一些公开发表的文献，谨向这些作者表示感谢。

由于编者水平所限，书中可能存在不足和疏漏之处，请读者批评指正。

本书编委会

目　　录

第一章 土的物理性质及分类

第一节 基础知识

一、土力学的概念

土力学是运用力学基本原理和土工测试技术,研究土的性质、地基土的应力、地基的变形、土的抗剪强度与地基承载力、土的压力及土坡稳定性等内容的一门学科。由于土与其他连续固体介质的根本不同,仅靠具备系统理论和严密公式的力学知识,尚不能描述土体在受力后所表现的性状及由此引起的工程问题,而必须借助经验、现场试验、室内试验辅以理论计算,因此也可以说土力学是一门依赖于实践的学科。

二、地基

土层中附加应力和变形所不能忽略的那部分土层称为地基。良好的地基一般应具有较高的承载力与较低的压缩性,以满足地基基础设计的两个基本条件(强度条件与变形条件)。软弱地基的工程性质较差,需经过人工地基处理才能达到设计要求。不需处理而直接利用天然土层的地基称为天然地基;经过人工加工处理才能作为地基的称为人工地基。人工地基施工周期长、造价高,因此建筑物一般宜建造在良好的天然地基上。

三、基础

埋入土层一定深度的建筑物向地基传递荷载的下部承重结构称为基础。

根据不同的分类方法,基础可以有多种形式,但不论是何种基础形式,其结构本身均应具有足够的承载力和刚度,在地基反力作用下不发生破坏,并应具有改善沉降与不均匀沉降的能力。通常把埋置深度不大(一般小于 5 m),只需经过挖槽、排水等普通施工程序就可以建造起来的基础统称为浅基础(各种单独的和连续的基础)。反之,浅层土质不良,而需把基础埋置于深处土质较好的地层时,就要借助特殊的施工方法,建造各种类型的深基础(桩基础、沉井和地下连续墙等)。

四、地基基础设计的基本原理

地基基础设计是整个建筑物设计的一个重要组成部分。它与建筑物的安全和正常使用有着密切的关系。设计时,要考虑场地的工程地质和水文地质条件,同时也要考虑建筑物的使用要求、上部结构特点和施工条件等各种因素,使基础工程做到安全可靠、经济合理、技术先进和便于施工。

一般认为,地基基础在设计时应考虑的因素有以下几个:

(1)施工期限、施工方法及所需的施工设备等。

（2）在地震区，应考虑地基与基础的抗震。

（3）基础的形状和布置，以及与相邻基础和地下构筑物、地下管道的关系。

（4）建造基础所用的材料及基础的结构形式。

（5）基础的埋置深度。

（6）地基土的承载力。

（7）上部结构的类型、使用要求及其对不均匀沉降的敏感度。

五、地基基础在建筑工程中的重要性

建筑物的地基、基础和上部结构三部分，虽然各自的功能不同且研究方法相异，然而对一个建筑物来说，在荷载作用下，这三方面却是彼此联系、相互制约的整体。

地基和基础是建筑物的根本，又属于地下隐蔽工程。它的勘察、设计和施工质量直接关系着建筑物的安危。实践表明，建筑物事故的发生，很多与地基基础有关，而且地基基础事故一旦发生，补救并非易事。另外，基础工程费用与建筑物总造价的比例，视其复杂程度和设计、施工的合理与否，可以变动在百分之几到几十。因此，地基及基础在建筑工程中的重要性是显而易见的。工程实践中，虽然地基基础事故屡有发生，但是只要严格遵循基本建设原则，按照勘察-设计-施工的先后顺序，并切实抓好这三个环节，那么地基基础事故一般是可以避免的。

第二节　土的构成及其构造

一、土的成因

岩石经过风化、剥蚀、搬运、沉积等过程后，所形成的各种疏松的沉积物，在建筑工程中都称为"土"。这是土的狭义概念。土的广义概念是将整体岩石也包括在内，但人们一般都使用土的狭义概念。

风化作用与气温变化、雨雪、山洪、风、空气、生物活动等（也称为外力地质作用）密切相关，一般分为物理风化、化学风化和生物风化三种。由于气温变化，岩石胀缩开裂、崩解为碎块的属于物理风化。这种风化作用只改变颗粒的大小与形状，不改变矿物成分，形成的土颗粒较大，称为原生矿物。由于水溶液、大气等因素的影响，使岩石的矿物成分不断溶解水化、氧化、碳酸盐化引起岩石破碎的属于化学风化。这种风化作用使岩石的矿物成分发生改变，土的颗粒变得很细，称为次生矿物。由于动、植物的生长使岩石破碎的属于生物风化，这种风化作用具有物理风化和化学风化的双重作用。

由于成土过程各环节交错反复，成土的自然地理环境复杂多样，因此土的类型与性质是千差万别的。但是在大致相同的地质年代及相似的沉积条件下形成的堆积物往往在成分及性质上是相近的。土的性质一方面取决于原始沉积条件所决定的土粒成分、结构、孔隙中水溶液的性质等，另一方面也取决于沉积以后的经历，如沉积年代的长短、自然地理条件的变迁等都可引起原始沉积物的成分或性质的某些改变。一般沉积年代越为久远，上覆土层重量越大，土压得越密实，由孔隙水中析出的化学胶结物也就越多。因此，老土层比新土层的强度、变形模量要高，甚至由散粒体经过成岩作用又变成整体岩石，如砂土成为砂岩，黏土变成页岩等。目前所见到的土大都是第四纪沉积层，一般都呈松散状态。但第四纪是由距今一百万年前开始的一个

相当长的时期，第四纪早期沉积的土和近期沉积的土，在性质上就有着相当大的区别。这种影响，对黏性土尤为明显。

建筑工程中将土（岩石除外）分为几大类，即碎石土、砂土、粉土、黏性土和人工填土。碎石和砂土统称为无黏性土。粉土是既不同于黏性土，又有别于砂土，介乎两者之间的土。不同的自然地理环境对土的性质也有很大影响。我国沿海地区的软土、严寒地区的永冻土、西北地区的湿陷性黄土、西南亚热带的红黏土等，除具有一般土的共性外，还具有自己的特点。

二、土的组成

土是由固体颗粒、水和气体组成的三相分散体系。固体颗粒构成土的骨架，是三相体系中的主体，水和气体填充土骨架之间的空隙，土体三相组成中每一相的特性及三相比例关系都对土的性质有显著影响。

（一）土的固体颗粒

1. 土的粒径级配

为了便于研究，将土粒按大小及性质的不同，划分成若干粒组。土的颗粒越小，与水的相互作用就越强烈。粗颗粒和水之间几乎没有物理化学作用，而粒径小于 0.005 mm 的黏粒和胶粒就会受到水的强烈影响，遇水时出现黏性、可塑性、膨胀性等粗颗粒所不具有的特性。很显然，土中所含的各个粒组的相对含量不同，表现出来的土的性质也就不同。

工程中常用的粒径分析法有筛分法（适用于粒径大于 0.074 mm 的土）与比重计法（适用于粒径小于 0.074 mm 的土）两种。如土中同时含有粒径大于和小于 0.074 mm 的土粒时，则两种方法并用。

颗粒分析的结果常用如图 1-1 所示的粒径级配曲线表示。图中的纵坐标表示小于某粒径的土粒占土总重的百分比，横坐标表示粒径。粒径级配曲线可以对土的颗粒组成给以明确的概貌，如由图 1-1 中曲线 2 可以看出，所试验的土样含黏粒 44%，粉粒 36%，砂粒 20%。

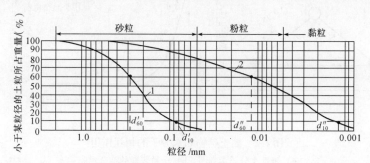

图 1-1 粒径级配曲线

若级配曲线平缓，表示土中含有各种大小粒径的土粒，颗粒不均匀，级配良好；曲线陡峻则表示土粒均匀，级配不好。具体可用不均匀系数 K_u 来衡量

$$K_u = \frac{d_{60}}{d_{10}} \tag{1-1}$$

式中　d_{60}——限定粒径，土中小于该粒径的颗粒重占土总重的 60%；

　　　d_{10}——有效粒径，土中小于该粒径的颗粒重占土总重的 10%。

工程上把 $K_u < 5$ 的土看做是级配均匀；$K_u > 10$ 的土看做是级配良好，土中的大孔隙可为细颗粒所填充，因而适于用作填方土料及混凝土工程的砂石料。

2. 土粒的矿物成分

土粒的矿物成分决定于母岩的矿物成分及风化作用。粗大的土粒往往是岩石经物理风化作用形成的原生矿物，其矿物成分与母岩相同，常见的如石英、长石、云母等，一般砾石、砂等都属此类。这种矿物成分的性质较稳定，由其组成的土表现出无黏性、透水性较大、压缩性较低等性质。细小的土粒主要是岩石经化学风化作用形成的次生矿物，其矿物成分与母岩完全不同，如黏土矿物的蒙脱石、伊利石、高岭石等。次生矿物性质不稳定，具有较强的亲水性，遇水膨胀，脱水收缩。上述三种黏土矿物的亲水性依次减弱，蒙脱石最强，伊利石次之，高岭石最弱。

（二）土中的水

1. 结合水

结合水是借土粒的电分子引力吸附在土粒表面上的水，对土的工程性质影响极大。由于土粒与其周围介质（包围它的气体或液体）间发生物理化学变化，使土粒表面带电（多为负电），并在周围的空间内形成电场，将介质中的水分子［为极性分子，如图 1-2a 所示］及游离阳离子吸附于表面，从而形成结合水膜，如图 1-2b 所示。

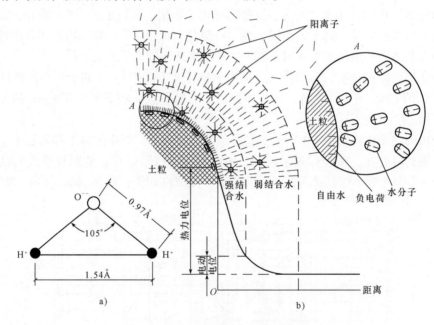

图 1-2　黏土矿物和水分子的相互作用
a）极性水分子示意图　b）土粒表面的结合水膜

2. 自由水

自由水处于土粒的电分子吸力以外，受重力法则控制，不能抗剪，密度在 1 左右。自由水又分两种：位于地下水位以下的水称为重力水，因为它仅受本身的重力作用而运动；位于地下水位以上的水，除重力外还受毛细作用，称为毛细水。土粒间的孔隙是互相连通的，地下水沿着这个不规则的通道上升，形成土中的毛细水上升带。毛细水的上升高度：碎石土（一般认为粒径大于 2 mm 的土粒）无毛细现象；砂土 2 m 以下；粉土及黏性土 2 m 以上。

（三）土中的气体

土中的气体存在于土孔隙中未被水占据的部位。在粗粒的沉积物中有与大气相联通的空气，它对土的力学性质影响不大。在细粒土中则有与大气隔绝的封闭气泡，使土在外力作用下的弹性变形增加，透水性减小。

对于淤泥和泥炭等有机质土，由于微生物（嫌气细菌）的分解作用，在土中蓄积了某种可燃气体（如硫化氢、甲烷等），使土层在自重作用下长期得不到压密，而形成高压缩性土层。

三、土的结构和构造

（一）土的结构

1. 单粒结构

单粒结构（图1-3）为碎石土和砂土的结构特征，这种结构是由土粒在水中或空气中自重下落堆积而成的。因土粒尺寸较大，粒间的分子引力远小于土粒自重，故土粒间几乎没有相互联结的作用，是典型的散粒状物体，简称散体。单粒结构可分为疏松的与紧密的结构。前者颗粒间的孔隙大，颗粒位置不稳定，不论在静载还是动载作用下都很容易错位，产生很大下沉，在振动作用下尤其（体积可减少20%）。因此疏松的单粒结构未经处理不宜作为地基。紧密的单粒结构的颗粒排列已接近最稳定的位置，在动、静荷载作用下均不会产生较大下沉，是比较理想的天然地基。

2. 蜂窝结构

蜂窝结构（图1-4）多为颗粒细小的黏性土所具有的结构形式，有时粉砂也可能有。据研究，粒径在0.002～0.02 mm的土粒在水中沉积时，基本是单个土粒下沉，在下沉途中碰上已沉积的土粒时，由于土粒间的相互分子引力对自重而言已经足够大，因此土粒就停留在最初的接触点上不再下降，而形成很大孔隙的蜂窝状结构。

3. 絮状结构

絮状结构（图1-5）是颗粒最细小的黏性土所特有的结构形式。粒径小于0.002 mm的土粒能够在水中长期悬浮，不因自重而下沉。当在水中加入某些电解质后，颗粒间的排斥力削弱，运动着的土粒凝聚成絮状物下沉，形成类似蜂窝而孔隙很大的结构，称为絮状结构。

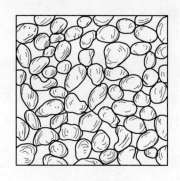

图1-3　单粒结构

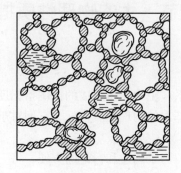

图1-4　蜂窝结构

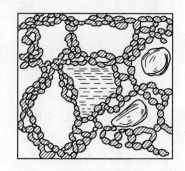

图1-5　絮状结构

（二）土的构造

土的构造是指土体中各结构单元之间的关系，其主要特点是土的成层性和裂隙性。成层性是指土粒在沉积过程中，由于不同阶段沉积的物质成分、颗粒大小等不同，沿竖向呈现出成层特征；裂隙性是指土体被许多不连续的小裂隙所分割，破坏了土的整体性，强度低，渗透性高，工程性质差。有些坚硬和硬塑状态的黏性土具有此种构造。

土的构造类型见表1-1。

表 1-1　土的构造类型

类　别	内　容
层状构造	层状构造（图 1-6）也称为层理，是大部分细粒土的重要外观特征之一。土层表现为由不同细度与颜色的颗粒构成的薄层交叠而成，薄层的厚度可由零点几毫米至几毫米，成分上有细砂与黏土交互层或黏土交互层等。最常见的层理是水平层理（薄层互相平行，且平行于土层界面），此外还有波状层理（薄层面呈现波状，总方向平行于层面）及斜层理（薄层倾斜，与土层界面有一交角）等
分散构造	分散构造（图 1-7）是指土层中各部分的土粒组合无明显差别，分布均匀，各部分的性质也相近。各种经过分选的砂、砾石、卵石形成较大的埋藏厚度，无明显层次，都属于分散构造。分散构造的土比较接近理想的各向同性体
裂隙状构造	裂隙状构造（图 1-8）是指裂隙中往往充填盐类沉淀，很多坚硬与硬塑状态的黏土具有此种构造。裂隙破坏土的整体性。裂隙面是土中的软弱结构面，沿裂隙面的抗剪强度很低而渗透性很高，浸水以后裂缝张开，工程性质更差
结核状构造	结核状构造（图 1-9）是指在细粒土中明显掺有大颗粒或聚集的铁质、钙质集合体及贝壳等杂物。例如，含砾石的冰碛黏土、含结核的黄土等均属此类。由于大颗粒或结核往往分散，故此类土的性质取决于细颗粒部分，但在取小型试样试验时应注意将结核与大颗粒剔除，以免影响成果的代表性

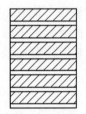　　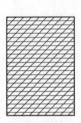　　　　

图 1-6　层状构造　　　　图 1-7　分散构造　　　　图 1-8　裂隙状构造　　　图 1-9　结核状构造

第三节　土的物理性质指标

一、土的三相图

土是固、液、气三相的分散系。土中三相组成的比例指标反映着土的物理状态，如干燥或潮湿，疏松或紧密。这些指标是基本的物理性质指标，它们对于评价土的工程性质具有重要的意义。

土的三相本来是混合分布的，为了阐述和标记的方便，将三相的各部分集合起来，画出土的三相示意图，如图 1-10 所示。

二、土的主要物理指标

（一）土的饱和密度和饱和重度

土的饱和密度是指当土的孔隙中充满水时，土中的固体颗粒和水的质量之和与土样的总体积之比，用符号 ρ_{sat} 表示

$$\rho_{sat} = \frac{m_s + V_v \rho_w}{V} \tag{1-2}$$

土的饱和重度为 $\quad \gamma_{sat} = \rho_{sat}g$ (1-3)

式中 ρ_{sat}——土的饱和密度；

γ_{sat}——土的饱和重度；

m_s——固体部分质量；

g——重力加速度。

（二）土的浮密度和浮重度

地下水位以下的土，其固体颗粒受到重力水的浮力作用，此时土中固体颗粒的质量再减去固体颗粒排开水的质量（即减去浮力）与土样的总体积之比，称为浮密度，用符号 ρ' 表示

$$\rho' = \frac{m_s - V_s \rho'_w}{V}$$ (1-4)

土的浮重度为

$$\gamma' = \rho'g$$ (1-5)

从浮密度和浮重度的定义可知

$$\rho' = \rho_{sat} - \rho_w$$ (1-6)

$$\gamma' = \gamma_{sat} - \gamma_w$$ (1-7)

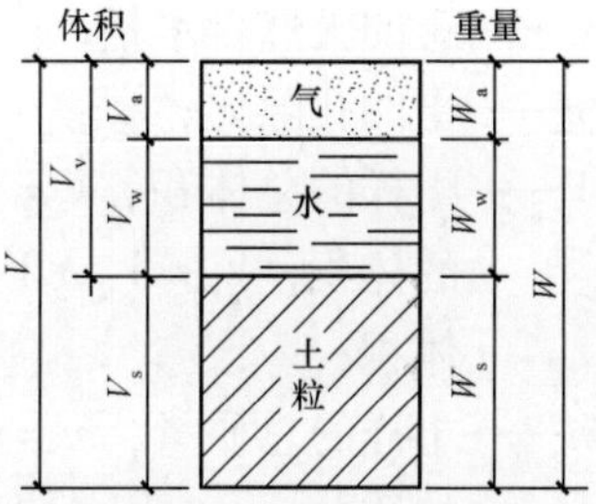

（三）土的干密度和干重度

土的干密度是土中的固体部分质量与土样总体积之比或土单位体积内的干土质量，用符号 ρ_d 表示

$$\rho_d = \frac{m_s}{V}$$ (1-8)

土的干重度为

$$\gamma_d = \rho_d g$$ (1-9)

式中 ρ_d——土的干密度；

γ_d——土的干重度。

（四）土粒相对密度

土粒相对密度是土粒质量与同体积的水（在 4 ℃时）的质量之比，用符号 d_s 表示

$$d_s = \frac{m_s}{m_w} = \frac{V_s \rho_s}{V_s \rho_w} = \frac{\rho_s}{\rho_w}$$ (1-10)

式中 m_s、m_w——固体、水的质量；

V_s——固体的体积；

ρ_s——土粒密度（在 4 ℃时）；

ρ_w——水的密度（在 4 ℃时）。

（五）天然土的密度

天然土的密度是土样的总质量与其总体积之比，用符号 ρ 表示

$$\rho = \frac{m}{V}$$ (1-11)

式中 m、V 如图 1-11 所示。

$$\rho = \frac{d_s \ (1 + w) \ \rho_w}{1 + e}$$ (1-12)

图 1-10 土的三相示意图

图中各符号意义为：

注：V——土的总体积；

V_s——土中固体颗粒的体积；

V_v——土中孔隙的体积；

V_w——土中水所占的体积；

V_a——土中气体所占的体积；

W——土的总重量；

W_s——土中固体颗粒的重量；

W_w——土中水的重量；

W_a——土中气体的重量（一般认为 $W_a = 0$）。

式中 w——土的天然含水量；

　　e——土的孔隙比；

　　V——土样的总体积，$V = V_s + V_v$，其中 V_v 为土中孔隙的体积，$V_v = V_w + V_a$，V_w、V_a 分别为水、气体的体积；

　　m——土样的总质量，$m = m_s + m_w + m_a$，其中 m_s 为固体的质量，m_w 为水的质量，m_a 为气体的质量，m_a 可忽略。

其他符号意义同前。

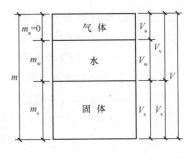

图 1-11　土样三相组成计算

（六）土的天然含水量

在天然状态下，土中含水的质量（或重量）与土粒的质量（或重量）之比，称为土的天然含水量，用符号 w 并用百分数表示

$$w = \frac{m_w}{m_s} \times 100\%$$

（1-13）

式中 m_s——土中固体部分的质量（重量）。

（七）孔隙比

孔隙比是土中孔隙体积与固体颗粒体积之比，用符号 e 表示，e 是一个正有理数

$$e = \frac{V_v}{V_s}$$

（1-14）

式中 e——孔隙比；

　　V_v——孔隙体积；

　　V_s——固体颗粒体积。

（八）孔隙率

孔隙率是土中的孔隙体积与总体积之比，用符号 n 表示

$$n = \frac{V_v}{V} \times 100\%$$

（1-15）

式中 n——孔隙率；

　　V_v——孔隙体积；

　　V——总体积。

三、土的三相物理性质指标

土的三相指标相互之间具有一定的关系。只要知道其中某些指标，通过简单的计算，就可以得到其他指标。上述各指标中，土粒相对密度 d_s、含水量 w、重度 γ 三个指标必须通过试验测定，其他指标可由这三个指标换算得到。其换算方法可用土的三相比例指标换算（图 1-12）来说明。令固体颗粒体积 $V_s = 1$，根据定义即可得出 $V_v = e$、$V = 1 + e$、$W_s = \gamma_w d_s$、$W_w = w \gamma_w d_s$、$W = \gamma_w d_s (1 + w)$。据此，可以导出各指标间的换算公式，见表 1-2。

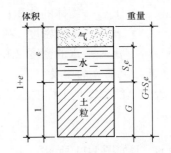

图 1-12　土的三相物理性质指标换算

表 1-2　土的三相物理性质指标常用换算公式

序号	指标名称	符 号	表 达 式	单 位	换 算 公 式	备 注
1	重度	γ	$\gamma = \dfrac{W}{V}$	kN/m³ 或 N/cm³	$\gamma = \dfrac{d_s + S_r e}{1 + e}$ $\gamma = \dfrac{d_s(1 + 0.01w)}{1 + e}$	
2	相对密度	d_s	$d_s = \dfrac{W_s}{V_s \gamma_w}$	—	$d_s = \dfrac{S_r e}{w}$	由试验直接测定
3	含水量	w	$w = \dfrac{W_w}{W_s} \times 100$	%	$w = \dfrac{S_r e}{d_s} \times 100$ $w = \left(\dfrac{\gamma}{\gamma_d} - 1 \right) \times 100$	
4	孔隙比	e	$e = \dfrac{V_v}{V_s}$		$e = \dfrac{d_s \gamma_w (1 + 0.01w)}{\gamma} - 1$ $e = \dfrac{d_s \gamma_w}{\gamma_d} - 1$	
5	孔隙率	n	$n = \dfrac{V_v}{V} \times 100$	%	$n = \dfrac{e}{1 + e} \times 100$ $n = \left(1 - \dfrac{\gamma_d}{d_s \gamma_w} \right) \times 100$	
6	饱和度	S_r	$S_r = \dfrac{V_w}{V_v} \times 100$	%	$S_r = \dfrac{w d_s}{e}$ $S_r = \dfrac{w \gamma_d}{n}$	
7	干重度	γ_d	$\gamma_d = \dfrac{W_s}{V}$	kN/m³ 或 N/cm³	$\gamma_d = \dfrac{d_s}{1 + e}$ $\gamma_d = \dfrac{\gamma}{1 + 0.01w}$	
8	饱和重度	γ_m	$\gamma_m = \dfrac{W_s + V_v \gamma_w}{V}$	kN/m³ 或 N/cm³	$\gamma_m = \dfrac{d_s + e}{1 + e}$	
9	浮重度	γ'	$\gamma' = \gamma_m - \gamma_w$	kN/m³ 或 N/m³	$\gamma' = \gamma_m - \gamma_w$ $\gamma' = \dfrac{(d_s - 1) \gamma_w}{1 + e}$	

【例 1-1】　在某住宅地基勘察中，已知一个钻孔原状土试样结果为：土的密度 $\rho = 1.80\text{g/cm}^3$，土粒比重 $G_s = 2.70$，土的含水率 $w = 18.0\%$。求其余 5 个物理性质指标。

【解】　（1）绘制三相计算图，如图 1-13 所示。

（2）令 $V = 1\text{cm}^3$。

（3）已知 $\rho = \dfrac{m}{V} = 1.80\text{g/cm}^3$，

则 $m = 1.80\text{g}$。

（4）已知 $w = \dfrac{m_w}{m_s} = 0.18$，

则 $m_w = 0.18 m_s$，

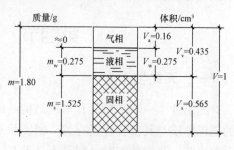

图 1-13　三相计算图

又知 $m_w + m_s = 1.80\text{g}$，

则　$m_s = \dfrac{1.80}{1.18}\text{g} = 1.525\text{g}$。

故 $m_w = m - m_s = （1.80 - 1.525）\text{g} = 0.275\text{g}$。

（5）$V_w = 0.275\text{cm}^3$。

（6）已知 $G_s = \dfrac{m_s}{V_s} = 2.70$，

则 $V_s = \dfrac{m_s}{2.70} = \dfrac{1.525}{2.70}\text{g} = 0.565\text{cm}^3$。

（7）孔隙体积 $V_v = V - V_s = 1 - 0.565 = 0.435\text{cm}^3$。

（8）气相体积 $V_a = V_v - V_w = 0.435 - 0.275 = 0.16\text{cm}^3$。

至此，三相计算图中 8 个物理量全部计算出数值。

（9）据所求物理性质指标的表达式可得：

孔隙比　　　　　　　　　　$e = \dfrac{V_v}{V_s} = \dfrac{0.435}{0.565} = 0.77$

孔隙率　　　　　　　$n = \dfrac{V_v}{V} \times 100\% = 0.435 \times 100\% = 43.5\%$

饱和度　　　　　　　　　$S_r = \dfrac{V_w}{V_v} = \dfrac{0.275}{0.435} = 0.632$

干密度　　　　　　　　　　$\rho_d = \dfrac{m_s}{V} = 1.525\text{g/cm}^3$

干重度　　　　　　　　　　$\gamma_d = 15.25\text{kN/m}^3$

饱和密度　　　$\rho_{sat} = \dfrac{m_w + m_s + V_a\rho_w}{V} = （1.80 + 0.16）\text{g/cm}^3 = 1.96\text{g/cm}^3$

饱和重度　　　　　　　　　$\gamma_{sat} = 19.6\text{kN/m}^3$

有效重度　　　　$\gamma' = \gamma_{sat} - \gamma_w = （19.6 - 10）\text{kN/m}^3 = 9.6\text{kN/m}^3$

上述三相计算中，若设 $V_s = 1\text{cm}^3$，与 $V = 1\text{cm}^3$ 计算可得相同的结果。

第四节　土的物理状态指标

一、无黏性土

无黏性土一般是指具有单粒结构的砂土与碎石土，土粒之间无粘结力，呈松散状态。它们的工程性质与其密实程度有关。密实状态时，结构稳定，强度较高，压缩性小，可作为良好的天然地基；疏松状态时，则是不良地基。

（一）砂土的密实度

砂土的密实度通常采用相对密实度 D_r 来判别，其表达式为

$$D_r = \dfrac{e_{max} - e}{e_{max} - e_{min}} \tag{1-16}$$

式中　e——砂土在天然状态下的孔隙比；

$e_{\max}$——砂土在最松散状态下的孔隙比，即最大孔隙比；

$e_{\min}$——砂土在最密实状态下的孔隙比，即最小孔隙比。

由式（1-16）可以看出：当 $e = e_{\min}$ 时，$D_r = 1$，表示土处于最密实状态；当 $e = e_{\max}$ 时，$D_r = 0$，表示土处于最松散状态。判定砂土密实度的标准如下：

$$0.67 < D_r \leqslant 1 \qquad 密实$$

$$0.33 < D_r \leqslant 0.67 \qquad 中密$$

$$0 \leqslant D_r \leqslant 0.33 \qquad 松散$$

相对密实度从理论上讲是判定砂土密实度的好方法，但由于天然状态的 e 值不易测准、测定 $e_{\max}$ 和 $e_{\min}$ 的误差较大等实际困难，故在应用上存在许多问题。根据标准贯入试验锤击数 N 来评定砂土的密实度（表1-3）。

表1-3　砂土的密实度

标准贯入试验锤击数 N	密　实　度	标准贯入试验锤击数 N	密　实　度
$N \leqslant 10$	松散	$15 < N \leqslant 30$	中密
$10 < N \leqslant 15$	稍密	$N > 30$	密实

（二）碎石土的密实度

碎石土的颗粒较粗，试验时不易取得原状土样，根据重型圆锥动力触探锤击数 $N_{63.5}$ 可将碎石土的密实度划分为松散、稍密、中密和密实（表1-4），也可根据野外鉴别方法确定其密实度（表1-5）。

表1-4　碎石土的密实度

重型圆锥动力触探锤击数 $N_{63.5}$	密　实　度	重型圆锥动力触探锤击数 $N_{63.5}$	密　实　度
$N_{63.5} \leqslant 5$	松散	$10 < N_{63.5} \leqslant 20$	中密
$5 < N_{63.5} \leqslant 10$	稍密	$N_{63.5} > 20$	密实

注：1. 本表适用于平均粒径小于或等于50 mm且最大粒径不超过100 mm的卵石、碎石、圆砾、角砾；对于平均粒径大于50 mm或最大粒径大于100 mm的碎石土，可按表1-5鉴别其密实度。

　　2. 表内 $N_{63.5}$ 为经综合修正后的平均值。

表1-5　碎石土密实度的野外鉴别方法

密实度	骨架颗粒含量和排列	可　挖　性	可　钻　性
密实	骨架颗粒含量大于总重的70%，呈交错排列，连续接触	锹镐挖掘困难，用撬棍方能松动，井壁一般稳定	钻进极困难，冲击钻探时，钻杆、吊锤跳动剧烈，孔壁较稳定
中密	骨架颗粒含量等于总重的60%～70%，呈交错排列，大部分接触	锹镐可挖掘，井壁有掉块现象，从井壁取出大颗粒处能保持颗粒凹面形状	钻进较困难，冲击钻探时，钻杆、吊锤跳动不剧烈，孔壁有坍塌现象
稍密	骨架颗粒含量等于总重的55%～60%，排列混乱，大部分不接触	锹可挖掘，井壁易坍塌，从井壁取出大颗粒后，砂土立即坍落	钻进较容易，冲击钻探时，钻杆稍有跳动，孔壁易坍塌
松散	骨架颗粒含量小于总重的55%，排列十分混乱，绝大部分不接触	锹易挖掘，井壁极易坍塌	钻进很容易，冲击钻探时，钻杆无跳动，孔壁极易坍塌

注：1. 骨架颗粒是平均粒径大于50 mm或最大粒径大于100 mm的碎石土。

　　2. 碎石土的密实度应按列各项要求综合确定。

二、黏性土

黏性土的主要物理状态特征是指其软硬程度。由于黏性土的主要成分是黏粒，土颗粒很细，土的比表面（单位体积颗粒的总表面积）大，与水相互作用的能力较强，故水对其工程性质影响较大。

黏性土的物理状态主要指标见表1-6。

表1-6 黏性土的物理状态主要指标

类 别	内 容
界限含水量	当土中含水量很大时，土粒被自由水隔开，土处于流动状态；随着含水量的减少，逐渐变成可塑状态，这时土中水分主要为弱结合水；当土中主要含强结合水时，土处于固体状态。如图1-14所示 图1-14 黏性土的物理状态与含水量的关系 黏性土由一种状态转变到另一种状态的分界含水量称为界限含水量。 (1) 液限是土由流动状态转变到可塑状态时的界限含水量（也称为流限或塑性上限）。 (2) 塑限是土由可塑状态转变到半固态时的界限含水量（也称为塑性下限）。 (3) 缩限是土由半固态转变到固态时的界限含水量。 工程上常用的界限含水量有液限和塑限，缩限常用收缩皿法测试，是土由半固态不断蒸发水分，体积逐渐缩小，直到体积不再缩小时的含水量
塑性指数	液限与塑限的差值（计算时略去百分号）称为塑性指数，用符号I_P表示，即 $$I_P = w_L - w_P$$ 塑性指数表示土的可塑性范围，它主要与土中黏粒（直径小于0.005 mm的土粒）含量有关。黏粒含量增多，土的比表面增大，土中结合水含量高，塑性指数就大。 塑性指数是描述黏性土物理状态的重要指标之一，工程上常用它对黏性土进行分类
液性指数	土的天然含水量与塑限的差值除以塑性指数称为液性指数，用符号I_L表示，即 $$I_L = \frac{w - w_P}{I_P} = \frac{w - w_P}{w_L - w_P}$$ 由上式可见：$I_L < 0$，即$w < w_P$，土处于坚硬状态；$I_L > 1.0$，即$w > w_L$，土处于流动状态。因此，液性指数是判别黏性土软硬程度的指标。根据液性指数将黏性土划分为坚硬、硬塑、可塑、软塑及流塑五种状态，见下表

黏性土的状态

液性指数 I_L	$I_L \leq 0$	$0 < I_L \leq 0.25$	$0.25 < I_L \leq 0.75$	$0.75 < I_L \leq 1$	$I_L > 1$
状态	坚硬	硬塑	可塑	软塑	流塑

类 别	内 容
灵敏度和触变性	黏性土的一个重要特征是具有天然结构性，当天然结构被破坏时，黏性土的强度降低，压缩性增大。反映黏性土结构性强弱的指标称为灵敏度，用S_t表示 $$S_t = \frac{q_u}{q_0}$$ 式中 q_u——原状土强度； q_0——与原状土含水量、重度等相同，结构完全破坏的重塑土强度。

类　别	内　容
灵敏度和触变性	根据灵敏度可将黏性土分为： $S_t > 4$　　　　　　　　　高灵敏度 $2 < S_t \leqslant 4$　　　　　　　中灵敏度 $1 < S_t \leqslant 2$　　　　　　　低灵敏度 　　土的灵敏度越高，结构性越强，扰动后土的强度降低越多。因此对灵敏度高的土，施工时应特别注意保护基槽，使结构不扰动，避免降低地基承载力。 　　黏性土扰动后土的强度降低，但静置一段时间后，土粒、离子和水分子之间又趋于新的平衡状态，土的强度又逐渐增长，这种性质称为土的触变性

第五节　土的压实性与渗透性

一、土的压实性

（一）土的压实性的概念

压实性是指采用人工或机械以夯、碾、振动等方式，对土施加夯压能量，使土颗粒原有结构破坏，空隙减小，气体排出，重新排列压实致密，从而得到新的结构强度。对于粗粒土，主要是增加了颗粒间的摩擦和咬合；对于细粒土，则有效地增强了土粒间的分子引力。

（二）压实性测定试验

在实验室进行击实试验是研究土的压实性的基本方法。击实试验分轻型和重型两种。轻型击实试验适用于粒径小于 5 mm 的黏性土，重型击实试验适用于粒径不大于 20 mm 的土。试验时，将含水量为一定值的扰动土样分层装入击实筒中，每铺一层后，均用击锤按规定的落距和击数锤击土样，直到被击实的土样（共 3 ~ 5 层）充满击实筒。由击实筒的体积和筒内击实土的总重量计算出湿密度 ρ，再根据测定的含水量 w，可算出干密度 $\rho_d = \dfrac{\rho}{1+w}$。同一组（通常为 5 个）不同含水量的同一种土样，分别按上述方法进行试验，即可绘制一条击实曲线，如图 1-15 所示。由图 1-15 可见，对某一土样，在一定的击实功能作用下，只有当土的含水量为某一适宜值时，土样才能达到最密

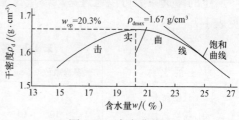

图 1-15　击实曲线

实。击实曲线的极值为最大干密度 ρ_{dmax}，相应的含水量即为最优含水量 w_{op}。

（三）压实系数

在工程中，填土的质量标准常用压实系数来控制，压实系数定义为工地压实达到的干密度 ρ_d 与击实试验所得到的最大干密度 ρ_{dmax} 之比，即 $\lambda = \dfrac{\rho_d}{\rho_{dmax}}$。压实系数越接近 1，表明对压实质量的要求越高。

（四）影响因素

影响土压实性的因素很多，包括土的含水量、土类及级配、击实功能、毛细管压力、孔隙压力等，其中前三种是主要影响因素。

二、土的渗透性

（一）土的渗透性的概念

土的渗透性一般是指水流通过土中孔隙难易程度的性质，或称透水性。地下水的补给与排泄条件，以及在土中的渗透速度与土的渗透性有关。在计算地基沉降的速率和地下水涌水量时都需要土的渗透性指标。

（二）渗透定律

早在 1856 年，法国学者达西在稳定流和层流条件下，用饱和粗颗粒土进行了大量的渗透试验，测定水流通过试样单位截面积的渗流量，获得了渗流量与水力梯度的关系，从而得到了渗流速度与水力梯度和土体渗透性质的基本规律，即达西渗透定律。

地下水在土中的渗透速度一般可按达西根据试验得到的直线渗透定律计算，其公式如下（图1-16）

$$v = ki \tag{1-17}$$

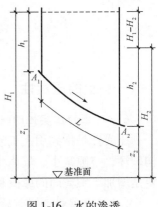

图1-16 水的渗透

式中 v——水在土中的渗透速度（cm/s），它不是地下水的实际流速，而是在单位时间（s）内流过单位土截面（cm^2）的水量（cm^3）；

　　　i——水力梯度，$i = \dfrac{H_1 - H_2}{L}$，即土中 A_1 和 A_2 两点的水头差（$H_1 - H_2$）与两点间的流线长度（L）之比；图中 h_1、h_2 为两点的压头，z_1、z_2 为位头，则 H_1、H_2 为总水头；

　　　k——土的渗透系数（cm/s），与土的渗透性质有关的待定常数。

在式（1-17）中，当 $i = 1$ 时，$k = v$，即土的渗透系数，其值等于水力梯度为 1 时的地下水渗透速度，k 值的大小反映了土渗透性的强弱。

土的渗透系数可以通过室内渗透试验或现场抽水试验来测定。各种土的渗透系数变化范围见表1-7。

表1-7　各种土的渗透系数变化范围

土 的 名 称	渗透系数/（cm·s^{-1}）	土 的 名 称	渗透系数/（cm·s^{-1}）
致密黏土	$<10^{-7}$	粉砂、细砂	$10^{-2} \sim 10^{-4}$
粉质黏土	$10^{-6} \sim 10^{-7}$	中　砂	$10^{-1} \sim 10^{-2}$
粉土、裂隙黏土	$10^{-4} \sim 10^{-6}$	粗砂、砾石	$10^{2} \sim 10^{-1}$

水在土体中渗流，渗透水流作用在土颗粒上的作用力称为渗透力。当渗透力较大时，就会引起土颗粒的移动，使土体产生变形，称为土的渗透变形。若渗透水流把土颗粒带出土体（如流沙、管涌等），造成土体的破坏，称为渗透破坏。这种渗透现象会危及建筑物的安全与稳定，必须采取措施加以防治。

（三）影响因素

影响土的渗透性的因素除了渗透水的密度和黏滞性等性质外，其他因素主要有土颗粒的大小和级配、孔隙比、矿物成分、微观结构和宏观构造，这些因素在不同土类中有不同的影响。粗粒土的渗透性主要取决于孔隙通道的截面积，细粒土的渗透性主要取决于黏土矿物表面的活性作用和原状土的孔隙比大小。

第六节　地基岩土的工程分类

一、岩石和土的分类方法

岩石和土的分类方法很多，不同部门根据其不同的用途采用各自的分类方法。在建筑工程中，土是作为地基来承受建筑物的荷载的，因此从土的工程性质（特别是强度与变形特性）及其与地质成因的关系的角度进行分类。

二、岩石的分类

（一）岩石的基本分类方法及内容

岩石分类方法及内容见表1-8。

表1-8　岩石分类方法及内容

序号	划分标准	划分方法	种类特征	备注
1	岩石坚硬强度	根据岩块的饱和单轴抗压强度标准值 f_{rk}/MPa 进行划分	（1）坚硬岩：$f_{rk} > 60$ （2）较硬岩：$60 \geq f_{rk} > 30$ （3）较软岩：$30 \geq f_{rk} > 15$ （4）软岩：$15 \geq f_{rk} > 5$ （5）极软岩：$f_{rk} \leq 5$	当无法取得饱和单轴抗压强度数据时，可用点荷载试验强度换算，换算方法按现行国家标准《工程岩体分级标准》（GB 50218—1994）执行。当岩体完整程度为极破碎时，可不进行坚硬程度分类
		观察定性划分	当缺乏饱和单轴抗压强度资料或不能进行该项试验时，可在现场通过观察定性划分，具体内容见表1-10	
		按岩石的风化程度划分	（1）未风化岩。野外特征：岩质新鲜，偶见风化痕迹。风化程度参数指标：波速比 K_v 为 0.9~1.0，风化系数 K_f 为 0.9~1.0。 （2）微风化岩。野外特征：结构基本未变，仅裂理面有渲染或略有变色，有少量风化裂隙。风化程度系数指标：波速比 K_v 为 0.8~0.9，风化系数 K_f 为 0.8~0.9。 （3）中等风化岩。野外特征：结构部分破坏，沿节理面有次生矿物，风化裂隙发育，岩体被切割成岩块。用镐难挖，岩芯钻孔可钻进。风化程度系数指标：波速比 K_v 为 0.6~0.8，风化系数 K_f 为 0.4~0.8。 （4）强风化岩。野外特征：结构大部分破坏，矿物成分显著变化，风化裂隙很发育，岩体破碎，用镐可挖，干钻不易钻进。风化程度系数指标：波速比 K_v 为 0.4~0.6，风化系数 $K_f < 0.4$。 （5）全风化岩。野外特征：结构基本破坏，但尚可辨认，有残余结构强度，可用镐挖，干钻可钻进。风化系数指标：波速比 K_v 为 0.2~0.4。 （6）残积土。野外特征：组织结构全部破坏，已风化成土状，锹镐易挖掘，干钻易钻进，具可塑性。风化系数指标：波速比 $K_v < 0.2$	（1）波速比 K_v 为风化岩石与新鲜岩石压缩波速度之比。 （2）风化系数 K_f 为风化岩石与新鲜岩石饱和单轴抗压强度之比。 （3）岩石风化程度，除按表列野外特征和定量指标划分外，也可根据当地经验划分。 （4）花岗岩类岩石，可采用标准贯入试验划分，$N \geq 50$ 为强风化；$50 > N \geq 30$ 为全风化；$N < 30$ 为残积土。 （5）泥岩和半成岩，可不进行风化程度划分

序号	划分标准	划分方法	种类特征	备注
2	岩石完整程度	按岩石完整程度等级划分	（1）完整。完整性指数：>0.75。 （2）较完整。完整性指数：0.75~0.55。 （3）较破碎。完整性指数：0.55~0.35。 （4）破碎。完整性指数：0.35~0.15。 （5）极破碎。完整性指数：<0.15	完整性指数为岩体纵波波速与岩块纵波波速之比的平方。选定岩体、岩块测定波速时应有代表性
		观察定性划分	当缺乏试验数据时，可在现场通过观察定性划分，具体内容见表1-9	
3	岩石基本质量	按岩石的基本质量等级进行划分	具体内容见表1-10	

（二）岩体完整程度的定性分类

岩体完整程度的定性分类见表1-9。

表1-9　岩体完整程度的定性分类

完整程度	结构面发育程度		主要结构面的结合程度	主要结构面类型	相应结构类型
	组数	平均间距/m			
完整	1~2	>1.0	结合好或结合一般	裂隙、层面	整体状或巨厚层状结构
较完整	1~2	>1.0	结合差	裂隙、层面	块状或厚层状结构
	2~3	1.0~0.4	结合好或结合一般		块状结构
较破碎	2~3	1.0~0.4	结合差	裂隙、层面、小断层	裂隙块状或中厚层状结构
	≥3	0.4~0.2	结合好		镶嵌碎裂结构
			结合一般		中、薄层状结构
破碎	≥3	0.4~0.2	结合差	各种类型结构面	裂隙块状结构
		≤0.2	结合一般或结合差		碎裂状结构
极破碎	无序		结合很差		散体状结构

注：平均间距是指主要结构面（1~2组）间距的平均值。

（三）岩石坚硬程度的定性分类及岩石基本质量等级分类

岩石坚硬程度的定性分类见表1-10。

表1-10　岩石坚硬程度的定性分类

序号	名称		定性鉴定	代表性岩石
1	硬质岩	坚硬岩	锤击声清脆，有回弹，震手，难击碎；基本无吸水反应	未风化~微风化的花岗岩、闪长岩、辉绿岩、玄武岩、安山岩、片麻岩、石英岩、硅质砾岩、石英砂岩、硅质石灰岩等
		较硬岩	锤击声较清脆，有轻微回弹，稍震手，较难击碎；有轻微吸水反应	（1）微风化的坚硬岩。 （2）未风化~微风化的大理岩、板岩、石灰岩、钙质砂岩等
2	软质岩	较软岩	锤击声不清脆，无回弹，较易击碎；指甲可刻出印痕	（1）中风化的坚硬岩和较硬岩。 （2）未风化~微风化的凝灰岩、千枚岩、砂质泥岩、泥灰岩等
		软岩	锤击声哑，无回弹，有凹痕，易击碎；浸水后，可捏成团	（1）强风化的坚硬岩和较硬岩。 （2）中风化的较软岩。 （3）未风化~微风化的泥质砂岩、泥岩等
3	极软岩		锤击声哑，无回弹，有较深凹痕，手可捏碎；浸水后，可捏成团	（1）风化的软岩。 （2）全风化的各种岩石。 （3）各种半成岩

岩石基本质量等级分类见表1-11。

表1-11　岩石基本质量等级分类

坚硬程度＼完整程度	完 整	较 完 整	较 破 碎	破 碎	极 破 碎
坚硬岩	I	II	III	IV	V
较硬岩	II	III	IV	IV	V
较软岩	III	IV	IV	V	V
软 岩	IV	IV	V	V	V
极软岩	V	V	V	V	V

三、碎石土的分类

（一）碎石土的基本分类

碎石土的基本分类见表1-12。

表1-12　碎石土的分类

序号	名 称	颗 粒 形 状	粒 组 含 量
1	漂 石	圆形及亚圆形为主	粒径大于200 mm的颗粒含量超过全重50%
2	块 石	棱角形为主	
3	卵 石	圆形及亚圆形为主	粒径大于20 mm的颗粒含量超过全重50%
4	碎 石	棱角形为主	
5	圆 砾	圆形及亚圆形为主	粒径大于2 mm的颗粒含量超过全重50%
6	角 砾	棱角形为主	

注：分类时，应根据粒组含量栏从上到下以最先符合者确定。

（二）碎石土密实度分类

1. 碎石土密实度按 $N_{63.5}$ 分类

碎石土密实度按 $N_{63.5}$ 分类见表1-13。

表1-13　碎石土密实度按 $N_{63.5}$ 分类

重型动力触探锤击数 $N_{63.5}$	密 实 度	重型动力触探锤击数 $N_{63.5}$	密 实 度
$N_{63.5} \leqslant 5$	松 散	$10 < N_{63.5} \leqslant 20$	中 密
$5 < N_{63.5} \leqslant 10$	稍 密	$N_{63.5} > 20$	密 实

注：1. 本表适用于平均粒径等于或小于50mm，且最大粒径小于100mm的碎石土。对于平均粒径大于50mm，或最大粒径大于100mm的碎石土，可用超重型动力触探或用野外观察鉴别。

　　2. 表内 $N_{63.5}$ 为经综合修正后的平均值。

2. 碎石土密实度按 N_{120} 分类

碎石土密实度按 N_{120} 分类见表1-14。

表1-14　碎石土密实度按 N_{120} 分类

超重型动力触探锤击数 N_{120}	密 实 度	超重型动力触探锤击数 N_{120}	密 实 度
$N_{120} \leqslant 3$	松 散	$11 < N_{120} \leqslant 14$	密 实
$3 < N_{120} \leqslant 6$	稍 密	$N_{120} > 14$	很 密
$6 < N_{120} \leqslant 11$	中 密		

四、砂土的分类

(一) 砂土的基本分类

砂土的基本分类见表1-15。

表1-15　砂土的分类

序　号	名　称	粒 组 含 量
1	砾　砂	粒径大于 2 mm 的颗粒含量占全重 25% ~ 50%
2	粗　砂	粒径大于 0.5 mm 的颗粒含量超过全重 50%
3	中　砂	粒径大于 0.25 mm 的颗粒含量超过全重 50%
4	细　砂	粒径大于 0.075 mm 的颗粒含量超过全重 85%
5	粉　砂	粒径大于 0.075 mm 的颗粒含量超过全重 50%

注：分类时应根据粒组含量栏从上到下以最先符合者确定。

(二) 砂土密实度分类

砂土密实度分类见表1-16。

表1-16　砂土密实度分类

标准贯入锤击数 N	密 实 度
$N \leqslant 10$	松　散
$10 < N \leqslant 15$	稍　密
$15 < N \leqslant 30$	中　密
$N > 30$	密　实

五、粉土的分类

(一) 粉土密实度分类

粉土密实度分类见表1-17。

表1-17　粉土密实度分类

孔隙比 e	密 实 度
$e < 0.75$	密　实
$0.75 \leqslant e \leqslant 0.90$	中　密
$e > 0.90$	稍　密

注：当有经验时，也可用原位测试或其他方法划分粉土的密实度。

(二) 粉土湿度分类

粉土湿度分类见表1-18。

表1-18　粉土湿度分类

含水量 w （％）	湿 度
$w < 20$	稍　湿
$20 \leqslant w \leqslant 30$	湿
$w > 30$	很　湿

六、黏性土的分类与状态

（一）黏性土的分类

黏性土的分类见表 1-19。

表 1-19　黏性土的分类

塑性指数 I_P	土 的 名 称
$I_P > 17$	黏 土
$10 < I_P \leqslant 17$	粉质黏土

注：塑性指数由相应于 76 g 圆锥体沉入土样中深度为 10 mm 时测定的液限计算而得。

（二）黏性土的状态

黏性土的状态见表 1-20。

表 1-20　黏性土的状态

液性指数 I_L	状 态	液性指数 I_L	状 态
$I_L \leqslant 0$	坚硬	$0.75 < I_L \leqslant 1$	软塑
$0 < I_L \leqslant 0.25$	硬塑	$I_L > 1$	流塑
$0.25 < I_L \leqslant 0.75$	可塑		

注：当用静力触探探头阻力或标准贯入试验锤击数判定黏性土的状态时，可根据当地经验确定。

七、地基岩土的种类

（一）岩石

岩石（基岩）是指颗粒间牢固联结，呈整体或具有节理、裂隙的岩体。

（二）碎石土

碎石土为粒径大于 2mm 的颗粒含量超过全重 50% 的土。碎石土可按表 1-12 分为漂石、块石、卵石、碎石、圆砾和角砾。

碎石土的密实度可根据圆锥动力触探锤击数按表 1-13 或表 1-14 确定，表中的 $N_{63.5}$ 和 N_{120} 应按以下内容修正。

（1）当采用重型圆锥动力触探确定碎石土密实度时，锤击数 $N_{63.5}$ 应按下式修正

$$N_{63.5} = a_1 N'_{63.5} \tag{1-18}$$

式中　$N_{63.5}$——修正后的重型圆锥动力触探锤击数；

　　　a_1——修正系数；

　　　$N'_{63.5}$——实测重型圆锥动力触探锤击数。

（2）当采用超重型圆锥动力触探确定碎石土密实度时，锤击数 N_{120} 应按下式修正

$$N_{120} = a_2 N'_{120} \tag{1-19}$$

式中　N_{120}——修正后的超重型圆锥动力触探锤击数；

　　　a_2——修正系数；

　　　N'_{120}——实测超重型圆锥动力触探锤击数。

（三）砂土

砂土为粒径大于 2 mm 的颗粒含量不超过全重 50%、粒径大于 0.075 mm 的颗粒超过全重

50%的土。砂土可按表1-12分为砾砂、粗砂、中砂、细砂和粉砂。

砂土的密实度应根据标准贯入试验锤击数实测值 N 划分为密实、中密、稍密和松散，并应符合表1-16的规定。当用静力触探探头阻力划分砂土密实度时，可根据当地经验确定。

（四）粉土

粉土为粒径大于 0.075 mm 的颗粒质量不超过总质量的 50%，且塑性指数等于或小于 10 的土。

粉土的密实度应根据孔隙比 e 划分为密实、中密和稍密；其湿度应根据含水量 w（%）划分为稍湿、湿、很湿。密实度和湿度的划分应分别符合表1-17和表1-18的规定。

（五）黏性土

黏性土为塑性指数 $I_p > 10$ 的土，可按表1-19分为黏土、粉质黏土。

黏性土的状态，可按表1-20分为坚硬、硬塑、可塑、软塑、流塑。

（六）人工填土

人工填土根据其组成和成因，可分为素填土、压实填土、杂填土、冲填土。

素填土为由碎石土、砂土、粉土、黏性土等组成的填土。经过压实或夯实的素填土为压实填土。杂填土为含有建筑垃圾、工业废料、生活垃圾等杂物的填土。冲填土为由水力冲填泥沙形成的填土。

（七）湿陷性土

湿陷性土为浸水后产生附加沉降，其湿陷系数大于或等于 0.015 的土。

第七节　岩土的野外鉴别方法

一、黏土、粉质黏土、粉土野外鉴别方法

黏土、粉质黏土、粉土野外鉴别方法见表1-21。

表1-21　黏土、粉质黏土、粉土野外鉴别方法

土的名称	湿润时用刀切	湿土用手捻摸时的感觉	土的状态		湿土搓条情况
			干土	湿土	
黏土	切面光滑，有黏刀阻力	有滑腻感，感觉不到砂粒，水分较大时很黏手	土块坚硬，用锤才能打碎	易黏着物体，干燥后不易剥去	塑性大，能搓成直径小于0.5 mm 的长条（长度不短于手掌），手持一端不易断裂
粉质黏土	稍有光滑面，切面平整	稍有滑腻感，有黏滞感，感觉到有少量砂粒	土块用力可压碎	能黏着物体，干燥后较易剥去	有塑性，能搓成直径为0.5～2mm 的土条
粉土	无光滑面，切面稍粗糙	有轻微黏滞感或无黏滞感，感觉到砂粒较多且较粗糙	土块用手捏或抛扔时易碎	不易黏着物体，干燥后一碰就掉	塑性小，能搓成直径为2～3mm 的短条

二、碎石土、砂土野外鉴别方法

碎石土、砂土野外鉴别方法见表1-22。

表 1-22　碎石土、砂土野外鉴别方法

类别	土的名称	观察颗粒粗细	干燥时的状态及强度	湿润时用手拍击状态	黏着程度
碎石土	卵（碎）石	一半以上的颗粒超过 20 mm	颗粒完全分散	表面无变化	无黏着感觉
	圆（角）砾	一半以上的颗粒超过 2 mm（小高粱粒大小）	颗粒完全分散	表面无变化	无黏着感觉
砂土	砾砂	约有 1/4 以上的颗粒超过 2 mm（小高粱粒大小）	颗粒完全分散	表面无变化	无黏着感觉
	粗砂	约有一半以上的颗粒超过 0.5 mm（细小米粒大小）	颗粒完全分散，但有个别胶结在一起	表面无变化	无黏着感觉
	中砂	约有一半以上的颗粒超过 0.25 mm（白菜籽粒大小）	颗粒基本分散，局部胶结，但一碰即散	表面偶有水印	无黏着感觉
	细砂	大部分颗粒与粗豆米粉近似（>0.074 mm）	颗粒大部分分散，少量胶结，稍加碰撞即散	表面有水印（翻浆）	偶有轻微黏着感觉
	粉砂	大部分颗粒与小米粉近似	颗粒少部分分散，大部分胶结，稍加压力可分散	表面有明显翻浆现象	有轻微黏着感觉

三、新近沉积黏性土野外鉴别方法

新近沉积黏性土野外鉴别方法见表 1-23。

表 1-23　新近沉积黏性土野外鉴别方法

沉积环境	颜色	结构性	含有物
河漫滩和山前洪、冲积扇的表层；古河道；已填塞的湖、塘、沟、谷；河道泛滥区	颜色较深而暗，呈褐、暗黄或灰色，含有机质多时常带灰黑色	结构性差，用手扰动原状土时极易变软，塑性较低的土还有振动析水现象	在完整的剖面中无原生的粒状结构体，但可能含有圆形的钙质结构体或贝壳等，在城镇附近可能含有少量碎砖、陶片或朽木等人类活动的遗物

四、人工填土、淤泥、黄土、泥炭野外鉴别方法

人工填土、淤泥、黄土、泥炭野外鉴别方法见表 1-24。

表 1-24　人工填土、淤泥、黄土、泥炭野外鉴别方法

土的名称	观察颜色	夹杂物质	形状（构造）	浸入水中的现象	湿土搓条情况
人工填土	无固定颜色	砖瓦碎块、垃圾、炉灰等	夹杂物显露于外，构造无规律	大部分变成稀软淤泥，其余部分为碎瓦、炉渣在水中单独出现	一般能搓成 3 mm 土条但易断，当杂质甚多时不能搓条
淤泥	灰黑色	池沼中半腐朽的细小动植物遗体，如草根、小螺壳等	夹杂物轻，仔细观察可以发现构造常呈层状，但有时不明显	外观无显著变化，在水面出现气泡	一般淤泥质土接近黏质粉土，能搓成 3 mm 土条，容易断裂
黄土	黄、褐两色的混合色	有白色粉末出现在纹理之中	夹杂物质常清晰显见，构造上有垂直大孔（肉眼可见）	即行崩散而分成散的颗粒集团，在水面出现许多白色液体	搓条情况与正常的粉质黏土相似
泥炭	深灰或黑色	有半腐朽的动植物遗体，其含量超过 60%	夹杂物有时可见，构造无规律	极易崩碎，变成稀软淤泥，其余部分为植物和动物残体渣滓悬浮于水中	一般能搓成 1~3 mm 的土条，当残渣甚多时，仅能搓成 3 mm 以上的土条

第二章　地基中的应力计算

第一节　土体自重应力的计算

一、土体自重应力的概念

由土层的重力作用在土中产生的应力称为自重应力，由于自重应力产生的年代较为久远（所以有时也把自重应力称为长驻应力），对地基产生的压缩变形过程早已结束，所以建造建筑物后地基不会因自重应力而产生变形。

二、自重应力计算的一般公式

在一般情况下，土层的覆盖面积很大，所以土的自重可看作分布面积为无限大的荷载。土体在自重作用下既不能有侧向变形，也不能有剪切变形，只能产生竖向变形，根据这个条件，地基土中的自重应力可按下式求得

$$\left.\begin{array}{l} \sigma_{cz} = \gamma z \\[2mm] \sigma_{cx} = \sigma_{cy} = \dfrac{\nu}{1-\nu}\sigma_{cz} = \zeta\sigma_{cz} \\[2mm] \tau_{xy} = \tau_{yz} = \tau_{xz} = 0 \end{array}\right\} \tag{2-1}$$

式中　　σ_{cz}——地面下 z 深度处的垂直向自重应力（kPa）；

γ——土的天然重度（kN/m^3）；

z——由地面至计算点的深度（m）；

σ_{cx}，σ_{cy}——z 深度处的水平向应力（kPa）；

τ_{xy}，τ_{yz}，τ_{xz}——z 深度处的剪应力（kPa）；

ν——土的泊松比；

ζ——侧压力系数，$\zeta = \dfrac{\sigma_{cx}}{\sigma_{cz}} = \dfrac{\nu}{1-\nu}$。

三、成层土地基自重应力计算

当地基由成层土组成，如图 2-1a 所示，任意层 i 的厚度为 z_i，重度为 γ_i 时，则在深度 $z = \sum\limits_{i=1}^{n} z_i$ 处的自重应力 σ_{cz} 为

$$\sigma_{cz} = \gamma_1 z_1 + \gamma_2 z_2 + \gamma_3 z_3 + \cdots + \gamma_n z_n = \sum_{i=1}^{n} \gamma_i z_i \tag{2-2}$$

若有地下水存在，则水位以下各层土的重度 γ_i 应以浮重度 $\gamma_i' = \gamma_{mi} - \gamma_w$ 代替。若地下水位以下存在不透水层（如岩层），则在不透水层层面处浮力消失，此处的自重应力等于全部上覆

的水土总重, 如图 2-1b 所示。

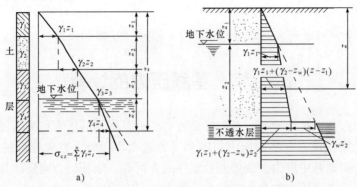

图 2-1　土的自重应力分布

a) 成层土, 有地下水的情况　b) 成层土, 地下水下有不透水层的情况

四、有效自重应力

有效应力是接触面上接触应力的平均值, 即通过骨架传递应力的有效应力, 记为 σ', 饱和土体承受的总应力为

$$\sigma = \sigma' + u \tag{2-3}$$

式中　σ——饱和土体承受的总应力;

　　　σ'——有效应力;

　　　u——孔隙水压力。

五、土坝的自重应力

对于简单的中小型土坝, 允许用简化计算法, 即坝体的任何一点因自重引起的竖向应力均等于该点上面土柱的重量, 仍可用式 (2-2) 计算, 故任意水平面上自重应力的分布形状与坝断面形状相似, 如图 2-2 所示。

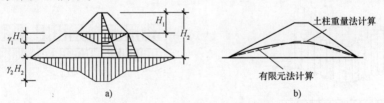

图 2-2　土坝中的竖直自重应力分布

一般情况下, 自重应力不会引起地基变形, 因为土层形成后已有很长时间, 土在自重作用下的压缩变形早已完结。

六、实例计算

【例 2-1】某商店地基为粉土, 层厚 4.80 m, 地下水位埋深 1.10 m, 地下水位以上粉土呈毛细饱和状态。粉土的饱和重度 $\gamma_{sat} = 20.1$ kN/m^2, 计算粉土层底面处土的自重应力。

【解】计算粉土层底面处土的自重应力 σ:

地下水位上　$\sigma_1 = \gamma_{sat} d_1 = 20.1 \times 1.1$ kPa $= 22.11$ kPa

地下水位下　$\sigma_2 = \gamma' d_2 = (\gamma_{sat} - \gamma_{水}) d_2$

$$= (20.1 - 10) \times (4.80 - 1.1) \text{ kPa}$$
$$= 37.37 \text{ kPa}$$

故　　　　　　$\sigma = \sigma_1 + \sigma_2 = (22.11 + 37.37) \text{ kPa} = 59.48 \text{ kPa}。$

第二节　基底压力的计算

建筑物荷载通过基础传给地基，基础底面传递到地基表面的压力称为基底压力，而地基支承基础的反力称为地基反力。基底压力与地基反力是大小相等、方向相反的作用力与反作用力。基底压力是分析地基中应力、变形及稳定性的外荷载，地基反力则是计算基础结构内力的外荷载。因此，研究基底压力的分布规律和计算方法具有重要的工程意义。

一、基底压力的分布

基底压力就是基础传给地基的单位面积上的压力，是设计基础与计算地基中附加应力的依据。因此，必须研究其分布规律与计算方法。

试验表明，基础底面的压力图形取决于地基与基础的相对刚度、荷载大小及其分布情况、基础埋深、土的性质等多种因素。

（一）柔性基础基底压力的分布

柔性基础（如土堤、土坝、路基及薄板等）的基础刚度很小，在竖向荷载作用下没有抵抗弯曲变形的能力，能随着地基一起变形，因此基底压力的分布与其上荷载分布的情况一样，在基础中心受压时是均匀分布的，如图 2-3 所示。

（二）刚性基础基底压力的分布

刚性基础（如块式整体基础）的本身刚度远远超过土的刚度，可看作绝对刚体。故在中心荷载作用下，地基表面各点的竖向变形值相同，由此就决定了基底压力的分布不是均匀的。理论与试验都证明，中心受压时刚性基础下的基底压力为马鞍形分布，如图 2-4a 所示。

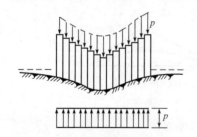

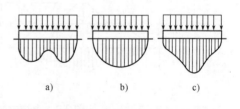

图 2-3　中心荷载作用下柔性
基础底面处基底压力分布

图 2-4　中心荷载作用下刚性基础底面基底压力分布
a）马鞍形　b）抛物线形　c）钟形

当刚性基础上的荷载较大时，位于基础边缘部分的土中产生塑性变形区，边缘应力不再增大，而中间部分的应力可继续增加，应力图形逐渐由马鞍形转变为抛物线形，如图2-4b所示。当荷载接近于地基的破坏荷载时，应力图形又由抛物线形转变成中部凸出的钟形，如图 2-4c 所示。上述应力图形转化的程度取决于土的性质及基础的埋深。对于地基不好而埋深又浅的基础，在荷载不太大时即可出现钟形的基底压力分布。

二、基底压力计算

（一）基底压力的简化计算

鉴于目前对影响基底压力的因素的研究不够，至今在多数情况下还不能采用结构-基础-地基三者共同工作的方法来正确决定基底压力的分布。在实际应用中，可采取下列任意一种办法来决定基底压力。

（1）对大多数情况，用简化方法计算基底压力。在工程实际应用中，对于具有一定刚度以及尺寸较小的扩展基础，其基底压力可简化为呈直线分布。

（2）在复杂情况下（如十字交叉条形基础、筏片基础、箱形基础等），出于对基础刚度影响的考虑，应用弹性地基上梁板理论，来确定基底压力。

1. 受偏心荷载的矩形基础基底压力的简化计算

当荷载作用点在基础底面截面核心以内时，受偏心荷载的矩形基础基底某点 (x, y) 的压力 $p(x, y)$ 按下式计算

$$p(x,y) = \frac{F+G}{A} \pm \frac{M_x}{I_x}y \pm \frac{M_y}{I_y}x \qquad (2-4)$$

式中　M_x, M_y——作用于基底的偏心荷载对 x 轴及 y 轴的力矩（kN·m）；

　　　I_x, I_y——基础底面积对 x 轴及 y 轴的惯性矩（m⁴）；

　　　x, y——基底某点的坐标（m）。

当偏心荷载作用于矩形基础底面的长边方向的中轴上时，如图 2-5 所示，基础底面的边缘压力可按下式计算

$$p_{min}^{max} = \frac{F+G}{A} \pm \frac{M}{W} = \frac{F+G}{lb}\left(1 \pm \frac{6e}{b}\right) \qquad (2-5)$$

式中　M——作用于基础底面的力矩（kN·m），$M = (F+G)e$；

　　　W——基础底面的抵抗矩（m³），$W = \frac{b^2 l}{6}$；

　　　e——偏心距（m）；

　　　b——力矩作用方向的基础底面边长（m）；

　　　l——垂直力矩作用方向的基础底面边长（m）。

当 $e < \frac{b}{6}$ 时，基底压力分布为梯形，如图 2-5a 所示。

当 $e = \frac{b}{6}$ 时，基底压力为三角形，如图 2-5b 所示。

当 $e > \frac{b}{6}$ 时，计算得基底一端压力为负值，即拉力，如图 2-5c 所示。

实际上，由于基础与地基之间不能承受拉应力，故此时基础底面将部分和地基土脱离出现零应力区，基底实际的压力分布为如图 2-5d 所示的三角形。在这种情况下，基底三角形压力的合力（通过三角形形心）必定与外荷载 $F+G$ 大小相等、方向相反而互相平衡，由此可求出边缘最大压力 p_{max} 的公式如下

$$p_{max} = \frac{2(F+G)}{3la} \qquad (2-6)$$

式中 a——偏心荷载作用点至最大压力 p_{max} 作用边缘的距离（m），$a = \left(\dfrac{b}{2} - e\right)$。

对于条形基础$\left(\dfrac{l}{b} \geq 10\right)$，偏心荷载在基础宽度 b 方向的边缘压力按下式计算

$$p_{min}^{max} = \frac{\overline{F} + \overline{G}}{b}\left(1 \pm \frac{6e}{b}\right) \tag{2-7}$$

式中 $\overline{F}$——上部结构传至每延米长度基础上的竖向荷载（kN/m）；

$\overline{G}$——每延米长度的基础自重及基础台阶上的土重（kN/m）；

e——荷载在基础宽度方向的偏心距（m）。

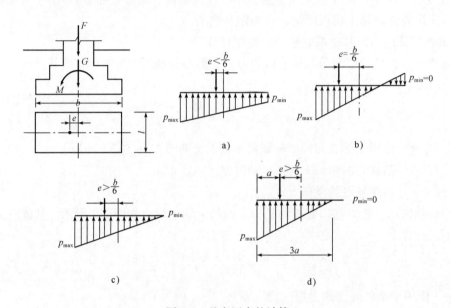

图 2-5 基底压力的计算

2. 受中心荷载的矩形基础基底压力的简化计算

受中心荷载的矩形基础基底压力为均匀分布，其值按下式计算

$$p = \frac{F + G}{A} \tag{2-8}$$

式中 p——基础底面的平均压力（kPa）；

F——上部结构传至基础顶面的竖向荷载（kN）；

G——基础自重和基础台阶上的土重（kN）；

A——基础底面积（m²）。

如果基础为长条形，其长度大于宽度的 10 倍，则沿长度方向截取 1 m 长的截条进行计算，如图 2-6 所示，此时式（2-8）中的 F、G 代表每延米内的相应数值，A 则用基础宽度 b 代替。

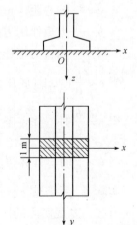

图 2-6 由条形基础中截取的截条

（二）中心荷载时圆形刚性基础下的基底压力的计算

根据刚性基础底面各点在中心荷载时沉降相等的条件，应用弹性理论，可求出作用于圆形刚性基础底面任一点 $M\,(x, y)$ 的压力，见式（2-9）

$$p_M = \frac{p_\infty}{2\sqrt{1 - \frac{\rho^2}{r^2}}}$$ (2-9)

式中 p_M——基底任意点 M 处的压力（kPa）；

p_∞——圆形基础底面上的平均压力（kPa）；

ρ——由基础中心 O 至 M 点的距离（m）；

r——圆形基础的半径（m）。

由式（2-9）可见，当 $\rho = 0$ 时，$p_M = 0.5p_\infty$；当 $\rho = \frac{r}{2}$ 时，$p_M = 0.58p_\infty$；当 $\rho = r$ 时，$p_M = \infty$。基底压力图形，如图 2-7 所示。在基础边缘压力理论值为 ∞，实际上是土的塑性变形和应力重分布的结果，压力图形如图 2-7 中实线所示的马鞍形。

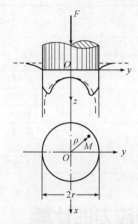

图 2-7 刚性圆形基础下的基底压力图形
（虚线所示为理论曲线，实线为实际曲线）

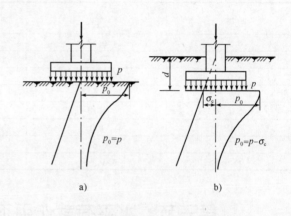

图 2-8 基底附加应力 p_0 的计算图形
a) 当基础无埋深时 b) 当基础有埋深时

（三）基础底面处附加压力的计算

当基础无埋深时，基底压力就等于基底处的附加压力，如图 2-8a 所示；当基础埋于地面下 d 深度时，d 深度处土层本来就承受自重应力 $\sigma_c = \gamma d$，所以应从基底压力中减去土原来承受的压力，所余部分才是由于修建建筑物新增加到土层上的附加压力。因此，如图2-8b 所示，基础底面处的附加压力为

$$p_0 = p - \sigma_c = p - \gamma d$$ (2-10)

式中 p_0——基底处的附加压力（kPa）；

p——基底处的基底压力（kPa）；

σ_c——基底处的自重应力（kPa）；

γ——土的重度（kN/m³）；

d——基础深度（m）。

由式（2-10）可以看出，如基底压力 p 不变，埋深越大则附加压力越小。由此可知，在地基的承载力不高时，减少建筑物沉降的措施之一就是减少基底附加压力，为此可将基础埋得很深，附加压力就会很小。如将高层建筑的基底埋于地下 8~9 m，而在地下部分修建两三层地下室的补偿式基础就是很好的例子。

【例 2-2】 已知基础甲面积 $l \times b = 3m \times 2m$，基础底面的附加压力 $p_0 = 153kPa$，另有基础

乙与它相距6m（轴线距离），埋深相同，试用等代荷载法求基础甲在相邻基础乙的轴线下不同深度所引起的附加应力 σ_z。

【解】　由于两基础相距6m，基础乙中线下的任意点至基础甲的中心点的距离均超过$3b$，故基础甲不必再分成小块，将整个基础当作一块，将其上荷载化为集中力。根据附加压力 $p_0 = 153\text{kPa}$，故集中力 Q 为

$$Q = p_0 lb = 153 \times 3 \times 2\text{kN} = 918\text{kN}$$

$$r = 6\text{m}$$

$$\sigma_z = K\frac{Q}{z^2}$$

计算结果列于表2-1。

表 2-1　计算结果

z/m	$\dfrac{r}{z}$	K	$\sigma_z = K\dfrac{Q}{z^2}/\text{kPa}$
0.9	6.67	0	0
2.1	2.86	0.0021	0.437
3.0	2.00	0.0085	0.867
3.9	1.64	0.0225	1.358
5.1	1.18	0.0540	1.906
6.0	1.0	0.0844	2.152
6.9	0.87	0.1169	2.254
7.5	0.8	0.1386	2.262

第三节　水平荷载作用下地基中应力的计算

一、水平线荷载作用下地基中应力的计算

水平线荷载作用下的地基中应力也是根据弹性理论解出的。如图2-9所示，在极坐标系统中任一点 M (r, θ) 由水平线荷载 Q 产生的应力分量为

$$\left.\begin{array}{l} \sigma_r = \dfrac{2Q}{\pi r}\cos\theta \\ \sigma_\theta = \tau_{r\theta} = 0 \end{array}\right\} \qquad (2\text{-}11)$$

由式（2-11）看出，由 Q 引起的应力状态是沿径向的简单压缩。

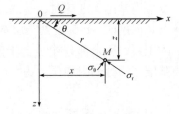

图 2-9　在地基表面作用
的水平线荷载

在直角坐标系统中，任一点 M (x, z) 的应力分量为

$$\left.\begin{array}{l} \sigma_x = \sigma_r\cos^2\theta = \dfrac{2Q}{\pi r}\cos^3\theta = \dfrac{2Q}{\pi}\cdot\dfrac{x^3}{(x^2+z^2)^2} \\[2mm] \sigma_z = \sigma_r\sin^2\theta = \dfrac{2Q}{\pi r}\sin^2\theta\cos\theta = \dfrac{2Q}{\pi}\cdot\dfrac{xz^2}{(x^2+z^2)^2} \\[2mm] \tau_{xz} = \sigma_r\sin\theta\cos\theta = \dfrac{2Q}{\pi r}\sin\theta\cos^2\theta = \dfrac{2Q}{\pi}\cdot\dfrac{x^2 z}{(x^2+z^2)^2} \end{array}\right\} \qquad (2\text{-}12)$$

二、条形均布水平荷载作用下地基中应力的计算

如图 2-10a 所示，在条形均布水平荷载作用下，欲求地基中任一点 $M(x, z)$ 处的应力分量，可令 $dp = p_h d\zeta$ 及 $(x - \zeta)$ 分别代替式（2-12）中的 Q 和 x，并在荷载宽度 b 的范围内积分，即得

$$\sigma_z = \frac{2p_h}{\pi} \int_{-b_1}^{+b_1} \frac{(x - \zeta) z^2 d\zeta}{[(x - \zeta)^2 + z^2]^2} = \frac{4 p_h b_1 x z^2}{\pi [(b_1^2 + x^2 + z^2) - 4 b_1^3 x^2]} = K_z^H p_h \qquad (2-13)$$

式中 p_h——均布条形水平荷载强度（kPa）；

K_z^H——条形均布水平荷载下 σ_z 的应力系数，可根据 $\dfrac{x}{b}$ 和 $\dfrac{z}{b}$ 值查表 2-2；

b——条形均布水平荷载分布宽度（m）。

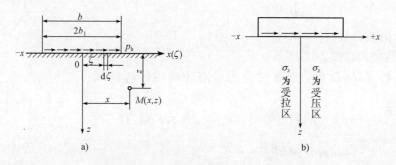

图 2-10 水平荷载作用下地基中的应力

a) 在地基表面作用的条形水平均布荷载   b) 水平荷载作用下 σ_z 的拉压区

表 2-2   条形均布水平荷载作用下的附加应力系数 K_z^H

$\dfrac{z}{b}$ \ $\dfrac{x}{b}$	−1.00	−0.75	−0.50	−0.25	0	0.25	0.50	0.75
0.01	−0	−0.001	−0.318	−0.001	0	+0.001	+0.318	+0.001
0.1	−0.011	−0.042	−0.315	−0.039	0	+0.039	+0.315	+0.042
0.2	−0.038	−0.116	−0.306	−0.103	0	+0.103	+0.306	+0.116
0.4	−0.103	−0.199	−0.274	−0.159	0	+0.159	+0.274	+0.199
0.6	−0.144	−0.212	−0.234	−0.147	0	+0.147	+0.234	+0.212
0.8	−0.158	−0.197	−0.194	−0.121	0	+0.121	+0.194	+0.197
1.0	−0.157	−0.175	−0.159	−0.096	0	+0.096	+0.159	+0.175
1.2	−0.147	−0.153	−0.131	−0.078	0	+0.078	+0.131	+0.153
1.4	−0.133	−0.132	−0.108	−0.061	0	+0.061	+0.108	+0.132
2.0	−0.096	−0.085	−0.064	−0.034	0	+0.034	+0.064	+0.085
3.0	−0.005	−0.045	−0.032	−0.017	0	+0.017	+0.032	+0.045
4.0	−0.034	−0.027	−0.019	−0.010	0	+0.010	+0.019	+0.027
5.0	−0.023	−0.018	−0.012	−0.006	0	+0.006	+0.012	+0.018
6.0	−0.017	−0.012	−0.009	−0.004	0	+0.004	+0.009	+0.012

从表 2-2 可知，在水平均布荷载作用下，图 2-10a 中 z 轴两边 σ_z 的符号是不同的。x 为受

压区，$-x$ 为受拉区，如图 2-10b 所示。

第四节　竖向荷载作用下地基附加应力的计算

一、竖向线荷载作用下地基附加应力的计算

这种情况下应力分布的解是由弗拉曼求得的，推导过程可见相关弹性力学书籍。以极坐标表示的应力最终表达式为

$$\left.\begin{array}{l} \sigma_r = \dfrac{2\bar{p}}{\pi r}\sin\theta \\[2mm] \sigma_\theta = 0 \\[2mm] \tau_{r\theta} = 0 \end{array}\right\} \tag{2-14}$$

式中　$\bar{p}$——竖向线荷载（kN/m）；

其他符号的意义如图 2-11 所示。

由式（2-14）可以看出，地基的应力状态为单纯的辐向压应力。

地基内任意点（x，z）的应力如用直角坐标表示，则为

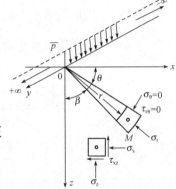

图 2-11　竖向线荷载作用下
应力分量的表示法

$$\left.\begin{array}{l} \sigma_x = \sigma_r\cos^2\theta = \dfrac{2\bar{p}}{\pi r}\sin\theta\cos^2\theta = \dfrac{2\bar{p}}{\pi}\cdot\dfrac{x^2 z}{(x^2+z^2)^2} \\[3mm] \sigma_z = \sigma_r\sin^2\theta = \dfrac{2\bar{p}}{\pi r}\sin^3\theta = \dfrac{2\bar{p}}{\pi}\cdot\dfrac{z^3}{(x^2+z^2)^2} \\[3mm] \tau_{xz} = \sigma_r\sin\theta\cos\theta = \dfrac{2\bar{p}}{\pi r}\cos\theta\sin^2\theta = \dfrac{2\bar{p}}{\pi}\cdot\dfrac{xz^2}{(x^2+z^2)^2} \end{array}\right\} \tag{2-15}$$

二、竖向条形均布荷载作用下地基中附加应力的计算

为了求得均布荷载 p_0 作用下，地基中任意点 M（x，y）的应力，如图 2-12 所示，可将 $\mathrm{d}p = p_0\mathrm{d}\zeta$ 及 $x-\zeta$ 分别代替式（2-15）中的 $\bar{p}$ 及 x，并在条形荷载宽度范围内积分即得

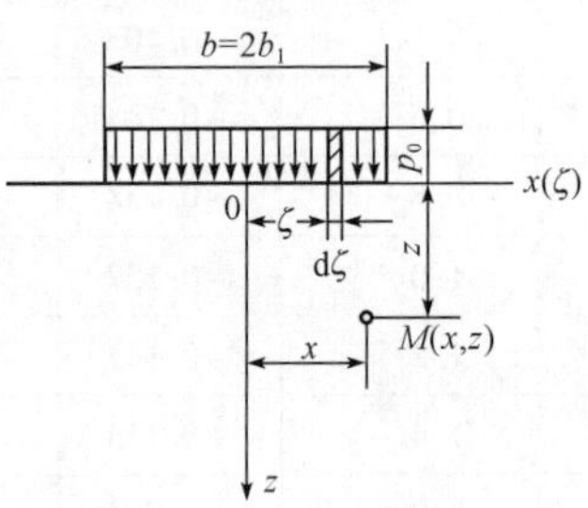

$$\sigma_x = \frac{2p_0}{\pi}\int_{-b_1}^{+b_1}\frac{(x-\zeta)^2 z\mathrm{d}\zeta}{\left[(x-\zeta)^2+z^2\right]^2} = \frac{p_0}{\pi}\left(\arctan\frac{b_1-x}{z}+\arctan\frac{b_1+x}{z}\right)$$

$$+\frac{2p_0 b_1 z(x^2-z^2-b_1^2)}{\pi\left[(x^2+z^2-b_1^2)^2+4b_1^2 z^2\right]} = K_x^s p_0 \tag{2-16}$$

$$\sigma_z = \frac{2p_0}{\pi}\int_{-b_1}^{+b_1}\frac{z^3\mathrm{d}\zeta}{\left[(x-\zeta)^2+z^2\right]^2}$$

$$= \frac{p_0}{\pi}\left(\arctan\frac{b_1-x}{z}+\arctan\frac{b_1+x}{z}\right)-\frac{2p_0 b_1 z(x^2-z^2-b_1^2)}{\pi\left[(x^2+z^2-b_1^2)^2+4b_1^2 z^2\right]}$$

$$= K_z^s p_0 \tag{2-17}$$

图 2-12　条形均布荷载

$$\tau_{xz} = \frac{2p_0}{\pi}\int_{-b_1}^{+b_1}\frac{(x-\zeta)z^2\mathrm{d}\zeta}{\left[(x-\zeta)^2+z^2\right]^2} = \frac{4p_0 b_1 z^2 x}{\pi\left[(x^2+z^2-b_1^2)^2+4b_1^2 z^2\right]}$$

$$= K_{xz}^s p_0 \tag{2-18}$$

式中 K_x^s, K_z^s, K_{xz}^s ——σ_x、σ_z 及 τ_{xz} 的应力系数，可按 $\dfrac{x}{b}$ 及 $\dfrac{z}{b}$ 的数值查表2-3。

表 2-3　条形均布荷载下的应力系数 K_z^s、K_x^s、K_{xz}^s

$$\sigma_z = K_z^s p_0$$
$$\sigma_x = K_x^s p_0$$
$$\tau_{xz} = K_{xz}^s p_0$$

$\dfrac{z}{b}$ \ $\dfrac{x}{b}$	0.00			0.25			0.50			1.00			1.50			2.00		
	K_z^s	K_x^s	K_{xz}^s	K_z^s	K_x^s	K_{xz}^s	K_z^s	K_x^s	K_{xz}^s	K_z^s	K_x^s	K_{xz}^s	K_z^s	K_x^s	K_{xz}^s	K_z^s	K_x^s	K_{xz}^s
0.00	1.00	1.00	0	1.00	1.00	0	0.50	0.50	0.32	0	0	0	0	0	0	0	0	0
0.25	0.96	0.45	0	0.90	0.39	0.13	0.50	0.35	0.30	0.02	0.17	0.05	0.00	0.07	0.01	0.00	0.04	0.00
0.50	0.82	0.18	0	0.74	0.19	0.16	0.48	0.23	0.26	0.08	0.21	0.13	0.02	0.12	0.04	0.00	0.07	0.02
0.75	0.67	0.08	0	0.61	0.10	0.13	0.45	0.14	0.20	0.15	0.22	0.16	0.04	0.14	0.07	0.02	0.10	0.04
1.00	0.55	0.04	0	0.51	0.05	0.10	0.41	0.09	0.16	0.19	0.15	0.16	0.07	0.14	0.10	0.03	0.13	0.05
1.25	0.46	0.02	0	0.44	0.03	0.07	0.37	0.06	0.12	0.20	0.11	0.14	0.10	0.12	0.10	0.04	0.11	0.07
1.50	0.40	0.01	0	0.38	0.02	0.06	0.33	0.04	0.10	0.21	0.08	0.13	0.11	0.10	0.10	0.06	0.10	0.07
1.75	0.35	—	0	0.34	0.01	0.04	0.30	—	0.08	0.21	0.06	0.11	0.13	0.09	0.10	0.07	0.09	0.08
2.00	0.31	—	0	0.31	—	0.03	0.28	0.02	0.06	0.20	0.05	0.10	0.13	0.07	0.08	0.08	0.08	0.08
3.00	0.21	—	0	0.21	—	0.02	0.20	0.01	0.03	0.17	0.02	0.06	0.14	0.03	0.07	0.10	0.04	0.07
4.00	0.16	—	0	0.16	—	0.01	0.15	—	0.02	0.14	0.01	0.03	0.12	0.02	0.05	0.10	0.03	0.05
5.00	0.13	—	0	0.13	—	—	0.12	—	—	0.12	—	—	0.11	—	—	0.09	—	—
6.00	0.11	—	0	0.10	—	—	0.10	—	—	0.10	—	—	0.10	—	—	—	—	—

三、竖向三角形分布条形荷载作用下地基中附加应力的计算

如图 2-13 所示，在这种情况下的地基应力同样可通过积分方式求得。

以 $\mathrm{d}\bar{p} = \dfrac{\zeta}{2b_1} p_{\mathrm{T}} \mathrm{d}\zeta$ 及 $(x-\zeta)$ 分别代替下式中的 $\bar{p}$ 及 x，并在条形荷载的宽度范围内积分，得到土中任意点 M (x, z) 的应力

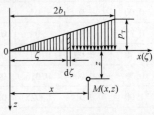

图 2-13　三角形分布条形荷载

$$\left.\begin{aligned}
\sigma_x &= \sigma_r \cos^2\theta = \frac{2\bar{p}}{\pi r}\sin\theta\cos^2\theta = \frac{2\bar{p}}{\pi}\cdot\frac{x^2 z}{(x^2+z^2)^2} \\
\sigma_z &= \sigma_r \sin^2\theta = \frac{2\bar{p}}{\pi r}\sin^3\theta = \frac{2\bar{p}}{\pi}\cdot\frac{z^3}{(x^2+z^2)^2} \\
\tau_{xz} &= \sigma_r \sin\theta\cos\theta = \frac{2\bar{p}}{\pi r}\cos\theta\sin^2\theta = \frac{2\bar{p}}{\pi}\cdot\frac{xz^2}{(x^2+z^2)^2}
\end{aligned}\right\} \quad (2\text{-}19)$$

$$\sigma_x = \frac{p_{\mathrm{T}}}{\pi b_1}\int_0^{2b_1} \frac{(x-\zeta)^2 z\zeta}{\left[(x-\zeta)^2 + z^2\right]^2}\mathrm{d}\zeta$$

$$= \frac{p_{\mathrm{T}}z}{2\pi b_1}\ln\frac{(x-2b_1)^2+z^2}{x^2+z^2} - \frac{xp_{\mathrm{T}}}{2\pi b_1}\left(\arctan\frac{x-2b_1}{z} - \arctan\frac{x}{z}\right) + \frac{p_{\mathrm{T}}z}{\pi}\cdot\frac{x-2b_1}{(x-2b_1)^2+z^2}$$

$$(2\text{-}20)$$

$$\sigma_{\mathrm{z}} = \frac{p_{\mathrm{T}}}{\pi b_1}\int_0^{2b_1}\frac{z^3\zeta}{[(x-\zeta)^2+z^2]^2}\mathrm{d}\zeta$$

$$= -\frac{xp_{\mathrm{T}}}{2\pi b_1}\left(\arctan\frac{x-2b_1}{z} - \arctan\frac{x}{z}\right) - \frac{p_{\mathrm{T}}z}{\pi}\cdot\frac{x-2b_1}{(x-2b_1)^2+z^2}$$

$$(2\text{-}21)$$

$$\tau_{\mathrm{xz}} = \frac{p_{\mathrm{T}}}{\pi b_1}\int_0^{2b_1}\frac{(x-\zeta)z^2\zeta}{[(x-\zeta)^2+z^2]^2}\mathrm{d}\zeta$$

$$= \frac{p_{\mathrm{T}}}{\pi}\cdot\frac{z^2}{(x-2b_1)^2+z^2} + \frac{p_{\mathrm{T}}z}{2\pi b_1}\left(\arctan\frac{x-2b_1}{2} - \arctan\frac{x}{z}\right)$$

$$(2\text{-}22)$$

σ_{z} 在实用上常写成下式的形式

$$\sigma_{\mathrm{z}} = K_{\mathrm{z}}^{\mathrm{T}}p_{\mathrm{T}}$$

$$(2\text{-}23)$$

式中　$K_{\mathrm{z}}^{\mathrm{T}}$——$\sigma_{\mathrm{z}}$ 的应力系数，根据$\frac{x}{b}$及$\frac{z}{b}$查表 2-4 计算点位于荷载增加方向一侧 x 取正值，反之则取负值。

表 2-4　三角形分布的条形荷载下竖向应力系数 $K_{\mathrm{z}}^{\mathrm{T}}$

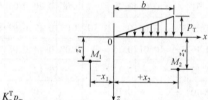

$$\sigma_{\mathrm{z}} = K_{\mathrm{z}}^{\mathrm{T}}p_{\mathrm{T}}$$

$\dfrac{z}{b}$ \ $\dfrac{x}{b}$	-1.50	-1.00	-0.50	0.00	0.25	0.50	0.75	1.00	1.50	2.00	2.50
0.00	0	0	0	0	0.250	0.500	0.750	0.500	0	0	0
0.25	0	0	0.001	0.075	0.256	0.480	0.643	0.424	0.015	0.003	0
0.50	0.002	0.003	0.023	0.127	0.263	0.410	0.477	0.353	0.056	0.017	0.003
0.75	0.006	0.016	0.042	0.153	0.248	0.335	0.361	0.293	0.108	0.024	0.009
1.00	0.014	0.025	0.061	0.159	0.223	0.275	0.279	0.241	0.129	0.045	0.013
1.50	0.020	0.048	0.096	0.145	0.178	0.200	0.202	0.185	0.124	0.062	0.041
2.00	0.033	0.061	0.092	0.127	0.146	0.155	0.163	0.153	0.108	0.069	0.050
3.00	0.050	0.064	0.080	0.096	0.103	0.104	0.108	0.104	0.090	0.071	0.050
4.00	0.051	0.060	0.067	0.075	0.078	0.085	0.082	0.075	0.073	0.060	0.049
5.00	0.047	0.052	0.057	0.059	0.062	0.063	0.063	0.065	0.061	0.051	0.047
6.00	0.041	0.041	0.050	0.051	0.052	0.053	0.053	0.053	0.050	0.050	0.045

第三章　土的压缩性与地基沉降计算

第一节　土的压缩性

一、土的压缩性的概念

土在压力作用下体积缩小的特性称为土的压缩性。土的压缩过程通常包括三个部分：

（1）固体土颗粒被压缩。

（2）土中水及封闭气体被压缩。

（3）水和气体从孔隙中挤出。

试验研究表明，固体颗粒和水的压缩量是微不足道的，在一般压力（100～600 kPa）下，土颗粒和水的压缩量都可以忽略不计，所以土的压缩主要是孔隙中一部分水和空气被挤出，封闭气泡被压缩。与此同时，土颗粒相应发生移动，重新排列，靠拢挤紧，从而使土中孔隙减小。对于饱和土来说，其压缩则主要是由于孔隙水的挤出。

二、土的压缩性实验

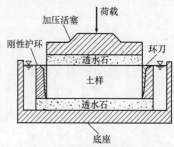

图 3-1 所示为室内侧限压缩仪（又称固结仪）的示意图，它由压缩容器、加压活塞、刚性护环、环刀、透水石和底座等组成。常用的环刀内径为 60～80mm，高 20mm，试验时，先用金属环刀取土，然后将土样连同环刀一起放入压缩仪内，土样上下各放一块透水石，以便土样受压后能自由排水，在透水石上面再通过加荷装置施加竖向荷载。由于土样受到环刀、压缩容器的约束，在

图 3-1　侧限压缩试验

压缩过程中只能发生竖向变形，不能发生侧向变形，所以这种方法称为侧限压缩试验。

侧限压缩试验中土样的受力状态相当于土层在承受连续均布荷载时的情况。试验中作用在土样上的荷载需逐级施加，通常按 50kPa、100kPa、200kPa、300kPa、400kPa、500kPa加荷载，最后一级荷载视土样情况和实际工程而定，原则上略大于估计的土自重应力与附加应力之和，但不小于 200kPa。每次加荷后要等到土样压缩相对稳定后才能施加下一级荷载，必要时，可做加载-卸载-再加载试验。

（一）侧限压缩试验中压缩量与孔隙比的关系

各级荷载下土样的压缩量 s_i 用百分表测得，然后计算孔隙比 e_2

$$e_2 = e_1 - \frac{s_i}{h_i}(1 + e_1) \tag{3-1}$$

式中　e_1——土的初始孔隙比，可由土的三项基本试验指标求得，即

$$e_1 = \frac{d_s(1 + w_0)\rho_w}{p} - 1 \tag{3-2}$$

h_i——土样的初始高度。

（二）土的压缩曲线

以压力 p 为横坐标，孔隙比 e 为纵坐标，绘制出孔隙比与压力的关系曲线，即压缩曲线，又称 e-p 曲线，如图 3-2a 所示。如用半对数直角坐标绘图，则得到 e-$\lg p$ 曲线，如图 3-2b 所示。

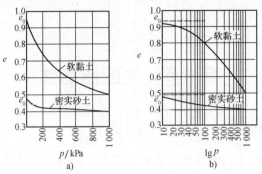

图 3-2　土的压缩曲线

a）e-p 曲线　b）e-$\lg p$ 曲线

三、土的压缩性指标

（一）土的压缩指数

压缩指数是由 e-$\lg p$ 曲线确定的，也是一种表示土的压缩性的指标，如图 3-3 所示。

$$C_c = \frac{e_1 - e_2}{\lg p_2 - \lg p_1} = \frac{e_1 - e_2}{\lg \dfrac{p_2}{p_1}} \tag{3-3}$$

压缩指数 C_c 值可以用来判别土的压缩性的大小，C_c 值越大，表示在一定压力变化的 Δp 范围内，孔隙比的变化量 Δe 越大，说明土的压缩性越高。

通常，当 $C_c < 0.2$ 时为低压缩性土；$C_c = 0.2 \sim 0.4$ 时，属中压缩性土；$C_c > 0.4$ 时，属高压缩性土。国外广泛采用 e-$\lg p$ 曲线来分析研究应力变化对土压缩性的影响。

（二）土的压缩系数

1. 压缩系数的确定

土的压缩曲线不是一条直线，因而土的压缩系数也不是一个常数，并与所取的压力 p_1、p_2 有关，如图 3-4 所示。土工试验方法相关标准规定采用 $p_1 = 100\text{kPa}$、$p_2 = 200\text{kPa}$ 所得到的压缩系数 a_{1-2} 作为评定土压缩性高低的指标，见表 3-1。

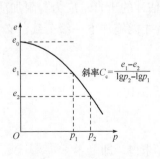

图 3-3　e-$\lg p$ 曲线中求 C_c

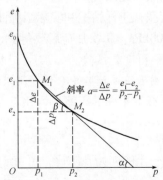

图 3-4　以 e-p 曲线确定压缩系数 a

表 3-1   由压缩系数评价土的压缩性

压缩系数/MPa^{-1}	压缩性评价
$a_{1-2} \leqslant 0.1$	低压缩性土
$0.1 \leqslant a_{1-2} < 0.5$	中压缩性土
$a_{1-2} \geqslant 0.5$	高压缩性土

2. 压缩系数的计算公式

土的压缩性可由土的压缩系数的计算公式表示为

$$a = \tan\beta = \frac{\Delta e}{\Delta p} = \frac{e_1 - e_2}{p_2 - p_1} \tag{3-4}$$

式中　　a——土的压缩系数（kPa^{-1}）或（MPa^{-1}）；

p_1——地基某深度处土中竖向自重应力（kPa）；

p_2——地基某深度处自重应力与附加应力之和（kPa）；

e_1——相应于 p_1 作用下压缩稳定后土的孔隙比；

e_2——相应于 p_2 作用下压缩稳定后土的孔隙比。

（三）土的变形模量与压缩模量

1. 变形模量

（1）地基土的变形模量是指无侧限情况下单轴受压时应力与应变之比。

（2）地基土的变形模量的计算公式是借用弹性理论计算沉降的公式，应用荷载试验结果 $p\text{-}s$ 曲线进行反算求得

$$E_0 = \omega\ (1 - \nu^2)\ \frac{p_{cr}b}{s} \tag{3-5}$$

式中　　p_{cr}——荷载试验 $p\text{-}s$ 曲线比例界限 a 点对应的荷载（kPa）；

s——土样的压缩量；

b——矩形荷载的短边或圆形荷载的直径（cm）；

ω——沉降系数，刚性的方形承压板 $\omega = 0.88$，刚性圆形承压板 $\omega = 0.79$；

E_0——地基土的变形模量（MPa）；

ν——泊松比。

2. 压缩模量

土体在完全侧限条件下，竖向附加应力 σ_z 与相应的应变增量 λ_z 之比，称为压缩模量，用 E_s 表示，即

$$E_s = \frac{\sigma_z}{\lambda_z} \tag{3-6}$$

$$E_s = \frac{p_2 - p_1}{e_1 - e_2}\ (1 + e_1) \tag{3-7}$$

$$E_s = \frac{1 + e_1}{a} \tag{3-8}$$

式（3-8）是压缩模量 E_s 的计算公式，又是压缩模量 E_s 与压缩系数 a 的关系式。从式中可以看出，E_s 与 a 成反比，E_s 越大，a 就越小，说明土的压缩性就越小。因此，压缩模量 E_s 也是土的压缩性指标。

当 $E_s < 4\text{MPa}$ 时称为高压缩性土，当 $4\text{MPa} \leqslant E_s \leqslant 20\text{MPa}$ 时称为中等压缩性土，当 $E_s >$

20MPa 时称为低压缩性土。

压缩模量与弹性材料的弹性模量相似，都是应力与应变的比值，但有两点不同。其一是压缩模量 E_s 是在侧限条件下测定的，故又称为侧限压缩模量，以便与无侧限条件下单向受力的弹性模量相区别；其二是土的压缩模量不仅反映了土的弹性变形，而且同时反映了土的残余变形，是一个随压力变化而变化的数值。

3. 变形模量与压缩模量的关系

变形模量与压缩模量的关系如图 3-5 所示。

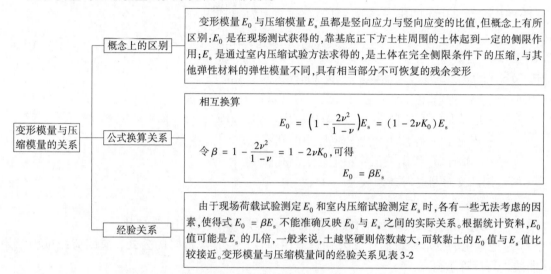

概念上的区别：变形模量 E_0 与压缩模量 E_s 虽都是竖向应力与竖向应变的比值，但概念上有所区别：E_0 是在现场测试获得的，靠基底正下方土柱周围的土体起到一定的侧限作用；E_s 是通过室内压缩试验方求得的，是土体在完全侧限条件下的压缩，与其他弹性材料的弹性模量不同，具有相当部分不可恢复的残余变形

公式换算关系：相互换算

$$E_0 = \left(1 - \frac{2\nu^2}{1-\nu}\right)E_s = (1 - 2\nu K_0)E_s$$

令 $\beta = 1 - \dfrac{2\nu^2}{1-\nu} = 1 - 2\nu K_0$，可得

$$E_0 = \beta E_s$$

经验关系：由于现场荷载试验测定 E_0 和室内压缩试验测定 E_s 时，各有一些无法考虑的因素，使得式 $E_0 = \beta E_s$ 不能准确反映 E_0 与 E_s 之间的实际关系。根据统计资料，E_0 值可能是 E_s 的几倍，一般来说，土越坚硬则倍数越大，而软黏土的 E_0 值与 E_s 值比较接近。变形模量与压缩模量间的经验关系见表 3-2

图 3-5　变形模量与压缩模量的关系

表 3-2　变形模量 E_0 与压缩模量 E_s 间的经验关系

土的种类	$K = E_0/E_s$
高压缩性土	$1 \sim 2$
低压缩性土	$\leqslant 0$
黄　土	$2 \sim 5$

（四）土的弹性模量

在土的压缩试验中，若采用多次反复加卸荷，土的塑性变形将越来越小直至可以忽略不计，而回弹部分则趋于相等，即表现出有条件的弹性特征，此时在应力应变曲线上可获得土的弹性模量 E 的值，如图 3-6 所示，换而言之，弹性模量 E 是应力 σ 与弹性应变 ε 的比值，即

$$E = \frac{\sigma}{\varepsilon} \tag{3-9}$$

土的弹性模量 E、变形模量 E_0、压缩模量 E_s 都是根据弹性体的胡克定律导出的，不同之处是弹性模量中只包含了土的弹性应变，而 E_0 与 E_s 则包括塑性应变在内。

土的弹性模量一般可按表 3-3 选用。

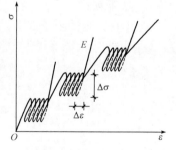

图 3-6　三轴试验确定土的弹性模量

表 3-3　土的弹性模量 *E* 值

土的种类	E 值/MPa	土的种类	E 值/MPa
砾石、碎石、卵石	40 ~ 56	硬塑的亚黏土和轻亚黏土	32 ~ 40
粗　砂	40 ~ 48	可塑的亚黏土和轻亚黏土	8 ~ 16
中　砂	32 ~ 46	坚硬的黏土	80 ~ 160
干的细砂	24 ~ 32	硬塑的黏土	40 ~ 56
饱和的细砂	8 ~ 10	可塑的黏土	8 ~ 16

（五）土的侧压力系数

土的侧压力系数与土的种类有关，而同一种土的 ξ 值则与其孔隙比、含水量、加压条件、压密程度等有关，可由试验测定。

水平压力 σ_x 与竖向压力 σ_z 的比值 ξ 称为土的侧压力系数，即

$$\xi = \frac{\sigma_x}{\sigma_z} \tag{3-10}$$

（六）土的泊松比

土的泊松比（又称侧膨胀系数）ν 是土侧向应变和竖向应变的比值，它与土的侧压力系数有一定的关系，可按材料力学的原理推导如下

$$\nu = \frac{\xi}{1 + \xi} \tag{3-11}$$

土的泊松比不能从试验直接测定，常先测定土的侧压力系数，而后按式（3-11）推算而出。

四、土的侧限压缩变形量的计算方式

土的侧限压缩变形量不同的计算方式如图 3-7 所示。

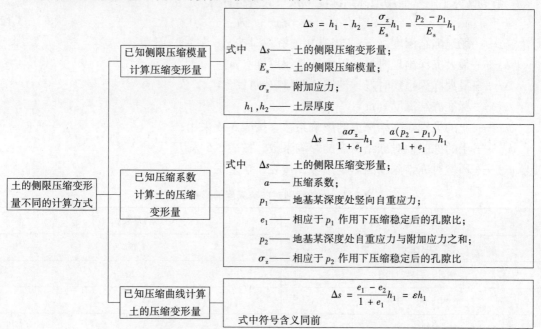

图 3-7　土的侧限压缩变形量不同的计算方式

第二节 地基计算

一、基础埋置深度

1. 基础的埋置深度，应按下列条件确定：

（1）建筑物的用途，有无地下室、设备基础和地下设施，基础的形式和构造。

（2）作用在地基上的荷载大小和性质。

（3）工程地质和水文地质条件。

（4）相邻建筑物的基础埋深。

（5）地基土冻胀和融陷的影响。

2. 在满足地基稳定和变形要求的前提下，当上层地基的承载力大于下层土时，宜利用上层土作持力层。除岩石地基外，基础埋深不宜小于0.5m。

3. 高层建筑基础的埋置深度应满足地基承载力、变形和稳定性要求。位于岩石地基上的高层建筑，其基础埋深应满足抗滑稳定性要求。

4. 在抗震设防区，除岩石地基外，天然地基上的箱形和筏形基础其埋置深度不宜小于建筑物高度的1/15；桩箱或桩筏基础的埋置深度（不计桩长）不宜小于建筑物高度的1/18。

5. 基础宜埋置在地下水位以上，当必须埋在地下水位以下时，宜采取地基土在施工时不受扰动的措施。当基础埋置在易风化的岩层上，施工时应在基坑开挖后立即铺筑垫层。

6. 当存在相邻建筑物时，新建建筑物的基础埋深不宜大于原有建筑基础。当埋深大于原有建筑基础时，两基础间应保持一定净距，其数值应根据建筑荷载大小、基础形式和土质情况确定。

7. 季节性冻土地基的场地冻结深度应按下式进行计算

$$z_d = z_0 \psi_{zs} \psi_{zw} \psi_{ze} \tag{3-12}$$

式中　z_d——场地冻结深度（m），当有实测资料时按 $z_d = h' - \Delta z$ 计算；

　　　h'——最大冻深出现时场地最大冻土层厚度（m）；

　　　Δz——最大冻深出现时场地地表冻胀量（m）；

　　　z_0——标准冻结深度（m）；

　　　ψ_{zs}——土的类别对冻结深度的影响系数，按表3-4采用；

　　　ψ_{zw}——土的冻胀性对冻结深度的影响系数，按表3-5采用；

　　　ψ_{ze}——环境对冻结深度的影响系数，按表3-6采用。

表3-4　土的类别对冻结深度的影响系数

土 的 类 别	影响系数 ψ_{zs}
黏性土	1.00
细砂、粉砂、粉土	1.20
中、粗、砾砂	1.30
大块碎石土	1.40

表 3-5 土的冻胀性对冻结深度的影响系数

冻 胀 性	影响系数 ψ_{zw}
不冻胀	1.00
弱冻胀	0.95
冻胀	0.90
强冻胀	0.85
特强冻胀	0.80

表 3-6 环境对冻结深度的影响系数

周 围 环 境	影 响 系 数
寸、镇、旷野	1. 00
城市近郊	0.95
城市市区	0.90

注：环境影响系数一项，当城市市区人口为（20～50）万时，按城市近郊取值；当城市市区人口大于50万小于或等于100万时，只计入市区影响；当城市市区人口超过100万时，除计入市区影响外，尚应考虑5km以内的郊区近郊影响系数。

8. 季节性冻土地区基础埋置深度宜大于场地冻结深度。对于深厚季节冻土地区，当建筑基础底面土层为不冻胀、弱冻胀、冻胀土时，基础埋置深度可以小于场地冻结深度，基础底面下允许冻土层最大厚度应根据当地经验确定。没有地区经验时可按表3-7查取。此时，基础最小埋置深度 d_{min} 可按下式计算

$$d_{min} = z_d - h_{max} \tag{3-13}$$

式中 h_{max}——基础底面下允许冻土层最大厚度（m）。

9. 地基土的冻胀类别分为不冻胀、弱冻胀、冻胀、强冻胀和特强冻胀，可按表3-8查取。在冻胀、强冻胀和特强冻胀地基上采用防冻害措施时应符合下列规定：

（1）对在地下水位以上的基础，基础侧表面应回填不冻胀的中、粗砂，其厚度不应小于200mm；对在地下水位以下的基础，可采用桩基础、保温性基础、自锚式基础（冻土层下有扩大板或扩底短桩），也可将独立基础或条形基础做成正梯形的斜面基础。

（2）宜选择地势高、地下水位低、地表排水条件好的建筑场地。对低洼场地，建筑物的室外地坪标高应至少高出自然地面300～500mm，其范围不宜小于建筑四周向外各一倍冻结深度距离的范围。

（3）应做好排水设施，施工和使用期间防止水浸入建筑地基。在山区应设截水沟或在建筑物下设置暗沟，以排走地表水和潜水。

（4）在强冻胀性和特强冻胀性地基上，其基础结构应设置钢筋混凝土圈梁和基础梁，并控制建筑的长高比。

（5）当独立基础连系梁下或桩基础承台下有冻土时，应在梁或承台下留有相当于该土层冻胀量的空隙。

（6）外门斗、室外台阶和散水坡等部位宜与主体结构断开，散水坡分段不宜超过1.5m，坡度不宜小于3%，其下宜填入非冻胀性材料。

（7）对跨年度施工的建筑，入冬前应对地基采取相应的防护措施；按采暖设计的建筑物，当冬季不能正常采暖时，也应对地基采取保温措施。

表3-7　地基土的冻胀性分类

土的名称	冻前天然含水量 w（%）	冻结期间地下水位距冻结面的最小距离 h_w/m	平均冻胀率 η（%）	冻胀等级	冻胀类别
碎（卵）石，砾、粗、中砂（粒径小于0.075mm且颗粒含量大于15%）、细砂（粒径小于0.075mm且颗粒含量大于10%）	w≤12	>1.0	η<1	I	不冻胀
	w≤12	≤1.0	1<η<3.5	II	弱胀冻
	12<w≤18	>1.0			
	12<w≤18	≤1.0	3.5<η≤6	III	胀冻
	w>18	>0.5			
	w>18	≤0.5	6<η≤12	IV	强胀冻
粉砂	w≤14	>1.0	η≤1	I	不冻胀
	w≤14	≤1.0	1<η≤3.5	II	弱胀冻
	14<w≤19	>1.0			
	14<w≤19	≤1.0	3.5<η≤6	III	胀冻
	19<w≤23	>1.0			
	19<w≤23	≤1.0	6<η≤12	IV	强胀冻
	w>23	不考虑	η>12	V	特强胀冻
粉土	w≤19	>1.5	η≤1	I	不冻胀
	w≤19	≤1.5	1<η≤3.5	II	弱胀冻
	19<w≤22	>1.5	1<η≤3.5	II	弱胀冻
	19<w≤22	≤1.5	3.5<η≤6	III	胀冻
	22<w≤26	>1.5			
	22<w≤26	≤1.5	6<η≤12	IV	强胀冻
	26<w≤30	>1.5			
	26<w≤30	≤1.5	η>12	V	特强胀冻
		不考虑			
黏性土	w≤w_p+2	>2.0	η≤1	I	不冻胀
	w≤w_p+2	≤2.0	1<η≤3.5	II	弱胀冻
	w_p+2<w≤w_p+5	>2.0			
	w_p+2<w≤w_p+5	≤2.0	3.5<η≤6	III	胀冻
	w_p+5<w≤w_p+9	>2.0			
	w_p+5<w≤w_p+9	≤2.0	6<η≤12	IV	强胀冻
	w_p+9<w≤w_p+15	>2.0			
	w_p+9<w≤w_p+15	≤2.0	η>12	V	特强胀冻
	w>w_p+15	不考虑			

注：1. w_p——塑限含水量（%）；

　　　w——在冻土层内冻前天然含水量的平均值（%）。

2. 盐渍化冻土不在表列。

3. 塑性指数大于22时，冻胀性降低一级。

4. 粒径小于0.005mm的颗粒含量大于60%时，为不冻胀土。

5. 碎石类土当充填物大于全部质量的40%时，其冻胀性按充填物土的类别判断。

6. 碎石土、砾砂、粗砂、中砂（粒径小于0.075mm颗粒含量不大于15%）、细砂（粒径小于0.075mm且颗粒含量不大于10%）均按不冻胀考虑。

表 3-8　建筑基础底面下允许冻土层最大厚度 h_{max}　　　　　　（单位：m）

冻胀性	基础形式	采暖情况	基底平均压力/kPa					
			110	130	150	170	190	210
弱冻胀土	方形基础	采暖	0.90	0.95	1.00	1.10	1.15	1.20
		不采暖	0.70	0.80	0.95	1.00	1.05	1.10
	条形基础	采暖	>2.50	>2.50	>2.50	>2.50	>2.50	>2.50
		不采暖	2.20	2.50	>2.50	>2.50	>2.50	>2.50
冻胀土	方形基础	采暖	0.65	0.70	0.75	0.80	0.85	—
		不采暖	0.55	0.60	0.65	0.70	0.75	—
	条形基础	采暖	1.55	1.80	2.00	2.20	2.50	—
		不采暖	1.15	1.35	1.55	1.75	1.95	—

注：1. 本表只计算法向冻胀力，如果基侧存在切向冻胀力，应采取防切向力措施。

2. 基础宽度小于 0.6m 时不适用，矩形基础取短边尺寸按方形基础计算。

3. 表中数据不适用于淤泥、淤泥质土和欠固结土。

4. 计算基底平均压力时取永久作用的标准组合值乘以 0.9，可以内插。

二、承载力计算

1. 基础底面的压力，应符合下列规定

（1）当轴心荷载作用时

$$p_k \leqslant f_a \qquad (3\text{-}14)$$

式中　p_k——相应于作用的标准组合时，基础底面处的平均压力值（kPa）；

　　　f_a——修正后的地基承载力特征值（kPa）。

（2）当偏心荷载作用时

除符合式（3-14）要求外，尚应符合下式规定

$$p_{kmax} \leqslant 1.2 f_a \qquad (3\text{-}15)$$

式中　p_{kmax}——相应于作用的标准组合时，基础底面边缘的最大压力值（kPa）。

2. 基础底面的压力，可按下列公式确定

（1）当轴心荷载作用时

$$p_k = \frac{F_k + G_K}{A} \qquad (3\text{-}16)$$

式中　F_k——相应于作用的标准组合时，上部结构传至基础顶面的竖向力值（kN）；

　　　G_k——基础自重和基础上的土重（kN）；

　　　A——基础底面面积（m²）。

（2）当偏心荷载作用时

$$p_{kmax} = \frac{F_k + G_k}{A} + \frac{M_k}{W} \qquad (3\text{-}17)$$

$$p_{kmin} = \frac{F_k + G_k}{A} + \frac{M_k}{W} \qquad (3\text{-}18)$$

式中 M_k——相应于作用的标准组合时，作用于基础底面的力矩值（kN·m）；

W——基础底面的抵抗矩（m^3）；

p_{kmin}——相应于作用的标准组合时，基础底面边缘的最小压力值（kPa）。

（3）当基础底面形状为矩形且偏心距 $e > b/6$ 时（图3-8），p_{kmax} 应按下式计算

$$p_{kmax} = \frac{2\,(F_k + G_k)}{3la} \tag{3-19}$$

式中 l——垂直于力矩作用方向的基础底面边长
（m）；

a——合力作用点至基础底面最大压力边缘的
距离（m）。

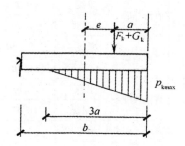

图 3-8 偏心荷载（$e > b/6$）下基底压力计算
注：b—力矩作用方向基础底面边长。

3. 地基承载力特征值可由载荷试验或其他原位测
试、公式计算，并结合工程实践经验等方法综合
确定。

4. 当基础宽度大于 3m 或埋置深度大于 0.5m 时，
从载荷试验或其他原位测试、经验值等方法确定的地
基承载力特征值，尚应按下式修正

$$f_a = f_{ak} + \eta_b \gamma\,(b - 3) + \eta_d \gamma_m\,(d - 0.5) \tag{3-20}$$

式中 f_a——修正后的地基承载力特征值（kPa）；

f_{ak}——地基承载力特征值（kPa）；

η_b、η_d——基础宽度和埋置深度的地基承载力修正系数，按基底下土的类别查表3-9取值；

γ——基础底面以下土的重度（kN/m^3），地下水位以下取浮重度；

b——基础底面宽度（m），当基础底面宽度小于 3m 时按 3m 取值，大于 6m 时按 6m
取值；

γ_m——基础底面以上土的加权平均重度（kN/m^3），位于地下水位以下的土层取有效
重度；

d——基础埋置深度（m），宜自室外地面标高算起。在填方整平地区，可自填土地面标
高算起，但填土在上部结构施工后完成时，应从天然地面标高算起。对于地下
室，当采用箱形基础或筏基时，基础埋置深度自室外地面标高算起；当采用独立
基础或条形基础时，应从室内地面标高算起。

表 3-9 承载力修正系数

土 的 类 别		η_b	η_d
淤泥和淤泥质土		0	1.0
人工填土 e 或 I_L 大于或等于 0.85 的黏性土		0	1.0
红黏土	含水比 $\alpha_w > 0.8$	0	1.2
	含水比 $\alpha_w \leqslant 0.8$	0.15	1.4
大面积 压实填土	压实系数大于 0.95、黏粒含量 $\rho_c \geqslant 10\%$ 的粉土	0	1.5
	最大干密度大于 $2100kg/m^3$ 的级配砂石	0	2.0

土 的 类 别		η_b	η_d
粉土	黏粒含量 $\rho_c \geqslant 10\%$ 的粉土	0.3	1.5
	黏粒含量 $\rho_c < 10\%$ 的粉土	0.5	2.0
e 及 I_L 均小于 0.85 的黏性土		0.3	1.6
粉砂、细砂（不包括很湿与饱和时的稍密状态）		2.0	3.0
中砂、粗砂、砾砂和碎石土		3.0	4.4

注：1. 强风化和全风化的岩石，可参照所风化成的相应土类取值，其他状态下的岩石不修正。

2. 地基承载力特征值按深层平板载荷试验确定时 η_d 取零。

3. 含水比是指土的天然含水量与液限的比值。

4. 大面积压实填土是指填土范围大于两倍基础宽度的填土。

5. 当偏心距 e 小于或等于 0.033 倍基础底面宽度时，根据土的抗剪强度指标确定地基承载力特征值，可按下式计算，并应满足变形要求

$$f_a = M_b \gamma b + M_d \gamma_m d + M_c c_k \qquad (3\text{-}21)$$
$$f_a = \psi_s f_{rk}$$

式中　　　f_a——由土的抗剪强度指标确定的地基承载力特征值（kPa）；

M_b、M_d、M_c——承载力系数，按表 3-10 确定；

b——基础底厚宽度（m），大于 6m 时按 6m 取值，对于砂土小于 3m 时按 3m 取值；

c_k——基底下一倍短边宽度的深度范围内土的粘聚力标准值（kPa）；

ψ——折减系数。根据岩体完整程度以及结构面的间距、宽度、产状和组合，由地方经验确定。无经验时，对完整岩体可取 0.5；对较完整岩体可取 0.2 ~ 0.5；对较破碎岩体可取 0.1 ~ 0.2；

f_{rk}——岩石饱和单轴抗压强度标准值（kPa），计算见式（3-22）。

表 3-10　承载力系数 M_b、M_d、M_c

土的内摩擦角标准值 φ_k（°）	M_b	M_d	M_c
0	0	1.00	3.14
2	0.03	1.12	3.32
4	0.06	1.25	3.51
6	0.10	1.39	3.71
8	0.14	1.55	3.93
10	0.18	1.73	4.17
12	0.23	1.94	4.42
14	0.29	2.17	4.69
16	0.36	2.43	5.00
18	0.43	2.72	5.31
20	0.51	3.06	5.66
22	0.61	3.44	6.04
24	0.80	3.87	6.45
26	1.10	4.37	6.90
28	1.40	4.93	7.40
30	1.90	5.59	7.95
32	2.60	6.35	8.55
34	3.40	7.21	9.22
36	4.20	8.25	9.97
38	5.00	9.44	10.80
40	5.80	10.84	11.73

注：φ_k 为基底下一倍短边宽度的深度范围内土的内摩擦角标准值（°）。

6. 根据参加统计的一组试样的试验值计算其平均值、标准差、变异系数，取岩石饱和单轴抗压强度的标准值为

$$f_{rk} = \psi f_m \tag{3-22}$$

$$\psi = 1 - \left(\frac{1.704}{\sqrt{n}} + \frac{4.678}{n^2} \right) \delta \tag{3-23}$$

式中　f_m——岩石饱和单轴抗压强度平均值（kPa）；

　　　ψ——统计修正系数；

　　　n——试样个数；

　　　δ——变异系数。

需要注意的是，上述折减系数值未考虑施工因素及建筑物使用后风化作用的继续。对于黏土质岩，在确保施工期及使用期不致遭水浸泡时，也可采用天然湿度的试样，不进行饱和处理。

7. 当地基受力层范围内有软弱下卧层时，应符合下列规定

（1）应按下式验算软弱下卧层的地基承载力

$$p_z + p_{cz} \le f_{az} \tag{3-24}$$

式中　p_z——相应于作用的标准组合时，软弱下卧层顶面处土的附加压力值（kPa）；

　　　p_{cz}——软弱下卧层顶面处土的自重压力值（kPa）；

　　　f_{az}——软弱下卧层顶面处经深度修正后的地基承载力特征值（kPa）。

（2）对条形基础和矩形基础，式（3-24）中的 p_z 值可按下列公式简化计算

条形基础

$$p_z = \frac{b\,(p_k - p_c)}{b + 2z\tan\theta} \tag{3-25}$$

矩形基础

$$p_z = \frac{lb\,(p_k - p_c)}{(b + 2z\tan\theta)\,(l + 2z\tan\theta)} \tag{3-26}$$

式中　b——矩形基础或条形基础底边的宽度（m）；

　　　l——矩形基础底边的长度（m）；

　　　p_c——基础底面处土的自重压力值（kPa）；

　　　z——基础底面至软弱下卧层顶面的距离（m）；

　　　θ——地基压力扩散线与垂直线的夹角（°），可按表3-11采用。

表3-11　地基压力扩散角 θ

E_{s1}/E_{s2}	z/b	
	0.25	0.50
3	60	23°
5	100	25°
10	200	30°

注：1. E_{s1} 为上层土压缩模量；E_{s2} 为下层土压缩模量。

　　2. $z/b < 0.25$ 时取 $\theta = 0°$，必要时，宜由试验确定；$z/b > 0.50$ 时 θ 值不变。

　　3. z/b 在 0.25~0.50 可插值使用。

对于沉降已经稳定的建筑或经过预压的地基，可适当提高地基承载力。

【例3-1】 某粉土地基如图3-9所示，试按理论公式计算地基承载力设计值。

【解】 根据 $\rho_k = 18°$ 得：

$M_b = 0.43$ $M_d = 2.72$ $M_c = 5.31$

$$
\begin{aligned}
f_a &= M_b\gamma b + M_d\gamma_m d + M_c c_k \\
&= \left(0.43 \times 8.2 \times 2 + 2.72 \times \frac{17.6 \times 1.3 + 8.2 \times 0.7}{2}\right. \\
&\quad \left. \times 2 + 5.31 \times 1\right)\text{kPa} \\
&= (7.052 + 77.846 + 5.31)\text{kPa} = 90.21\text{kPa}
\end{aligned}
$$

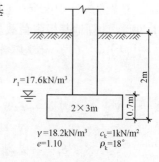

图3-9 某粉土地基

【例3-2】 某办公楼采用砖混结构条形基础。设计基础底宽 $b = 1.80\text{m}$，基础埋深 $d = 1.6\text{m}$。地基为粉土，天然重度 $\gamma = 18.5\text{kN/m}^3$，内摩擦角 $\varphi = 20°$，粘聚力 $c = 10\text{kPa}$。地下水位深7.5m。计算此地基的极限荷载和地基承载力。

【解】 （1）地基的极限荷载 应用太沙基条形基础极限荷载公式得

$$p_u = \frac{1}{2}\gamma b N_\gamma + cN_c + rdN_q$$

式中，N_γ、N_c、N_q 为承载力系数，根据地基土的内摩擦角 $\varphi = 20°$ 得

$$N_\gamma = 4; \quad N_c = 17.5; \quad N_q = 7$$

代入可得地基极限荷载为

$$
\begin{aligned}
p_u &= \left(\frac{1}{2} \times 18.5 \times 1.8 \times 4 + 17.5 \times 10 + 18.5 \times 1.6 \times 7\right)\text{kPa} \\
&= 448.8\text{kPa}
\end{aligned}
$$

（2）地基承载力 安全系数 $K = 3.0$，地基承载力为

$$f = \frac{p_u}{K} = \frac{448.8}{3.0}\text{kPa} = 149.6\text{kPa}$$

【例3-3】 某住宅采用砖混结构，设计方形基础。基底宽度2.40m，基础埋深 $d = 1.80\text{m}$。地基为密实黏土，内摩擦角 $\varphi = 12°$，粘聚力 $c = 24\text{kPa}$，天然重度 $\gamma = 18\text{kN/m}^3$。计算此住宅地基的极限荷载与地基承载力。

【解】 （1）地基的极限荷载。因住宅地基为软塑状态粉质黏土，应用太沙基的松软地基极限荷载公式得

$$p_u = 1.3cN_c + \gamma dN_q + 0.4\gamma b_0 N_\gamma$$

式中，N'_γ、N'_c、N'_q 为承载力系数，根据地基土的内摩擦角 $\varphi = 12°$ 得

$$N'_\gamma = 0; \quad N'_c = 8.7; \quad N'_q = 3.0。$$

即可求得地基极限荷载为

$$
\begin{aligned}
p_u &= (1.3 \times 24 \times 8.7 + 0.4 \times 18 \times 2.4 \times 0 + 18 \times 1.8 \times 3.0)\text{kPa} \\
&= 368.64\text{kPa}
\end{aligned}
$$

（2）地基承载力。采用安全系数 $K = 3.0$，地基承载力为

$$f = \frac{p_u}{K} = \frac{368.64}{3.0}\text{kPa} = 122.9\text{kPa}$$

【例3-4】 某工程设计采用天然地基，浅埋矩形基础。基础底面尺寸：长度 $l = 240\text{m}$，宽

度 $b = 1.60\text{m}$，基础埋深 $d = 1.80\text{m}$。地基为粉质黏土，天然重度 $\gamma = 18.6\text{kN/m}^3$，内摩擦角 $\varphi = 30°$，粘聚力 $c = 10\text{kPa}$。地下水位埋深 7.50m。荷载倾斜角 （1） $\delta_0 = 11.31°$； （2） $\delta_0 = 21.80°$。计算地基极限荷载。

【解】 （1）荷载倾斜角 $\delta_0 = 11.31°$ 情况

$$p_{uv} = \frac{1}{2}\gamma_1 b N_\gamma S_\gamma i_\gamma + c N_c S_c d_c i_c + q N_q S_q d_q i_q$$

式中 N_γ，N_c，N_q——承载力系数，根据地基土的内摩擦角 $\varphi = 30°$ 得

$$N_\gamma = 18.09; \quad N_c = 30.15; \quad N_q = 18.40;$$

S_γ，S_c，S_q——基础形状系数，按计算

$$S_\gamma = 1 - 0.4\frac{b}{l} = 1 - 0.4 \times \frac{1.60}{2.40} = 0.73$$

$$S_c = S_q = 1 + 0.2\frac{b}{l} = 1 + 0.2 \times \frac{1.60}{2.40} = 1.13$$

d_c，d_q——基础深度系数

$$d_c = d_q = 1 + 0.35\frac{d}{b} = 1 + 0.35 \times \frac{1.80}{1.60} = 1.39$$

i_γ，i_c，i_q——倾斜系数，由 $\varphi = 30°$ 和 $\delta_0 = 11.31°$ 即 $\tan\delta_0 = 0.2$ 得

$$i_\gamma = 0.444; \quad i_c = 0.646; \quad i_q = 0.666$$

$$
\begin{aligned}
p_{uvl} = &\left(\frac{1}{2} \times 18.6 \times 1.6 \times 18.09 \times 0.73 \times 0.444 + 10 \times 30.15 \times 1.13 \times 1.39 \times 0.646\right.\\
&\left.+ 18.6 \times 1.8 \times 18.4 \times 1.39 \times 0.666\right)\text{kPa}\\
= &(87.25 + 305.92 + 570.29)\text{kPa} = 963.46\text{kPa}
\end{aligned}
$$

（2）荷载倾斜角 $\delta_0 = 21.80°$ 的情况。同理，承载力系数、基础形状系数与深度系数均不变，只有倾斜系数变化，根据荷载倾斜角 $\delta_0 = 21.80°$，即 $\tan\delta_0 = 0.4$ 与 $\varphi = 30°$ 得

$$i_\gamma = 0.150; \quad i_c = 0.352; \quad i_q = 0.387$$

代入得

$$
\begin{aligned}
p_{uv2} = &\left(\frac{1}{2} \times 18.6 \times 1.6 \times 18.09 \times 0.73 \times 0.15 + 10 \times 30.15 \times 1.13 \times 1.39 \times 0.352 + \right.\\
&\left.18.6 \times 1.8 \times 18.4 \times 1.39 \times 0.387\right)\text{kPa}\\
= &(29.48 + 166.70 + 331.38)\text{kPa} = 527.56\text{kPa}
\end{aligned}
$$

三、变形计算

1. 建筑物的地基变形计算值，不应大于地基变形允许值。

2. 地基变形特征可分为沉降量、沉降差、倾斜、局部倾斜。

3. 在计算地基变形时，应符合下列规定：

（1）由于建筑地基不均匀、荷载差异很大、体型复杂等因素引起的地基变形，对于砌体承重结构应由局部倾斜值控制；对于框架结构和单层排架结构应由相邻柱基的沉降差控制；对于多层或高层建筑和高耸结构应由倾斜值控制；必要时还应控制平均沉降量。

（2）在必要情况下，需要分别预估建筑物在施工期间和使用期间的地基变形值，以便预留建筑物有关部分之间的净空，选择连接方法和施工顺序。

4. 建筑物的地基变形允许值应按表 3-12 规定采用。对表中未包括的建筑物，其地基变形允许值应根据上部结构对地基变形的适应能力和使用上的要求确定。

表 3-12　建筑物的地基变形允许值

变形特征		地基土类别	
		中、低压缩性土	高压缩性土
砌体承重结构基础的局部倾斜		0.002	0.003
工业与民用建筑相邻柱基的沉降差	框架结性	0.002l	0.003l
	砌体墙填充的边排柱	0.0007l	0.001l
	当基础不均匀沉降时不产生附加应力的结构	0.005l	0.005l
单层排架结构（柱距为 6m）柱基的沉降量/mm		(120)	200
桥式吊车轨面的倾斜（按不调整轨道考虑）	纵向	0.004	
	横向	0.003	
多层和高层建筑的整体倾斜	$H_g \leqslant 24$	0.004	
	$24 < H_g \leqslant 60$	0.003	
	$60 < H_g \leqslant 100$	0.0025	
	$H_g > 100$	0.002	
体型简单的高层建筑基础的平均沉降量/mm		200	
高耸结构基础的倾斜	$H_g \leqslant 20$	0.008	
	$20 < H_g \leqslant 50$	0.006	
	$50 < H_g \leqslant 100$	0.005	
	$100 < H_g \leqslant 150$	0.004	
	$150 < H_g \leqslant 200$	0.003	
	$200 < H_g \leqslant 250$	0.002	
高耸结构基础的沉降量/mm	$H_g \leqslant 100$	400	
	$100 H_g \leqslant 200$	300	
	$200 < H_g \leqslant 250$	200	

注：1. 本表数值为建筑物地基实际最终变形允许值。

2. 有括号者仅适用于中压缩性土。

3. l 为相邻柱基的中心距离（m）；H_g 为自室外地面起算的建筑物高度（m）。

4. 倾斜是指基础倾斜方向两端点的沉降差与其距离的比值。

5. 局部倾斜是指砌体承重结构沿纵向 6～10m 内基础两点的沉降差与其距离的比值。

5. 计算地基变形时，地基内的应力分布，可采用各向同性均质线性变形体理论。其最终变形量可按下式进行计算

$$s = \psi_s s' = \psi_s \sum_{i=1}^{n} \frac{p_0}{E_{si}} (z_i \bar{\alpha}_i - z_{i-1} \bar{\alpha}_{i-1}) \tag{3-27}$$

式中　s——地基最终变形量（mm）；

s'——按分层总和法计算出的地基变形量（mm）；

ψ_s——沉降计算经验系数，根据地区沉降观测资料及经验确定，无地区经验时可根据变

形计算深度范围内压缩模量的当量值（$\overline{E}_s$）、基底附加压力按表3-13取值；

n——地基变形计算深度范围内所划分的土层数（图3-10）；

p_0——相应于作用的准永久组合时基础底面处的附加压力（kPa）；

E_{si}——基础底面下第i层土的压缩模量（MPa），应取土的自重压力至土的自重压力与附加压力之和的压力段计算；

z_i、z_{i-1}——基础底面至第i层土、第$i-1$层土底面的距离（m）：

$\overline{\alpha}_i$、$\overline{\alpha}_{i-1}$——基础底面计算点至第i层土、第$i-1$层土底面范围内平均附加应力系数，可按附录采用。

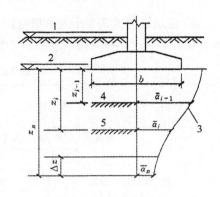

图3-10　基础沉降计算的分层
1—天然地面标高　2—基底标高　3—平均附加应力系数 $\overline{\alpha}$ 曲线　4—$i-1$层　5—i层

表3-13　沉降计算经验系数 ψ_s

基底附加压力	$\overline{E}_s$/MPa	2.5	4.0	7.0	15.0	20.0
$p_0 \geq f_{ak}$		1.4	1.3	1.0	0.4	0.2
$p_0 \leq 0.75 f_{ak}$		1.1	1.0	0.7	0.4	0.2

6. 变形计算深度范围内压缩模量的当量值（$\overline{E}_s$），应按下式计算

$$\overline{E}_s = \frac{\sum A_i}{\sum \dfrac{A_i}{E_{si}}} \tag{3-28}$$

式中　A_i——第i层土附加应力系数取土层厚度的积分值。

7. 地基变形计算深度 z_n（图3-10），应符合式（3-29）的规定。当计算深度下部仍有较软土层时，应继续计算。

$$\Delta s_n' \leq 0.025 \sum_{i=1}^{n} \Delta s_i' \tag{3-29}$$

式中　$\Delta s_i'$——在计算深度范围内，第i层土的计算变形值（mm）；

　　　$\Delta s_n'$——在由计算深度向上取厚度为 Δz 的土层计算变形值（mm），Δz 见图3-10，并按表3-14确定。

表3-14　由计算深度向上取土厚度 Δz　　　　　　　　（单位：m）

b	≤ 2	$2 < b \leq 4$	$4 < b \leq 8$	$b > 8$
Δz	0.3	0.6	0.8	1.0

8. 当无相邻荷载影响，基础宽度在 1～30m 范围内时，基础中点的地基变形计算深度也可按简化式（3-30）进行计算。在计算深度范围内存在基岩时，z_n 可取至基岩表面；当存在较厚的坚硬黏性土层，其孔隙比小于 0.5、压缩模量大于 50MPa，或存在较厚的密实砂卵石层，其压缩模量大于 80MPa 时，z_n 可取至该层土表面。此时，地基土附加压力分布应考虑相对硬层存在的影响，按式（3-30）计算地基最终变形量。

$$z_n = b \; (2.5 - 0.4 \ln b) \tag{3-30}$$

式中 b——基础宽度（m）。

9. 当存在相邻荷载时，应计算相邻荷载引起的地基变形，其值可按应力叠加原理，采用角点法计算。

10. 当建筑物地下室基础埋置较深时，地基土的回弹变形量可按下式计算

$$s_c = \psi_c \sum_{i=1}^{n} \frac{p_c}{E_{ci}} (z_i \bar{\alpha}_i - z_{i-1} \bar{\alpha}_{i-1}) \tag{3-31}$$

式中 s_c——地基的回弹变形量（mm）；

ψ_c——回弹量计算的经验系数，无地区经验时可取 1.0；

p_c——基坑底面以上土的自重压力（kPa），地下水位以下应扣除浮力；

E_{ci}——土的回弹模量（kPa），按现行国家标准《土工试验方法标准》（GB/T 50123—1999）中土的固结试验回弹曲线的不同应力段计算。

11. 回弹再压缩变形量计算可采用再加荷的压力小于卸荷土的自重压力段内再压缩变形线性分布的假定按下式进行计算：

$$s'_c = \begin{cases} r'_0 s_c \dfrac{p}{p_c R'_0} & p < R'_0 p_c \\[3mm] s_c \left[r'_0 + \dfrac{r'_{R'=1.0} - r'_0}{1 - R'_0 \left(\dfrac{p}{p_c} - R'_0 \right)} \right] & R'_0 p_c \leqslant p \leqslant p_c \end{cases} \tag{3-32}$$

式中 s'_c——地基土回弹再压缩变形量（mm）；

s_c——地基的回弹变形量（mm）；

r'_0——临界再压缩比率，相应于再压缩比率与再加荷比关系曲线上两段线性交点对应的再压缩比率，由土的固结回弹再压缩试验确定；

R'_0——临界再加荷比，相应在再压缩比率与再加荷比关系曲线上两段线性交点对应的再加荷比，由土的固结回弹再压缩试验确定；

$r'_{R'=1.0}$——对应于再加荷比 $R' = 1.0$ 时的再压缩比率，由土的固结回弹再压缩试验确定，其值等于回弹再压缩变形增大系数；

p——再加荷的基底压力（kPa）。

12. 在同一整体大面积基础上建有多栋高层和低层建筑，宜考虑上部结构、基础与地基的共同作用进行变形计算。

【例3-5】 在未固结的新填土 $\left[C_v = \dfrac{(1 + e_m)}{a \gamma m} = 15000 \, \text{cm}^2/\text{yr}^\ominus \right]$ 上建造建筑物，试计算基础沉降完成一半时所需要的时间。填土的厚度、下卧层情况以及由建筑物荷载所引起的附加应力如图 3-11 所示。

【解】 因是未固结填土，它的自重应力也将引起地基的变形（不考虑砂层的压缩），这时附加应力应包括土自重应力和由建筑物荷载所引起的附加应力，可得

$$p_a = (214 + 20) \, \text{kPa} = 234 \text{kPa}$$

$$p_b = (180 + 80) \, \text{kPa} = 260 \text{kPa}$$

⊖ 此处为内容需要，单位采用 cm²/yr（平方厘米/年），下同。——作者注

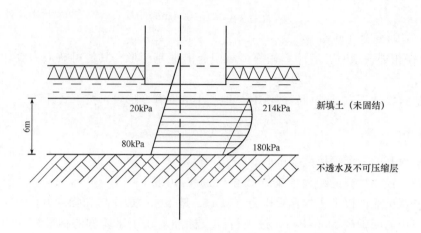

图 3-11 附加应力

即

$$\gamma = \frac{p_a}{p_b} = \frac{234}{260} = 0.9$$

因下卧层为坚硬的不透水层，属于单面排水情况，故有

$$t = \frac{H^2 T_v}{C_v} = \frac{(600)^2 T_v}{15000} = 24T_v$$

根据 $U = 50\%$ 及 $\gamma = 0.9$，查相应表得 $T_v = 0.22$，所以它沉降完成一半时所需要的时间 t 应为

$$t = 24T_v = 24 \times 0.22 \ 年 = 5.28 \ 年。$$

四、稳定性计算

1. 地基稳定性可采用圆弧滑动面法进行验算，最危险的滑动面上诸力对滑动中心所产生的抗滑力矩与滑动力矩应符合下式要求

$$M_R / M_S \geqslant 1.2 \tag{3-33}$$

式中 M_S——滑动力矩（kN·m）；

   M_R——抗滑力矩（kN·m）。

2. 位于稳定土坡坡顶上的建筑，应符合下列规定：

（1）对于条形基础或矩形基础，当垂直于坡顶边缘线的基础底面边长小于或等于 3m 时，其基础底面外边缘线至坡顶的水平距离（图 3-12）应符合下式要求，且不得小于 2.5m

条形基础

$$a \geqslant 3.5b - \frac{d}{\tan\beta} \tag{3-34}$$

矩形基础

$$a \geqslant 2.5b - \frac{d}{\tan\beta} \tag{3-35}$$

式中 a——基础底面外边缘线至坡顶的水平距离（m）；

   b——垂直于坡顶边缘线的基础底面边长（m）；

   d——基础埋置深度（m）；

   β——边坡坡角（°）。

（2）当基础底面外边缘线至坡顶的水平距离不满足式（3-34）和式（3-35）的要求时，可根据基底平均压力按式（3-33）确定基础距坡顶边缘的距离和基础埋深。

（3）当边坡坡角大于45°、坡高大于8m时，还应按式（3-33）验算坡体稳定性。

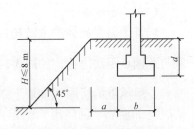

图 3-12　基础底面外边缘线至坡顶的水平距离

3. 建筑物基础存在浮力作用时应进行抗浮稳定性验算，并应符合下列规定。

（1）对于简单的浮力作用情况，基础抗浮稳定性应符合下式要求

$$\frac{G_k}{N_{w,k}} \geq K_w \tag{3-36}$$

式中　G_k——建筑物自重及压重之和（kN）；

　　　$N_{w,k}$——浮力作用值（kN）；

　　　K_w——抗浮稳定安全系数，一般情况下可取 1.05。

（2）抗浮稳定性不满足设计要求时，可采用增加压重或设置抗浮构件等措施。在整体满足抗浮稳定性要求而局部不满足时，也可采用增加结构刚度的措施。

第三节　地基最终沉降量的计算

一、基本概念

（一）沉降量

沉降量表示基础中心点的下沉值，主要用于地基比较均匀的单层排架结构柱基，在满足容许沉降量后可不再验算相邻柱基的沉降差。

在决定工艺上考虑沉降所预留建筑物有关部分的净空、连接方法和施工顺序时也会用到沉降量，此时往往需要分别估算施工期间和使用期间的地基变形值。

（二）沉降差

沉降差是相邻两个单独基础的沉降量之差。

沉降差产生的原因主要有以下几种。

（1）控制地基不均匀、荷载差异大时框架结构及单层排架结构的相邻柱基沉降差。

（2）相邻结构物之间存在影响。

（3）在原有基础附近堆积重物。

（4）当必须考虑在使用过程中结构物本身与之有联系部分的标高变动。

（三）倾斜

倾斜是单独基础在倾斜方向上两端点下沉之差与此两点水平距离之比，

图 3-13　倾斜简图

如图 3-13 所示，其中 $\tan\theta = \dfrac{s_1 - s_2}{b}$。

对于有较大偏心荷载的基础和高耸构筑物基础的，其地基不均匀或附近堆有地面荷载时，要验算倾斜。在地基比较均匀且无相邻荷载影响时，高耸构筑物的沉降量在满足容许沉降量后，可不验算倾斜值。

（四）局部倾斜

局部倾斜是砌体承重结构纵向 $6 \sim 10$ m 内基础两点的下沉值之差与此两点距离之比，如图 3-14 所示，其中 $\tan\theta = \dfrac{s_1 - s_2}{l}$。

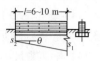

图 3-14　局部倾斜简图

一般承重墙房屋（如墙下条形基础），距离 l 可根据具体建筑物情况（如横隔墙的间距）确定。一般应将沉降计算点选择在地基不均匀、荷载相差很大或体型复杂的局部段落的纵横墙壁交点处。

二、分层总和法计算最终沉降量

（一）分层总和法计算最终沉降量原理

分层总和法假定：

（1）压缩时地基土不能侧向膨胀。

（2）根据基础中心点下土的附加应力 σ_z 进行计算。

（3）基础最终（固结）沉降量等于基础底面下压缩层（或称受压层）范围内各土层压缩量的总和。

（二）分层总和法的计算方法与公式

如图 3-15 所示为基础底面下压缩层范围以内第 i 层土在建筑物施工前后的应力状态，施工前，仅受自重应力；施工后，除自重应力外，土中产生了附加应力。大多数情况下，地基土在自重应力作用下，其变形过程早已完成，只有附加应力才会引起土的新变形，而导致基础沉降。由于假设土不能侧向膨胀，所以它的受力状态与侧限压缩试验时土样的受力状态相同，可得第 i 层土的压缩量 s_i 为

$$s_i = \frac{e_{1i} - e_{2i}}{1 + e_{1i}} h_i \qquad (3\text{-}37)$$

则总沉降为

$$s = \sum_{i=1}^{n} s_i = \sum_{i=1}^{n} \frac{e_{1i} - e_{2i}}{1 + e_{1i}} h_i \qquad (3\text{-}38)$$

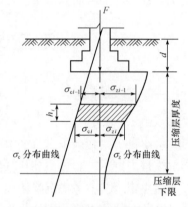

图 3-15　用分层总和法计算
基础沉降量

式中　s——基础最终沉降量（cm）；

　　e_{1i}——第 i 层土在建筑物施工前土的平均自重应力作用下压缩稳定时的孔隙比；

　　e_{2i}——第 i 层土在建筑物施工后土的平均自重应力和平均附加应力共同作用下压缩稳定时的孔隙比；

　　h_i——第 i 层土的原有厚度（cm）；

　　n——压缩层范围内土层的数目。

式（3-37）是分层总和法的基本公式。

由 $a_{1\text{-}2} = \dfrac{e_1 - e_2}{p_2 - p_1}$，结合图 3-15 可知第 i 层土相应于压力 p_1 的是 $\dfrac{\sigma_{ci} + \sigma_{ci-1}}{2}$，而相应于 p_2 的是 $\dfrac{\sigma_{ci} + \sigma_{ci-1}}{2} + \dfrac{\sigma_{zi} + \sigma_{zi-1}}{2}$，因此，第 i 层土的压缩系数 a_i 为

$$a_i = \frac{e_{1i} - e_{2i}}{\left(\dfrac{\sigma_{ci} + \sigma_{ci-1}}{2} + \dfrac{\sigma_{zi} + \sigma_{zi-1}}{2}\right) - \left(\dfrac{\sigma_{ci} + \sigma_{ci-1}}{2}\right)} = \frac{e_{1i} - e_{2i}}{\dfrac{\sigma_{zi} + \sigma_{zi-1}}{2}} \qquad (3\text{-}39)$$

代入式（3-38），得

$$s = \sum_{i=1}^{n} s_i = \sum_{i=1}^{n} \frac{a_i}{1 + e_{1i}} \cdot \frac{\sigma_{zi} + \sigma_{zi-1}}{2} h_i \qquad (3\text{-}40)$$

$E_{si} = \dfrac{1 + e_{1i}}{a_i}$，则上式又可写成

$$s = \sum_{i=1}^{n} \frac{1}{E_{si}} \cdot \frac{\sigma_{zi} + \sigma_{zi-1}}{2} h_i \qquad (3\text{-}41)$$

式中　a_i——第 i 层土从土的平均自重应力到土的平均自重应力与附加应力之和这一段压缩曲线中查得的压缩系数（kPa^{-1}）；

　　　E_{si}——第 i 层土相应于 a_i 一段压缩曲线上的压缩模量（kPa）；

其他符号意义同前。

三、按《建筑地基基础设计规范》（GB 50007—2011）推荐方法计算

用分层总和法计算基础最终沉降量时，由于理论上作了一些与实际情况不完全符合的假设以及其他因素的影响，计算值往往与实测值不尽相符，甚至相差很大。因此，根据分层总和法的原理，将计算方法加以简化，并在总结我国工程建设中大量建筑物沉降观测资料的基础上，引入一个沉降计算经验系数 ψ_s，对计算结果进行修正。

《建筑地基基础设计规范》（GB 50007—2011）所推荐的沉降计算公式如下

$$s = \psi_s s' = \psi_s \sum_{i=1}^{n} \frac{p_0}{E_{si}} (z_i \bar{\alpha}_i - z_{i-1} \bar{\alpha}_{i-1}) \qquad (3\text{-}42)$$

式中　s——基础最终沉降量，由分层总和法计算出的地基沉降量 s' 乘以经验系数 ψ_s 而求得（mm）；

　　　ψ_s——沉降计算经验系数，根据地区沉降观测资料及经验确定，也可采用表 3-15 中的数值；

　　　n——地基压缩层范围内所划分的土层数；

　　　p_0——对应于荷载标准值时基础底面处的附加压力（kPa）；

　　　E_{si}——基础底面下第 i 层土的压缩模量，按实际应力范围取值（MPa）；

z_i、z_{i-1}——基础底面到第 i 层和第 $i-1$ 层土底面的距离（m）；

$\bar{\alpha}_i$、$\bar{\alpha}_{i-1}$——基础底面计算点的第 i 层和第 $i-1$ 层底面范围内平均附加应力系数，可按表 3-15 ~ 表 3-18 采用。

表 3-15　沉降计算经验系数 ψ_s

$\bar{E}_s/\mathrm{MPa}$　　基底附加压力	2.5	4.0	7.0	15.0	20.0
$p_0 \geq f_{ak}$	1.4	1.3	1.0	0.4	0.2
$p_0 \leq 0.75 f_{ak}$	1.1	1.0	0.7	0.4	0.2

注：1. $\bar{E}_s$ 为压缩层范围内压缩模量的当量值，应按下式计算

$$\bar{E}_s = \frac{\sum A_i}{\sum \dfrac{A_i}{E_{si}}}$$

式中　A_i——第 i 层土附加应力系数沿土层厚度的积分值。

2. f_{ak} 为地基承载力特征值。

表 3-16　矩形面积上均布荷载作用下角点的平均附加应力系数 $\bar{\alpha}$

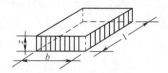

$\dfrac{z}{b}$ ＼ $\dfrac{l}{b}$	1.0	1.2	1.4	1.6	1.8	2.0	2.4	2.8	3.2	3.6	4.0	5.0	10.0
0.0	0.250 0	0.250 0	0.250 0	0.250 0	0.250 0	0.250 0	0.25 00	0.250 0	0.250 0	0.250 0	0.250 0	0.250 0	0.250 0
0.2	0.249 6	0.249 7	0.249 7	0.249 8	0.249 8	0.249 8	0.249 8	0.249 8	0.249 8	0.249 8	0.249 8	0.249 8	0.249 8
0.4	0.247 4	0.247 9	0.248 1	0.248 3	0.248 3	0.248 4	0.248 5	0.248 5	0.248 5	0.248 5	0.248 5	0.248 5	0.248 5
0.6	0.242 3	0.243 7	0.244 4	0.244 8	0.245 1	0.245 2	0.245 4	0.245 5	0.245 5	0.245 5	0.245 5	0.245 5	0.245 6
0.8	0.234 6	0.237 2	0.238 7	0.239 5	0.240 0	0.240 3	0.240 7	0.240 8	0.240 9	0.240 9	0.241 0	0.241 0	0.241 0
1.0	0.225 2	0.229 1	0.231 3	0.232 6	0.233 5	0.234 0	0.234 6	0.234 9	0.235 1	0.235 2	0.235 2	0.235 3	0.235 3
1.2	0.214 9	0.219 9	0.222 9	0.224 8	0.226 0	0.226 8	0.227 8	0.228 2	0.228 5	0.228 6	0.228 7	0.228 8	0.228 9
1.4	0.204 3	0.210 2	0.214 0	0.216 4	0.218 0	0.219 1	0.220 5	0.221 1	0.221 5	0.221 7	0.221 8	0.222 0	0.222 1
1.6	0.193 9	0.200 6	0.204 9	0.207 9	0.209 9	0.211 3	0.213 0	0.213 8	0.214 3	0.214 6	0.214 8	0.215 0	0.215 2
1.8	0.184 0	0.191 2	0.196 0	0.199 4	0.201 8	0.203 4	0.205 5	0.206 6	0.207 3	0.207 7	0.207 9	0.208 2	0.208 4
2.0	0.174 6	0.182 2	0.187 5	0.191 2	0.193 8	0.195 8	0.198 2	0.199 6	0.200 4	0.200 9	0.201 2	0.201 5	0.201 8
2.2	0.165 9	0.173 7	0.179 3	0.183 3	0.186 2	0.188 3	0.191 1	0.192 7	0.193 7	0.194 3	0.194 7	0.195 2	0.195 5
2.4	0.157 8	0.165 7	0.171 5	0.175 7	0.178 9	0.181 2	0.184 3	0.186 2	0.187 3	0.188 0	0.188 5	0.189 0	0.189 5
2.6	0.150 3	0.158 3	0.164 2	0.168 6	0.171 9	0.174 5	0.177 9	0.179 9	0.181 2	0.182 0	0.182 5	0.183 2	0.183 8
2.8	0.143 3	0.151 4	0.157 4	0.161 9	0.165 4	0.168 0	0.171 7	0.173 9	0.175 3	0.176 3	0.176 9	0.177 7	0.173 4
3.0	0.136 9	0.144 9	0.151 0	0.155 6	0.159 2	0.161 9	0.165 8	0.168 2	0.169 8	0.170 8	0.171 5	0.172 5	0.173 3
3.2	0.131 0	0.139 0	0.145 0	0.149 7	0.153 3	0.156 2	0.160 2	0.162 8	0.164 5	0.165 7	0.166 4	0.167 5	0.168 5
3.4	0.125 6	0.133 4	0.139 4	0.144 1	0.147 8	0.150 8	0.155 0	0.157 7	0.159 5	0.160 7	0.161 6	0.162 8	0.163 9
3.6	0.120 5	0.128 2	0.134 2	0.138 9	0.142 7	0.145 6	0.150 0	0.152 8	0.154 8	0.156 1	0.157 0	0.158 3	0.159 5
3.8	0.115 8	0.123 4	0.129 3	0.134 0	0.137 8	0.140 8	0.145 2	0.148 2	0.150 2	0.151 6	0.152 0	0.154 1	0.155 4
4.0	0.111 4	0.118 9	0.124 8	0.129 4	0.133 2	0.136 2	0.140 8	0.143 8	0.145 9	0.147 4	0.148 5	0.150 0	0.151 6
4.2	0.107 3	0.114 7	0.120 5	0.125 1	0.128 9	0.131 9	0.136 5	0.139 6	0.141 8	0.143 4	0.144 5	0.146 2	0.147 9
4.4	0.103 5	0.110 7	0.116 4	0.121 0	0.124 8	0.127 9	0.132 5	0.135 7	0.137 9	0.139 6	0.140 7	0.142 5	0.144 4
4.6	0.100 0	0.107 0	0.112 7	0.117 2	0.120 9	0.124 0	0.128 7	0.131 9	0.134 2	0.135 9	0.137 1	0.139 0	0.141 0
4.8	0.096 7	0.103 6	0.109 1	0.113 6	0.117 2	0.120 4	0.125 0	0.128 3	0.130 7	0.132 4	0.133 7	0.135 7	0.137 9
5.0	0.093 5	0.100 3	0.105 7	0.110 2	0.113 9	0.116 9	0.121 6	0.124 9	0.127 3	0.129 1	0.130 4	0.132 5	0.134 8
5.2	0.090 6	0.097 2	0.102 6	0.107 0	0.110 6	0.113 6	0.118 3	0.121 7	0.124 1	0.125 9	0.127 3	0.129 5	0.132 0
5.4	0.087 8	0.094 3	0.099 6	0.103 9	0.107 5	0.110 5	0.115 2	0.118 6	0.121 1	0.122 9	0.124 3	0.126 5	0.129 2
5.6	0.085 2	0.091 6	0.096 8	0.101 0	0.104 6	0.107 6	0.112 2	0.115 6	0.118 1	0.120 0	0.121 5	0.123 8	0.126 6
5.8	0.082 8	0.089 0	0.094 1	0.098 3	0.101 8	0.104 7	0.109 4	0.112 8	0.115 3	0.117 2	0.118 7	0.121 1	0.124 0
6.0	0.080 5	0.086 6	0.091 6	0.095 7	0.099 1	0.102 1	0.106 9	0.110 1	0.112 6	0.114 6	0.116 1	0.118 5	0.121 6
6.2	0.078 3	0.084 2	0.089 1	0.093 2	0.096 6	0.099 5	0.104 1	0.107 5	0.110 1	0.112 0	0.113 6	0.116 1	0.119 3

$\dfrac{z}{b}$ $\diagdown$ $\dfrac{l}{b}$	1.0	1.2	1.4	1.6	1.8	2.0	2.4	2.8	3.2	3.6	4.0	5.0	10.0
6.4	0.076 2	0.082 0	0.086 9	0.090 9	0.094 2	0.097 1	0.101 6	0.105 0	0.107 6	0.109 6	0.111 1	0.113 7	0.117 1
6.6	0.074 2	0.079 9	0.084 7	0.088 6	0.091 9	0.094 8	0.099 3	0.102 7	0.105 3	0.107 3	0.108 8	0.111 4	0.114 9
6.8	0.072 3	0.077 9	0.082 6	0.086 5	0.089 8	0.092 6	0.097 0	0.100 4	0.103 0	0.105 0	0.106 6	0.109 2	0.112 9
7.0	0.070 5	0.076 1	0.080 6	0.084 4	0.087 7	0.090 4	0.094 9	0.098 2	0.100 8	0.102 8	0.104 4	0.107 1	0.110 9
7.2	0.068 8	0.0742	0.0787	0.082 5	0.085 7	0.088 4	0.092 8	0.096 2	0.098 7	0.100 8	0.102 3	0.105 1	0.109 0
7.4	0.067 2	0.072 5	0.076 9	0.080 6	0.083 8	0.086 5	0.090 8	0.094 2	0.096 7	0.098 8	0.100 4	0.103 1	0.107 1
7.6	0.065 6	0.070 9	0.075 2	0.078 9	0.082 0	0.084 6	0.088 9	0.092 2	0.094 8	0.096 8	0.098 4	0.101 2	0.105 4
7.8	0.064 2	0.069 3	0.073 6	0.077 1	0.080 2	0.082 8	0.087 1	0.090 4	0.092 9	0.095 0	0.096 6	0.099 4	0.103 6
8.0	0.062 7	0.067 8	0.072 0	0.075 5	0.078 5	0.081 1	0.085 3	0.088 6	0.091 2	0.093 2	0.094 8	0.097 6	0.102 0
8.2	0.061 4	0.066 3	0.070 5	0.073 9	0.076 9	0.079 5	0.083 7	0.086 9	0.089 4	0.091 4	0.093 1	0.095 9	0.100 4
8.4	0.060 1	0.064 9	0.069 0	0.072 4	0.075 4	0.077 9	0.082 0	0.085 2	0.087 8	0.089 8	0.091 4	0.094 3	0.098 8
8.6	0.058 8	0.063 6	0.067 6	0.071 0	0.073 9	0.076 4	0.080 5	0.083 6	0.086 2	0.088 2	0.089 8	0.092 7	0.097 3
8.8	0.057 6	0.062 3	0.066 3	0.069 6	0.072 4	0.074 9	0.079 0	0.082 1	0.084 6	0.086 6	0.088 2	0.091 2	0.095 9
9.2	0.055 4	0.059 9	0.063 7	0.067 0	0.069 7	0.072 1	0.076 1	0.079 2	0.081 7	0.083 7	0.085 3	0.088 2	0.093 1
9.6	0.053 3	0.057 7	0.061 4	0.064 5	0.067 2	0.069 6	0.073 4	0.076 5	0.078 9	0.080 9	0.082 5	0.085 5	0.090 5
10.0	0.051 4	0.055 6	0.059 2	0.062 2	0.064 9	0.067 2	0.071 0	0.073 9	0.076 3	0.078 3	0.079 9	0.082 9	0.088 0
10.4	0.049 6	0.053 7	0.057 2	0.060 1	0.062 7	0.064 9	0.068 6	0.071 6	0.073 9	0.075 9	0.077 5	0.080 4	0.085 7
10.8	0.047 9	0.051 9	0.055 3	0.058 1	0.060 6	0.082 8	0.066 4	0.069 3	0.071 7	0.073 6	0.075 1	0.078 1	0.083 4
11.2	0.046 3	0.050 2	0.053 5	0.056 3	0.058 7	0.060 9	0.064 4	0.067 2	0.069 5	0.071 4	0.073 0	0.075 9	0.081 3
11.6	0.044 8	0.048 6	0.051 8	0.054 5	0.056 9	0.059 0	0.062 5	0.065 2	0.067 5	0.069 4	0.070 9	0.073 8	0.079 3
12.0	0.043 5	0.047 1	0.050 2	0.052 9	0.055 2	0.057 3	0.060 6	0.063 4	0.065 6	0.067 4	0.069 0	0.071 9	0.077 4
12.8	0.040 9	0.044 4	0.047 4	0.049 9	0.052 1	0.054 1	0.057 3	0.059 9	0.062 1	0.063 9	0.065 4	0.068 2	0.073 9
13.6	0.038 7	0.042 0	0.044 8	0.047 2	0.049 3	0.051 2	0.054 3	0.056 8	0.058 9	0.060 7	0.062 1	0.064 9	0.070 7
14.4	0.036 7	0.039 8	0.042 5	0.044 8	0.046 8	0.048 6	0.051 6	0.054 0	0.056 1	0.057 7	0.059 2	0.061 9	0.067 7
15.2	0.034 9	0.037 9	0.040 4	0.042 6	0.044 6	0.046 3	0.049 2	0.051 5	0.053 5	0.055 1	0.056 5	0.059 2	0.065 0
16.0	0.033 2	0.036 1	0.038 5	0.040 7	0.042 5	0.044 2	0.046 9	0.049 2	0.051 1	0.052 7	0.054 0	0.056 7	0.062 5
18.0	0.029 7	0.032 3	0.034 5	0.036 4	0.038 1	0.039 6	0.042 2	0.044 2	0.046 0	0.047 5	0.048 7	0.051 2	0.057 0
20.0	0.026 9	0.029 2	0.031 2	0.033 0	0.034 5	0.035 9	0.038 3	0.040 2	0.041 8	0.043 2	0.044 4	0.046 8	0.052 4

表 3-17 矩形面积上三角形分布荷载作用下角点的平均附加应力系数 $\bar{\alpha}$

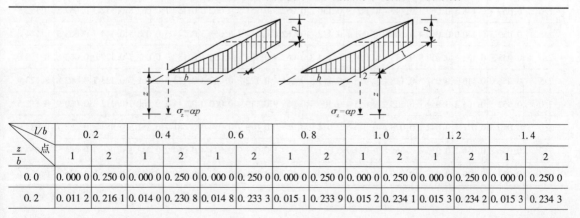

$\dfrac{z}{b}$ $\diagdown$ 点 $\diagdown$ l/b	0.2		0.4		0.6		0.8		1.0		1.2		1.4	
	1	2	1	2	1	2	1	2	1	2	1	2	1	2
0.0	0.000 0	0.250 0	0.000 0	0.250 0	0.000 0	0.250 0	0.000 0	0.250 0	0.000 0	0.250 0	0.000 0	0.250 0	0.000 0	0.250 0
0.2	0.011 2	0.216 1	0.014 0	0.230 8	0.014 8	0.233 3	0.015 1	0.233 9	0.015 2	0.234 1	0.015 3	0.234 2	0.015 3	0.234 3

(续)

z/b \ l/b	0.2 点1	0.2 点2	0.4 点1	0.4 点2	0.6 点1	0.6 点2	0.8 点1	0.8 点2	1.0 点1	1.0 点2	1.2 点1	1.2 点2	1.4 点1	1.4 点2
0.4	0.017 9	0.181 0	0.024 5	0.208 4	0.027 0	0.215 3	0.028 0	0.217 5	0.028 5	0.218 4	0.028 8	0.218 7	0.028 9	0.218 9
0.6	0.020 7	0.150 5	0.030 8	0.185 1	0.035 5	0.196 6	0.037 6	0.201 1	0.038 8	0.203 0	0.039 4	0.203 9	0.039 7	0.204 3
0.8	0.021 7	0.127 7	0.034 0	0.164 0	0.040 5	0.178 7	0.044 0	0.185 2	0.045 9	0.188 3	0.047 0	0.189 9	0.047 6	0.190 7
1.0	0.021 7	0.110 4	0.035 1	0.146 1	0.043 0	0.162 4	0.047 6	0.170 4	0.050 2	0.174 6	0.051 8	0.176 9	0.052 8	0.178 1
1.2	0.021 2	0.097 0	0.035 1	0.131 2	0.043 9	0.148 0	0.049 2	0.157 1	0.052 5	0.162 1	0.054 6	0.164 9	0.056 0	0.166 6
1.4	0.020 4	0.086 5	0.034 4	0.118 7	0.043 6	0.135 6	0.049 5	0.145 1	0.053 4	0.150 7	0.055 9	0.154 1	0.057 5	0.156 2
1.6	0.019 5	0.077 9	0.033 3	0.108 2	0.042 7	0.124 7	0.049 0	0.134 5	0.053 3	0.140 5	0.056 1	0.144 3	0.058 0	0.146 7
1.8	0.018 6	0.070 9	0.032 1	0.099 3	0.041 5	0.115 3	0.048 0	0.125 2	0.052 5	0.131 3	0.055 6	0.135 4	0.057 8	0.138 1
2.0	0.017 8	0.065 0	0.030 8	0.091 7	0.040 1	0.107 1	0.046 7	0.116 9	0.051 3	0.123 2	0.054 7	0.127 4	0.057 0	0.130 3
2.5	0.015 7	0.053 8	0.027 6	0.076 9	0.036 5	0.090 8	0.042 9	0.100 0	0.047 8	0.106 3	0.051 3	0.110 7	0.054 0	0.113 9
3.0	0.014 0	0.045 8	0.024 8	0.066 1	0.033 0	0.078 6	0.039 2	0.087 1	0.043 9	0.093 1	0.047 6	0.097 6	0.050 3	0.100 8
5.0	0.009 7	0.028 9	0.017 5	0.042 4	0.023 6	0.047 6	0.028 5	0.057 6	0.032 4	0.062 4	0.035 6	0.066 1	0.038 2	0.069 0
7.0	0.007 3	0.021 1	0.013 3	0.031 1	0.018 0	0.035 2	0.021 0	0.042 7	0.025 1	0.046 5	0.027 7	0.049 6	0.029 9	0.052 0
10.0	0.005 3	0.015 0	0.009 7	0.022 2	0.013 3	0.025 3	0.016 2	0.030 8	0.018 6	0.033 6	0.020 7	0.035 9	0.022 4	0.037 6

z/b \ l/b	1.6 点1	1.6 点2	1.8 点1	1.8 点2	2.0 点1	2.0 点2	3.0 点1	3.0 点2	4.4 点1	4.4 点2	6.0 点1	6.0 点2	10.0 点1	10.0 点2
0.0	0.000 0	0.250 0	0.000 0	0.250 0	0.000 0	0.250 0	0.000 0	0.250 0	0.000 0	0.250 0	0.000 0	0.250 0	0.000 0	0.250 0
0.2	0.015 3	0.234 3	0.015 3	0.234 3	0.015 3	0.234 3	0.015 3	0.234 3	0.015 3	0.234 3	0.015 3	0.234 3	0.015 3	0.234 3
0.4	0.029 0	0.219 0	0.029 0	0.219 0	0.029 0	0.219 1	0.029 0	0.219 2	0.029 1	0.219 2	0.029 1	0.219 1	0.029 1	0.019 2
0.6	0.039 9	0.204 6	0.040 0	0.204 7	0.040 1	0.204 8	0.040 2	0.205 0	0.040 2	0.205 0	0.040 2	0.205 0	0.040 2	0.205 0
0.8	0.048 0	0.191 2	0.048 2	0.191 5	0.048 3	0.191 7	0.048 6	0.192 0	0.048 7	0.192 0	0.048 7	0.192 1	0.048 7	0.192 1
1.0	0.053 4	0.178 9	0.053 8	0.179 4	0.054 0	0.179 7	0.054 5	0.180 3	0.054 6	0.180 3	0.054 6	0.180 4	0.054 6	0.180 4
1.2	0.056 8	0.167 8	0.057 4	0.168 4	0.057 7	0.168 9	0.058 4	0.169 7	0.058 6	0.169 9	0.058 7	0.170 0	0.058 7	0.170 0
1.4	0.058 6	0.157 6	0.059 4	0.158 5	0.059 6	0.159 1	0.060 9	0.160 3	0.061 2	0.160 5	0.061 3	0.160 6	0.061 3	0.160 6
1.6	0.059 4	0.148 4	0.060 3	0.149 4	0.060 9	0.150 2	0.062 3	0.151 7	0.062 6	0.152 1	0.062 8	0.152 3	0.062 8	0.152 3
1.8	0.059 3	0.140 0	0.060 4	0.141 3	0.061 1	0.142 2	0.062 8	0.144 1	0.063 3	0.144 5	0.063 5	0.144 7	0.063 5	0.144 8
2.0	0.058 7	0.132 4	0.059 9	0.133 8	0.060 8	0.134 8	0.062 9	0.137 1	0.063 4	0.137 7	0.063 7	0.138 0	0.063 8	0.138 0
2.5	0.056 0	0.116 3	0.057 5	0.118 0	0.058 6	0.119 3	0.061 4	0.122 3	0.062 3	0.123 3	0.062 7	0.123 7	0.062 8	0.123 9
3.0	0.052 5	0.103 3	0.054 1	0.105 2	0.055 4	0.106 7	0.058 9	0.110 4	0.060 0	0.111 6	0.060 7	0.112 3	0.060 9	0.112 5
5.0	0.040 3	0.071 4	0.042 1	0.073 4	0.043 5	0.074 9	0.048 0	0.079 7	0.050 0	0.081 7	0.051 5	0.083 3	0.052 1	0.083 9
7.0	0.031 8	0.054 1	0.033 3	0.055 8	0.034 7	0.057 2	0.039 1	0.061 9	0.041 4	0.064 2	0.043 5	0.066 3	0.044 5	0.067 4
10.0	0.023 9	0.039 5	0.025 2	0.040 9	0.026 3	0.040 3	0.030 2	0.046 2	0.032 5	0.048 5	0.034 9	0.050 9	0.036 4	0.052 6

表 3-18　圆形面积上均布荷载作用下中点的平均附加应力系数 $\bar{\alpha}$

z/R	中　　点	z/R	中　　点	z/R	中　　点
0.0	1.000	1.6	0.739	3.1	0.495
0.1	1.000	1.7	0.718	3.2	0.484
0.2	0.998	1.8	0.697	3.3	0.473
0.3	0.993	1.9	0.677	3.4	0.463
0.4	0.986	2.0	0.658	3.5	0.453
0.5	0.974	2.1	0.640	3.6	0.443
0.6	0.960	2.2	0.623	3.7	0.434
0.7	0.942	2.3	0.606	3.8	0.425
0.8	0.923	2.4	0.590	3.9	0.417
0.9	0.901	2.5	0.574	4.0	0.409
1.0	0.878	2.6	0.560	4.2	0.393
1.1	0.855	2.7	0.546	4.4	0.379
1.2	0.831	2.8	0.532	4.6	0.365
1.3	0.808	2.9	0.519	4.8	0.353
1.4	0.784	3.0	0.507	5.0	0.341
1.5	0.762				

四、应力历史对地基最终沉降量计算的影响

考虑应力历史影响的地基最终沉降量的计算方法仍为分层总和法，只是将由土的压缩性指标确定改为原始压缩曲线 e-$\lg p$ 确定即可。可对三种状态下的黏性土分别进行计算。

（一）正常固结土（$p_c = p_1$）

$$s = \sum_{i=1}^{n} \frac{\Delta e_i}{1 + e_{0i}} h_i = \sum_{i=1}^{n} \frac{h_i}{1 + e_{0i}} \left(C_{ci} \lg \frac{p_{1i} + \Delta p_i}{p_{1i}} \right) \tag{3-43}$$

式中　Δe_i——由原始压缩曲线确定的第 i 层土的孔隙比的变化；

$\quad\quad p_i$——第 i 层土附加应力的平均值（有效应力增量）；

$\quad\quad p_{1i}$——第 i 层土自重应力的平均值；

$\quad\quad e_{0i}$——第 i 层土的初始孔隙比；

$\quad\quad C_{ci}$——从原始压缩曲线确定的第 i 层土的压缩指数。

（二）欠固结土（$p_c < p_1$）

$$s = \sum_{i=1}^{n} \frac{h_i}{1 + e_{0i}} C_{ci} \lg \frac{p_{1i} + \Delta p_i}{p_{ci}} \tag{3-44}$$

式中　p_{ci}——第 i 层土的实际有效应力，小于土的自重应力 p_{1i}。

（三）超固结土（$p_c > p_1$）

（1）当附加应力 $\Delta p > (p_c - p_1)$ 时的各分层的总固结沉降量为

$$s_n = \sum_{i=1}^{n} \frac{\Delta h_i}{1 + e_{0i}} \left(C_{ei} \lg \frac{p_{ci}}{p_{1i}} + C_{ei} \lg \frac{p_{1i} + \Delta p_i}{p_{ci}} \right) \tag{3-45}$$

式中　n——分层计算沉降时，压缩土层中有效应力增量 $\Delta p > (p_c - p_1)$ 的分层数；

p_{ci}——第 i 层土的先期固结压力。

（2）当附加应力 $\Delta p \leqslant (p_c - p_1)$ 时，分层土的孔隙比 Δe 只沿着再压缩曲线发生，相应的各分层的总沉降量为

$$s_m = \sum_{i=1}^m \frac{h_i}{1 + e_{0i}} C_{ci} \lg \frac{p_{1i} + \Delta p_i}{p_{1i}} \tag{3-46}$$

式中　　m——分层计算沉降时，压缩土层中有效应力增量 $\Delta p \leqslant (p_c - p_1)$ 的分层数。

（3）总沉降为以上两部分之和，即　　$s = s_n + s_m$。　　（3-47）

【例3-6】　某厚度为 13m 的饱和黏土层，在大面积荷载 $p_0 = 150\text{kPa}$ 的作用下，设该土层的初始孔隙比 $e = 1$，压缩系数 $\alpha = 0.45\text{MPa}^{-1}$，渗透系数 $k = 1.6\text{cm/yr}$，对黏土层在单面排水或双面排水条件下分别求：

（1）加荷历时一年的沉降量。

（2）沉降量达 170mm 所需的时间。

解：（1）求 $t = 1$ 年时的沉降量。

由于黏土层中附加应力沿深度是均布的，故有

$\sigma_z = p_0 = 150\text{kPa}$

黏土层的最终固结沉降量

$$s = \frac{\alpha \sigma_z}{1 + e} H = \frac{0.00045 \times 150}{1 + 1} \times 13000\text{mm} = 438.75\text{mm}$$

黏土层的竖向固结系数为

$$C_v = \frac{k(1 + e_0)}{a \gamma_w} = \frac{1.6 \times (1 + 0.9)}{0.00045 \times 0.1}\text{cm}^2/\text{yr} = 0.7 \times 10^5 \text{cm}^2/\text{yr}，对于单面排水条件下$$

竖向固结时间因数为

$$T_v = \frac{C_v t}{H^2} = \frac{0.7 \times 10^5 \times 1}{1300 \times 1300} = 0.04$$

查表得 $u_z = 0.33$；则 $t = 1$ 年时的沉降量

$s_t = u_z s = 0.33 \times 438.75\text{mm} = 145\text{mm}$

在双面排水情况下

时间因数　$T_v = \dfrac{0.7 \times 10^5}{650 \times 650} = 0.17$

查表得　$u_z = 0.39$；则 $t = 1$ 年时的沉降量

$s_t = 0.39 \times 438.75\text{mm} = 171\text{mm}$

（2）求沉降量达 170mm 所需的时间

$u_z = \dfrac{s_t}{s} = \dfrac{170}{438.75} = 0.39$；

查表得　$T_v = 0.12$

在单向排水条件下

$$t = \frac{T_w H^2}{C_v} = \frac{0.39 \times 1300^2}{0.7 \times 10^5}\text{年} = 9.4 \text{ 年}$$

在双向排水条件下

$$t = \frac{0.39 \times 650^2}{0.7 \times 10^5}\text{年} = 2.4 \text{ 年}$$

第四节　地基沉降与时间的关系

一、有效应力

在一般情况下，土的孔隙中含有水和空气。设土中微单元体的截面面积 A（包括土粒和孔隙的总截面面积）上作用着法向力 p，如图 3-16 所示，则由固体颗粒、孔隙中的水和气体共同承担的总应力为 $\delta = P/A$。与土体压缩和强度有关的只是土粒接触面上的应力，而非颗粒截面上的应力，然而，粒间接触面的方位却是随机的。这样，考虑通过接触面传递的应力时，就只能取微单元体中平行于面积 A 的统计接触面总面积 A_s，并设其上由 P 引起的法向力和切向力为 P_s 和 T_s。相应的粒间接触面上的法向应力和切向应力为 $\sigma_s = P_s/A_s$ 和 $\tau_s = T_s/A_s$。粒间应力的定义是 $\sigma_g = P_s/A$，如引入接触面积比 $a = A_s/A$，则 $\sigma_g = \sigma_s A_s/A = \sigma_s a$，这就是总应力 σ 中起着控制土体体积变化和抗剪强度的有效应力 σ'，即

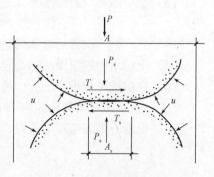

图 3-16　有效应力原理

$$\sigma' = \sigma_g = \sigma_s a \tag{3-48}$$

对具有普遍意义的非饱和土，孔隙压力包括孔隙水压力 u_w 和孔隙气压力 u_a 两个分量。如何确定有效应力 σ' 与 σ、u_w、u_a 之间的关系是土力学的基本问题之一。毕肖普对饱和度不太小（$S_r = 40\% \sim 85\%$）的非饱和土提出了土中有效应力的表达式，即

$$\sigma' = \sigma - [u_a - \chi(u_a - u_w)] \tag{3-49}$$

式中　χ——与土的饱和度有关的参数。当饱和度 $S_r = 100\%$，$\chi = 1$ 时，上式简化为太沙基凭经验得到的饱和土的有效应力表达式为

$$\sigma' = \sigma - u$$

或

$$\sigma = \sigma' + u \tag{3-50}$$

式中　u——饱和土的孔隙压力，即孔隙水压力 u_w。

斯肯普顿在试验基础上对以上两式作出了详细的论证。对无黏性土，其推理是简单的：由于孔隙压力各向相等，根据微面 A 的法向平衡条件即得

$$P = P_s + (A - A_s)u = \sigma_s A_s + (A - A_s)u \tag{3-51}$$

以 A 除上式各项，得

$$\sigma = \sigma_s a + (1 - a)u = \sigma' + (1 - a)u \tag{3-52}$$

式中接触面积比 $a < 0.03$，可以略而不计，因此式（3-50）成立。对黏性土，其中黏土矿物颗粒为结合水所包围，实际上并不直接接触，式中的有效应力应认为是粗颗粒的接触面应力和细颗粒之间的分子力的综合效应。

二、饱和土的一维固结

（一）一维固结理论假设

图 3-17 所示是一维固结的情况之一，其中厚度为 H 的饱和黏性土层的顶面是透水的，而

其底面则不透水。假使该土层在自重作用下的固结已经完成，只是由于透水面上一次施加的连续均布荷载 p_0 才引起土层的固结。一维固结理论的基本假设如下：

（1）土是均质、各向同性和完全饱和的。

（2）土粒和孔隙水都是不可压缩的。

（3）土中附加应力沿水平面是无限均匀分布的，因此土层的压缩和土中水的渗流都是一维的。

（4）外荷是一次骤然施加的。

（5）土中水的渗流服从达西定律。

（6）在渗透固结中，土的渗透系数 k 和压缩系数 a 都是不变的常数。

（二）一维固结沉降计算方法

（1）根据一维固结理论假设，饱和土的一维固结微分方程如下

$$c_v \frac{\partial^2 u}{\partial z^2} = - \frac{\partial u}{\partial t} \tag{3-53}$$

$$c_v = \frac{k(1 + e)}{\gamma_w a} \tag{3-54}$$

$$a = \frac{e_1 - e_2}{p_2 - p_1} \tag{3-55}$$

式中　c_v——土的竖向固结系数；

　　　　k——z 方向的渗透系数；

　　　　a——土的压缩系数；

　　　　e——土的天然孔隙比。

其余符号意义同前。

（2）图 3-17 所示的初始条件（开始固结时的附加应力分布情况）和边界条件（可压缩土层顶底面的排水条件）如下

当 $t = 0$ 和 $0 \leqslant z \leqslant H$ 时，$u = \sigma_z$；

$0 < t < \infty$ 和 $z = 0$ 时，$u = 0$；

$0 < t < \infty$ 和 $z = H$ 时，$\frac{\partial u}{\partial z} = 0$；

$t = \infty$ 和 $0 \leqslant z \leqslant H$ 时，$u = 0$。

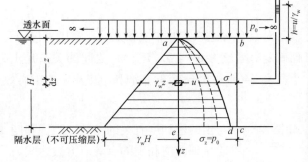

图 3-17　可压缩土层中孔隙水压力（或有效应力）的分布随时间而变化（一维固结情况）

（3）根据以上的初始条件和边界条件，采用分离变量法可求得式（3-53）的特解如下

$$u_{z,t} = \frac{A}{\pi} \sigma_z \sum_{m=1}^{m=\infty} \frac{1}{m} \sin \frac{m\pi z}{2H} \exp\left(-\frac{m^2 \pi^2}{4} T_v\right) \tag{3-56}$$

式中　m——正奇整数（1，3，5，…）；

　　　　T_v——竖向固结时间因数，$T_v = \frac{c_v t}{H^2}$。其中 c_v 为竖向固结系数，t 为时间，H 为压缩土层最远的排水距离。当土层为单面（上面或下面）排水时，H 取土层厚度；双面排水时，水由土层中心分别向上下两个方向排出，此时 H 应取 1/2 土层厚度。

（4）有了孔隙水压力 u 随时间 t 和深度 z 变化的函数解，即可求得地基在任一时间的固结沉降。此时，通常需要用到地基的固结度 U，其定义如下

$$U = \frac{s_{ct}}{s_c} \text{ 或 } s_{ct} = Us_c \qquad (3\text{-}57)$$

式中　s_{ct}——地基在某一时刻 t 的固结沉降；

　　　s_c——地基最终的固结沉降。

（5）对于单向固结情况，其平均固结度 U_z 可按下列公式计算

$$U_z = 1 - \frac{8}{\pi^2} \sum_{m=1,3}^{m=\infty} \frac{1}{m^2} \exp\left(-\frac{m^2\pi^2}{4}T_v\right) \qquad (3\text{-}58)$$

或

$$U_z = 1 - \frac{8}{\pi^2}\left[\exp\left(-\frac{\pi^2}{4}T_v\right) + \frac{1}{9}\exp\left(-\frac{9\pi^2}{4}T_v\right) + \cdots\right] \qquad (3\text{-}59)$$

式（3-59）中括号内的级数收敛很快，当 $U > 30\%$ 时可近似地取第一项

$$U_z = 1 - \frac{8}{\pi^2}\exp\left(-\frac{\pi^2}{4}T_v\right) \qquad (3\text{-}60)$$

式中符号意义同前。

（三）固结度与时间因数关系曲线

为了便于实际应用，可以按式（3-58）绘制出如图 3-18 所示的 U_z-T_v 关系曲线（1）。对于图 3-19a 所示的三种双面排水情况，都可以利用图 3-18 中的曲线（1）计算，此时只需将饱和压缩土层的厚度改为 $2H$，即 H 取压缩 1/2 土层厚度即可。另外，对于图 3-19b 中单面排水的两种三角形分布起始孔隙水压力图，则用对应于图 3-18 中的 U_z-T_v 关系曲线（2）和（3）计算。

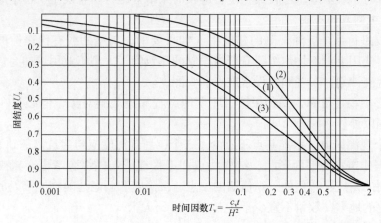

图 3-18　固结度 U_z 与时间因数 T_v 的关系曲线

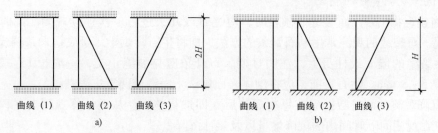

图 3-19　一维固结的几种起始孔隙水压力分布图
a）双面排水　b）单面排水

第五节　建筑物沉降观测与地基容许变形值

一、建筑物的沉降观测

建筑物的沉降观测能反映建筑物地基的实际变形情况以及地基变形对建筑物的影响程度，所以系统的沉降观测资料是验证建筑物地基基础设计和地基加固方案是否正确、地基事故是否需要及时处理以及施工质量是否良好的重要依据；也是确定建筑物地基的允许变形值的重要资料；通过对沉降计算值与实测值的比较，还可以判断现行各种沉降计算方法的准确性，为进一步提高沉降计算公式的精确度和发展新的符合实际的沉降计算方法提供依据。

（一）沉降观测的技术要求

（1）沉降观测采用精密水准仪测量，观测的精度为 0.01 mm。

（2）沉降观测应从浇捣基础后立即开始，民用建筑每增高一层观测一次，工业建筑应在不同荷载阶段分别进行观测，施工期间的观测不应少于 4 次。

（3）建筑物竣工后应逐渐加大观测时间间隔，第一年不少于 3~5 次，第二年不少于 2 次，以后每年 1 次，直到下沉稳定为止。稳定标准为半年的沉降量不超过 2 mm。

（4）在正常情况下，沉降速率应逐渐减慢，如沉降速率减少到 0.05 mm/d 以下时，可认为沉降趋向稳定，这种沉降称为减速沉降。如出现等速沉降，就有导致地基丧失稳定的危险。当出现加速沉降时，表示地基已丧失稳定，应及时采取措施，防止发生工程事故。

（二）沉降观测点的布置

（1）对需要进行系统沉降观测的建筑物（如重要的、新型的或有代表性的建筑物，形式特殊或构造上、使用上对不均匀沉降有严格限制的建筑物，大型工业用炉如高炉、平炉等）应事先编制沉降观测计划，布置和埋设水准点和观测点。

（2）位置必须稳定可靠，妥善保护。埋设地点宜靠近观测对象，但必须在建筑物所产生的压力影响范围以外。

（3）在一个观测区内，水准基点不应少于 3 个，埋置深度应与建筑物基础的埋深相适应。

（4）应根据建筑物的平面形状、结构特点和工程地质条件综合考虑布置观测点，一般设置在建筑物四周的角点、转角处、纵横墙的中点、沉降缝和新老建筑物连接处的两侧，或地质条件有明显变化的地方，数量不宜少于 6 点。

（5）观测点的间距一般为 8~12 m。

（三）沉降观测资料的整理

（1）当建筑物出现严重裂缝、倾斜时，应逐日或几天进行一次连续观测，同时观测裂缝的发展情况。对裂缝的观测常用贴石膏条的方法，即将生石膏烘干，研成粉末并调成膏状，将其抹在产生裂缝的墙面或柱身上，注明日期。石膏条应与裂缝正交，一般长 15~25 cm，宽 2~4cm，厚 5~8 mm。贴石膏前，应将砌体表面刷洗干净，使两者牢固粘接。

（2）沉降观测的测量数据应在每次观测后立即进行整理，从而计算观测点高程的变化和每个观测点在观测间隔时间内的沉降增量以及累计沉降量。

观测单位根据建筑物的沉降观测结果绘制建筑物沉降观测综合图，包括总平面图，建筑物的立面图、平面图和剖面图，基础平面图、剖面图，地质剖面图，沉降展开曲线图，荷载-沉降曲线、沉降-时间曲线以及水准点位置和剖面图等，以此分析判断建筑物的变形状况及其变化发展趋势并提出报告。

二、地基变形允许值

一般建筑物的地基变形允许值可按表 3-19 的规定采用。

表 3-19   建筑物的地基变形允许值

变 形 特 征		地基土类别	
		中、低压缩性土	高压缩性土
砌体承重结构基础的局部倾斜		0.002	0.003
工业与民用建筑相邻柱基的沉降差			
（1）框架结构		$0.002l$	$0.003l$
（2）砌体墙填充的边排柱		$0.000\ 7l$	$0.001l$
（3）当基础不均匀沉降时不产生附加应力的结构		$0.005l$	$0.005l$
单层排架结构（柱距为 6 m）柱基的沉降量/mm		（120）	200
桥式吊车轨面的倾斜（按不调整轨道考虑）			
纵向		0.004	
横向		0.003	
多层和高层建筑的整体倾斜	$H_g \leqslant 24$	0.004	
	$24 < H_g \leqslant 60$	0.003	
	$60 < H_g \leqslant 100$	0.002 5	
	$H_g > 100$	0.002	
体形简单的高层建筑基础的平均沉降量/mm		200	
高耸结构基础的倾斜	$H_g \leqslant 20$	0.008	
	$20 < H_g \leqslant 50$	0.006	
	$50 < H_g \leqslant 100$	0.005	
	$100 < H_g \leqslant 150$	0.004	
	$150 < H_g \leqslant 200$	0.003	
	$200 < H_g \leqslant 250$	0.002	
高耸结构基础的沉降量/mm	$H_g \leqslant 100$	400	
	$100 < H_g \leqslant 200$	300	
	$200 < H_g \leqslant 250$	200	

注：1. 本表数值为建筑物地基实际最终变形允许值。

2. 有括号者仅适用于中压缩性土。

3. l 为相邻柱基的中心距离（mm），H_g 为自室外地面起算的建筑物高度（m）。

表 3-19 中数值是根据大量常见建筑物系统沉降观测资料统计分析得出的。对于表 3-19 中未包括的其他建筑物的地基允许变形值，可根据上部结构对地基变形的适应性和使用上的要求确定。

第四章　土的抗剪强度与地基承载力

第一节　土的抗剪强度与极限平衡条件

一、土的抗剪强度

（一）土的抗剪强度的概念

土的强度，通常是指土的抗剪强度，而不是土的抗压强度或抗拉强度。这是因为地基受荷载作用后，土中各点同时产生法向应力和剪应力，其中法向应力作用将对土体施加约束力，这是有利的因素；而剪应力作用可使土体发生剪切，这是不利的因素。若地基中某点的剪应力数值达到该点的抗剪强度，则此点的土将沿着剪应力作用方向产生相对滑动，此时称该点发生强度破坏。如果随着外荷不断增大，地基中达到强度破坏的点越来越多，即地基中的塑性变形区范围不断扩大，最后形成连续的滑动面，则建筑物的地基会失去整体稳定而发生滑动破坏。

土的抗剪强度是指在外力作用下，土体内部产生剪应力时，土对剪切破坏的极限抵抗能力。土的抗剪强度主要应用于地基承载力的计算和地基稳定性分析、边坡稳定性分析、挡土墙及地下结构物上的土压力计算等。

砂土的抗剪强度主要取决于摩擦力。在土的湿度不大时会出现一些毛细内聚力，但其值甚小，在一般计算中不予考虑。

黏性土的抗剪强度来源于内聚力与摩擦力。土的颗粒越细，塑性越大，则内聚力所起的作用越大。

（二）库仑定律

土的抗剪强度与金属、混凝土等材料的抗剪强度不同，它不是定值，而是受许多因素的影响。即使同一种土，在不同条件下其抗剪强度也不相同，它与剪损前土的密度、含水量、剪切方式、剪切时排水和排气等条件有关。

为了研究土的抗剪强度，最简单的方法是将土样装在剪力匣中，如图 4-1 所示，在土样上施加一定的法向压力

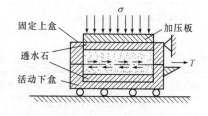

图 4-1　剪切试验简图

σ，而后再在下匣上施加剪力 T，使上下匣发生相对错动，把土样在上下匣接触面处剪坏，从而测得土的抗剪强度 τ_f。取三个以上土样，加上不同的法向压力，分别测得相应的抗剪强度，并由此绘出抗剪强度曲线，如图 4-2a 所示。试验证明，在法向压力变化范围不大时，抗剪强度与法向压力的关系近似为一条直线，这就是抗剪强度的库仑定律，如图 4-2b 所示。

不论砂土或黏性土，抗剪强度与法向压力的关系都可用直线方程式表示。

对砂土

$$\tau_f = \sigma\tan\varphi \qquad (4\text{-}1)$$

对黏性土

$$\tau_f = \sigma\tan\varphi + c \qquad (4\text{-}2)$$

式中　τ_f——土的抗剪强度（kPa）；

　　　σ——作用于剪切面上的法向压力（kPa）；

　　　φ——土的内摩擦角（°）；

　　　c——土的黏聚力（kPa）。

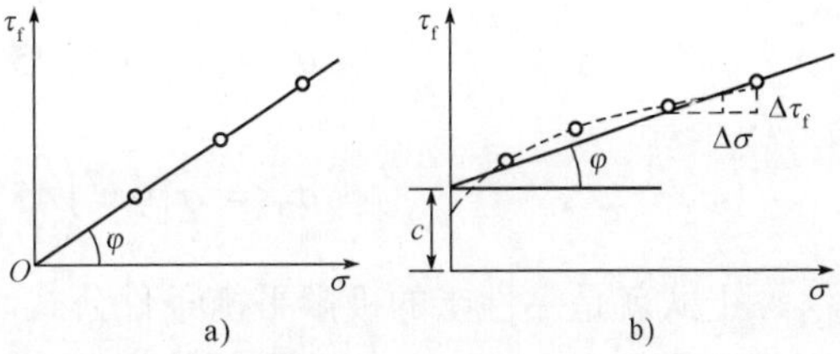

图 4-2　抗剪强度与法向压力的关系

a）砂土　b）黏性土

（三）抗剪强度相关指标

1. 土的抗剪强度

黏性土的抗剪强度指标变化范围颇大，诸如结构破坏、法向有效压力下的固结程度、剪切方式等因素对它们的影响要比对砂土大得多。黏性土内摩擦角 φ 的变化范围大致为 $0° \sim 30°$；黏聚力 c 一般为 $10 \sim 100$ kPa，有的坚硬黏土甚至更高。

砂土的内摩擦角一般随其粒度变细而逐渐降低。砾砂、粗砂、中砂的 φ 值为 $32° \sim 40°$，细砂、粉砂的 φ 值为 $28° \sim 36°$。松散砂的 φ 角与天然休止角（也称天然坡度角，即砂堆自然形成的最陡角度）相近，密砂的 φ 角比天然休止角大。饱和砂土比同样密度的干砂 φ 值少 $1° \sim 2°$。

影响土的抗剪强度的因素很多，主要包括以下几个方面：①土颗粒的矿物成分、形状及颗粒级配；②初始密度；③含水量；④土的结构扰动情况；⑤有效应力；⑥应力历史；⑦试验条件。

2. 土的摩擦力

摩擦力中除包括颗粒与颗粒的表面摩擦力之外，还包括颗粒间的咬合力（即联锁作用）。咬合力是指的当颗粒嵌入其他颗粒之间，在产生相对滑动时，将嵌入的颗粒拨出所需的力。显然，密砂的咬合（联锁）作用要大于松砂，如图4-3所示。

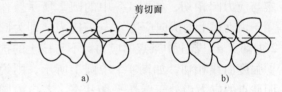

图 4-3　砂土颗粒间的联锁作用

a）密砂　b）松砂

3. 土的黏聚力

土的黏聚力包括原始黏聚力、加固黏聚力及毛细黏聚力三部分。

二、土的极限平衡条件

（一）黏性土

黏性土的抗剪强度曲线表达式为 $\tau_f = \sigma\tan\varphi + c$。如图4-4所示，把曲线延伸并与 σ 轴交于 O' 点，则 $OO' = p_c = \dfrac{c}{\tan\varphi}$，当达到极限平衡状态时，从图 4-4 的几何关系中可以得到

$$\sin\varphi = \frac{\overline{O''a}}{\overline{O'O''}} = \frac{(\sigma_1 + p_c) - (\sigma_3 + p_c)}{(\sigma_1 + p_c) + (\sigma_3 + p_c)} = \frac{\sigma_1 - \sigma_3}{\sigma_1 + \sigma_3 + 2p_c} \qquad (4\text{-}3)$$

通过三角函数关系的换算，上式变为

$$\sigma_1 = \sigma_3 \tan^2\left(45° + \frac{\varphi}{2}\right) + 2c\tan\left(45° + \frac{\varphi}{2}\right) \tag{4-4}$$

$$\sigma_3 = \sigma_1 \tan^2\left(45° - \frac{\varphi}{2}\right) - 2c\tan\left(45° - \frac{\varphi}{2}\right) \tag{4-5}$$

上式就是黏性土的极限平衡条件公式。

由图 4-4 可求出剪切破裂面的位置，即

$$2\alpha_{cr} = 90° + \varphi \tag{4-6}$$

$$\alpha_{cr} = 45° + \frac{\varphi}{2} \tag{4-7}$$

但在极限平衡状态时，通过土中一点可以出现不止一个，而是一对滑动面，如图 4-4 中 a 及 a' 所示，这一对滑动面与最大主应力 σ_1 的作用面呈 $\pm\left(45° + \frac{\varphi}{2}\right)$ 的交角，即与最小主应力作用面呈 $\pm\left(45° - \frac{\varphi}{2}\right)$ 的交角，而这一对滑动面之间的夹角在 σ_1 作用方向上等于 $90° - \varphi$。

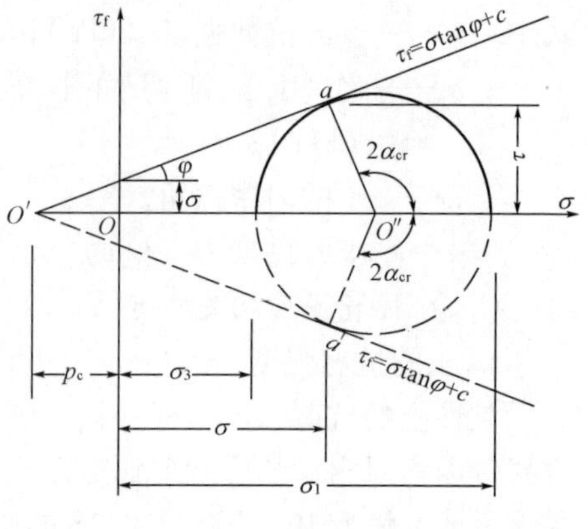

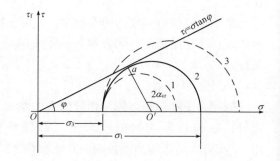

图 4-4　黏性土中的极限平衡状态

（二）无黏性土

在图 4-5 中，以应力圆表示砂土内某点的应力状态。直线 $\tau_f = \sigma\tan\varphi$ 表示土的抗剪强度。若该点处于极限平衡状态，则抗剪强度曲线必定与应力圆相切，如图 4-5 中的圆 2 所示。作用于滑动面上的法向应力 σ 与剪应力 τ 即为圆 2 上的点 a，若土中某点的应力圆不与该土的抗剪强度曲线相切，如图 4-5 中圆 1 所示，则说明此点的应力尚处于弹性平衡状态。若应力圆与抗剪强度曲线相割，如图 4-5 中圆 3 所示，则从理论上讲该点早已破坏，实际上在这里已产生塑性流动和应力重分布。

图 4-5　砂土中可能有的三种应力状态
1—未达到极限平衡（弹性平衡）　2—极限平衡状态
3—超过极限平衡（理论上）

土体处在极限平衡状态时，从图 4-5 的几何关系中可以得到

$$\sin\varphi = \frac{\overline{O'a}}{\overline{OO'}} = \frac{\sigma_1 - \sigma_3}{\sigma_1 + \sigma_3} \tag{4-8}$$

通过三角函数关系的换算，式（4-8）还可写成

$$\sigma_1 = \sigma_3 \tan^2\left(45° + \frac{\varphi}{2}\right) \tag{4-9}$$

$$\sigma_3 = \sigma_1 \tan^2\left(45° - \frac{\varphi}{2}\right) \tag{4-10}$$

式（4-8）~式（4-10）就是无黏性土的极限平衡条件。

第二节 土的抗剪强度试验方法

一、土的抗剪强度的测定

(一) 直接剪切试验

1. 试验设备

直剪试验仪如图 4-6 所示。试验盒分为上盒、下盒两部分，土样夹在上、下两块透水石之间，上、下盒的界面处在 20 mm 厚土样高度的中间，这就是固定的剪切破坏面。

2. 试验过程

首先施加竖向压力，然后在仪器的一端施加剪力。在施加直剪力后，既有上下盒之间的错动（相对位移，即剪切变形），又有上下盒的共同变形。测出钢环仪的径向变形不断增加，当达到某一数值（即土的抗剪强度值）时，如果继续施力，就会出

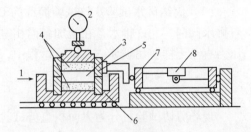

图 4-6 直剪试验
1—推力 2—竖向变形量表 3—土样
4—透水石 5—上盒 6—下盒
7—钢环仪 8—径向变形量表

现力加不上去，量测变形的仪表指针出现倒退的情况，这就是破坏的开始，说明此时已超过了土的抗剪强度。钢环仪径向变形的最大值乘以钢环常数就是土的抗剪强度值。如果继续施力，剪切变形会继续增加，量测变形的仪表指针虽然倒退，但不会退到零，基本稳定在某一数值，这时钢环仪显示的变形值乘以钢环常数所得到的抗剪强度值称为残余抗剪强度。前面钢环仪径向变形的最大值乘以钢环常数所得土的抗剪强度称为峰值抗剪强度。

3. 试验特点

（1）直剪试验仪的优点是仪器构造简单、传力明确、操作方便、试样薄、固结快、省时、仪器刚度大，不能发生横向变形，仅根据竖向变形量就可计算试样体积的变化。这些优点使直剪仪至今还被广泛应用。

（2）直剪试验仪的缺点是所受外力状态比较简单，试样内的应力状态又比较复杂，应力、应变分布不均匀。剪切破坏面事先已确定，这不能反映实际的复杂情况。在试验直至破坏的过程中，受剪切的实际面积在不断缩小，上下盒边缘处的应力集中很明显，所以剪切面上的应力、应变很不均匀又难测定。直剪仪有一个明显缺点就是不能控制排水条件，不能测试试样中的孔隙水压力及其变化。

(二) 三轴剪切试验

1. 试验原理及设备组成

三轴剪切仪也就是三轴压缩仪，试样破坏的本质是压-剪型。土样是一个圆柱体，高为 75～100 mm，直径为 38～50 mm，用橡皮薄膜套起来，置于压力室中。土样三向受压，可以发生横向变形，通过液压加周围压力，通过杠杆系统加竖向压力。当压力及其组合达到一定程度时，土样就会按规律产生一个斜向破裂面或沿弱面破裂。

2. 试验分类

三轴试验根据土样的排水条件可分为以下几种：

（1）不固结不排水试验。该试验简称为 UU 试验，和直剪仪中的快剪相当。UU 试验的本

质是自始至终关闭排水阀门，不能排水。因为不能排水，所以也不能固结。不能排水是问题的本质方面，因而也简称不排水剪。也因为不能排水，自始至终存在孔隙水压力，随着加荷增大，孔隙水压力越来越大，而有效应力是常量。

（2）固结不排水试验。该试验简称为 CU 试验，和直剪仪中的固结快剪相当。CU 试验的前一阶段施加各向相等围压，打开排水阀门，允许排水固结，直到固结完成。试验的后一阶段，关闭排水阀门，施加竖向压力，在不排水条件和主应力差（$\sigma_1 - \sigma_3$）作用下使土样剪坏。前一阶段没有孔隙水压力，后一阶段有孔隙水压力。

（3）固结排水试验。该试验简称为 CD 试验，和直剪仪中的慢剪相当。该试验自始至终开着排水阀门，允许排水，在施加各向相等围压条件下实现排水固结，再在排水条件下施加竖向压力直至土样剪切破坏。在试验过程中，因为能充分排水所以孔隙水压力为零。

（三）现场剪切试验

1. 试验种类

现场剪切试验可分为大面积直剪试验、水平推剪试验和十字板剪切试验。

2. 试验过程

十字板是横断面呈十字形、带刃口的金属板，高度为 100 ~ 120 mm，转动直径为 50 ~ 75 mm，板厚为 2 ~ 3 mm。试验时先用钻机钻孔至试验土层以上 750 mm 处，再下套管并用提土器将套管底部的残土清除，或不用钻机，将套管直接压入或打入到试验土层以上750 mm处，再清除套管内的土，然后将十字板装在钻杆下端，穿过套管压入到试验土层中并尽量避免扰动。再通过地面上的扭力设备对钻杆施加扭矩，使已压入试验土层中的十字板转动至土体被剪坏，切出一个圆柱状的破坏面（包括圆柱的侧面和顶、底面）。

3. 试验成果

根据试验结果按下式计算十字板剪切试验得到的土的抗剪强度 τ_f 值

$$\tau_f = \frac{2M}{\pi D^2 \, (H + D/3)} \tag{4-11}$$

式中　H、D——十字板的高度和转动直径（cm）；

　　　　M——剪切破坏时的扭力矩（kN·cm）。

二、抗剪强度指标测定方法

（一）总应力强度指标的测定

总应力法按排水条件的不同，在采用三轴压缩仪进行试验时，分为不排水剪、排水剪及固结不排水剪三种试验方法。当采用直剪仪做试验时，与上述三种试验对应，分别称为快剪、慢剪与固结快剪。

（1）不排水剪（快剪）。试验时，无论在法向应力下还是在剪切过程中都不让土中的水排出，试验中土的含水量不变。

（2）排水剪（慢剪）。试验时，无论在法向应力作用下还是在整个剪切过程中都让土样排水，土样在应力变化过程中始终处于孔隙水压力为零的完全固结状态。

（3）固结不排水剪（固结快剪）。试验时，先让土样在法向应力下完全固结，在剪切的全过程中则不让土样含水量变化。

总应力法的三种试验结果是不一样的。一般慢剪所得的 φ 值最大，快剪所得的 φ 值最小，固结快剪居中。所得的 c 值也不相同，如图 4-7 所示。在强度与稳定计算中究竟采用哪种方法的抗剪强度指标值，应视工程实际情况而定。

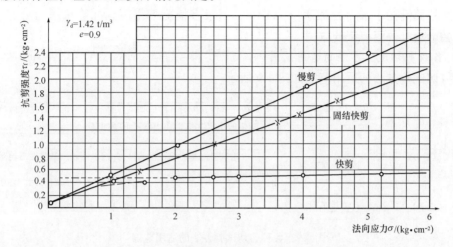

图4-7 快剪、慢剪和固结快剪三种试验结果比较

快剪（不排水剪）的强度相当于土体受力后出现孔隙水压力且丝毫没有消散时的强度。如地基是厚度很大的饱和黏土，预计在加荷期间土层来不及排水，往往施工期间就可能失去稳定，这时可采用快剪的强度指标校核施工期间的稳定。反之，如建筑施工期长而透水性小的土层很薄，在加荷期间地基能充分排水固结，则可采用慢剪的强度指标校核稳定。又如，建筑物施工期内由结构自重产生的固结能基本完成，但后来又有突加的使用荷载（如水池、水塔充水，谷仓、料仓装料等），在新的应力情况下土层来不及排水，此类情况可采用固结快剪的强度指标校核稳定。一般情况下，地基在施工与使用阶段的固结程度往往不易准确估计，根据实践经验并考虑一定的安全度，常采用固结快剪的强度指标来核算稳定。

总应力法由于运用方便，所以是目前用得最多的方法，但在应用上还存在缺陷。首先它只能考虑三种特定的固结情况，不能反映其他固结情况下的 c、φ 值。实际上，地基受荷载作用后经历不同的固结度，即使在同一时刻，地基中不同位置的土又处于不同的固结度，但总应力法对整个土层只采用相应于某一特定固结度的抗剪强度，与实际不符。其次，在地质条件稍复杂的情况下，哪怕是粗略地估计地基土的固结度也是困难的。这些都说明总应力法对地基实际情况的模拟是很粗略的。因此，如果需要更精确地评定地基的强度与稳定，就应采用更完善的方法，如有效应力法。

（二）有效应力强度指标的测定

有效应力法中抗剪强度与有效应力的关系如图4-8所示。

根据土样剪切试验的 τ_f-σ' 关系曲线，可求得有效应力的抗剪强度指标 φ'、c'。

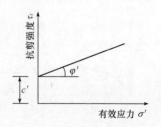

图4-8 抗剪强度与有效应力的关系

取得 c'、φ' 后，校核地基强度与稳定可按下列步骤进行：

（1）求出欲验算阶段的地基应力分布。

（2）按固结理论算出或根据现场实测资料得出所研究时刻地基中孔隙水压力的分布，从而知道地基中有效应力的分布。

（3）根据 c'、φ' 求出该阶段的地基极限承载力，并与外荷比较，判断土的强度与稳定是否得到保证。

有效应力法在理论上比较严格，能比总应力法更好地反映抗剪强度实质，能够检验土体处于部分固结情况下的稳定性。因此，工程中特别是水利工程中有效应力法日益得到推广。应用有效应力法的关键在于求得孔隙水压力分布，但很多情况下得不到孔隙水压力分布的实用解答，往往会影响有效应力法的应用。

（三）各种剪切试验方法的适用范围

各种剪切试验方法的适用范围如图 4-9 所示。

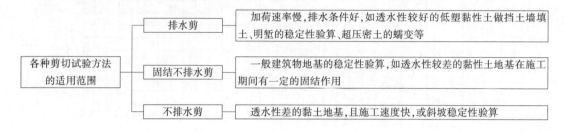

图 4-9　各种剪切试验方法的适用范围

第三节　不同排水条件下的剪切试验

一、固结不排水剪

固结不排水剪习惯上称为固结快剪或 CU 试验。饱和黏性土的固结不排水抗剪强度受应力历史的影响，如果土样在实验室所受到的各向等压固结压力 σ_3 小于土样曾经受到过的最大固结压力 p_c，就是超固结；如果 $\sigma_3 > p_c$，就是正常固结。这两种不同的固结状态，抗剪强度性状是不同的，如图 4-10 所示。饱和黏性土在 CU 试验时，在各向等压固结压力 σ_3 作用下能够充分排水，实现固结，所以该阶段孔隙水压力为零。在后半段，施加切应力 $(\sigma_1 - \sigma_3)$ 在不排水条件下使土样很快剪坏，此时因为不能排水，所以有孔隙水压力。由图4-10可知，正常固结（NC）土在剪切过程中产生剪缩并存在正的孔隙水压力，$\sigma - u = \sigma'$，故有效应力圆在总应力圆的左侧，内摩擦角增加而粘聚力降低。超固结（OC）土在剪切过程中，刚开始也有一些剪缩并产生正的孔隙水压力，紧接着开始产生剪胀现象，土的超固比（p_c/p_1，其中 p_c、p_1 分别为历史上和当前的最大自重压力）越大，剪胀现象越显著，和剪胀相应的孔隙水压力为负值（吸力），$\sigma - (-u) = \sigma + u = \sigma'$。此时，有效应力圆在总应力圆的右侧，且抗剪强度包络线表明，有效应力指标内摩擦角有所降低而粘聚力有所增加。

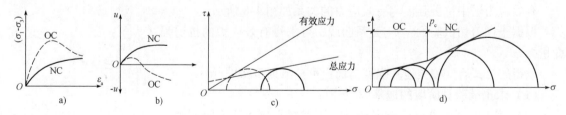

图 4-10　饱和黏性土的 CU 试验

a）主应力差（$\sigma_1 - \sigma_3$）与轴向应变的关系　b）孔隙水压力与轴向应变的关系

c）NC 饱和黏性土 CU 试验结果　d）OC 饱和黏性土 CU 试验结果

按总应力表示抗剪强度的方程为

$$\tau_f = \sigma \tan\varphi_{cu} + c_{cu} \tag{4-12}$$

按有效应力表示抗剪强度的方程为

$$\tau_f = \sigma' \tan\varphi'_{cu} + c'_{cu} \tag{4-13}$$

二、固结排水剪

固结排水剪习惯上称为慢剪或 CD 试验，也简称排水剪。整个试验过程能充分排水，所以孔隙水压力始终为零。总应力最后全部转化为有效应力，总应力圆也是有效应力圆，两者的抗剪强度包络线相同。在剪切过程中，NC 土发生剪缩，OC 土刚开始也产生剪缩，紧接着就产生剪胀，如图 4-11 所示。

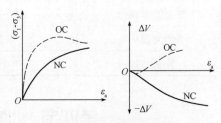

图 4-11 CD 试验中应力-应变
关系和体积变化

试验表明，CD 试验 NC 土的抗剪强度包络线通过坐标原点即 $c_d = 0$，抗剪强度方程为

$$\tau_f = \sigma \tan\varphi_d \tag{4-14}$$

OC 土的抗剪强度包络线近似为一条直线，抗剪强度方程为

$$\tau_f = \sigma \tan\varphi_d + c_d \tag{4-15}$$

三、不固结不排水剪

不固结不排水剪试验习惯上称为快剪或 UU 试验。对于饱和黏性土，其 UU 试验用总应力法表示的抗剪强度包络线为一条水平线。$\varphi \to 0°$，只有黏聚力 c 值存在，如图 4-12 所示，总应力极限莫尔圆能够作多个，而有效应力圆只能作一个。变换 σ_1、σ_3，使土样达到临界破坏状态或极限平衡状态，就能作出多个总应力极限莫尔圆，作它们

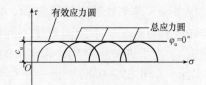

图 4-12 饱和黏土 UU 试验

的公切线，就是抗剪强度包络线。它们的公切线为一条水平线。此时的土样在地质年代里，在一定的应力状态下，固结已完成，$u = 0$，具有一定的有效应力。土样在进入实验室后，在 UU 试验中固结度不再变化，有效应力不再变化。按总应力法表示抗剪强度有

$$\varphi_u = 0°$$

$$\tau_f = c_u = \frac{1}{2}(\sigma_1 - \sigma_3) \tag{4-16}$$

四、孔隙水压力计算公式

毕肖普法孔压计算公式

$$u = B[\sigma_3 + A(\sigma_1 - \sigma_3)] \tag{4-17}$$

通常研究饱和土比较多，对于饱和土，$B = 1$，所以在 UU 试验中，有

$$u = \sigma_3 + A(\sigma_1 - \sigma_3) \tag{4-18}$$

在 CU 试验中，由于前阶段固结完成，$\sigma_3 = 0$，得

$$u = A(\sigma_1 - \sigma_3) \tag{4-19}$$

式中 A——孔压系数。斯肯普顿根据大量的三轴试验，给出 A 值的经验系数，见表 4-1。

表 4-1   孔隙水压力参数 A（饱和土样）

土　　样	A（用于验算土体破坏）	土　　样	A（用于计算地基沉降）
很松的细砂	2～3 易液化	很灵敏的软黏土	>1.0
密实的砂质黏土	0.25～0.75	正常固结黏土	0.5～1.0
灵敏黏土	1.5～2.5	超固结黏土	0.25～0.5
正常固结黏土	0.7～1.3	强超固结黏土	0～0.25
轻度超固结黏土	0.3～0.7		
强超固结黏土	-0.5～0		

第四节　地基的临塑荷载与临界荷载

一、地基的临塑荷载

临塑荷载是指理论上地基中刚开始出现剪切破坏（塑性变形）时基底单位面积上所承受的荷载。

在均布条形荷载作用下，土中任一点 M 的应力来源于三方面：基础底面的附加压力 p，基底以下土的自重压力 γz，基底处的边侧荷载 γd，如图 4-13 所示（当基底以上与基底以下土的重度不同时，可分别代入不同值）。为了进一步简化，假定土的侧压力系数 $K_0 = 1$（实际 $K_0 = 0.35 \sim 0.8$）。土中任意点 M 的最大和最小主应力应为

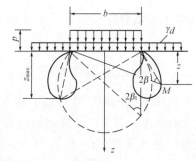

图 4-13　塑性区深度 z_{max} 与张角 2β 的关系

$$\sigma_1 = \frac{p - \gamma d}{\pi}(2\beta + \sin 2\beta) + \gamma z + \gamma d \tag{4-20}$$

$$\sigma_3 = \frac{p - \gamma d}{\pi}(2\beta - \sin 2\beta) + \gamma z + \gamma d \tag{4-21}$$

式中　γ——土的重度（kN/m^3）；

　　　d——基础埋深（m）；

　　　p——基底压力（kN/m^2）；

　　　2β——M 点的视角（rad）。

当 M 点应力达到极限平衡时，应有

$$\sin\varphi = \frac{\sigma_1 - \sigma_3}{\sigma_1 + \sigma_3 + 2c\cot\varphi} \tag{4-22}$$

将式（4-20）及式（4-21）代入式（4-22）得

$$z = \frac{p - \gamma d}{\pi\gamma}\left(\frac{\sin 2\beta}{\sin\varphi} - 2\beta\right) - \frac{c}{\gamma}\cot\varphi - d \tag{4-23}$$

上式规定了处于极限平衡状态的点的坐标位置。

按照定义，当临塑荷载作用时，塑性区刚刚出现，因此可认为此时塑性区的最大深度 z_{max}

为零。由此即可求出临塑荷载的表达式。对式（4-23）求导，得

$$\frac{\mathrm{d}z}{\mathrm{d}\beta} = \frac{p - \gamma d}{\pi\gamma} \cdot 2\left(\frac{\cos2\beta}{\sin\varphi} - 1\right) \tag{4-24}$$

令 $\dfrac{\mathrm{d}z}{\mathrm{d}\beta} = 0$，则有

$$\cos2\beta = \sin\varphi \tag{4-25}$$

故

$$2\beta = \frac{\pi}{2} - \varphi \tag{4-26}$$

将上式代入式（4-24）得

$$z_{\max} = \frac{p - \gamma d}{\pi\gamma}\left(\mathrm{ctan}\varphi - \frac{\pi}{2} + \varphi\right) - \frac{c}{\gamma}\mathrm{ctan}\varphi - d \tag{4-27}$$

当 $z_{\max} = 0$ 时，则得临塑荷载 p_{cr} 的表达式如下

$$p_{cr} = \frac{\pi(\gamma d - c\mathrm{ctan}\varphi)}{\mathrm{ctan}\varphi - \frac{\pi}{2} + \varphi} + \gamma d = N_{d}\gamma d + N_{c}c \tag{4-28}$$

式中　γ——基础埋置深度范围内土的平均重度，有地下水时取浮重度（$\mathrm{kN/m^3}$）；

　　　d——从地面起至基础底面处的基础埋置深度（m）；

　　　c——基础底面以下土的粘聚力（$\mathrm{kN/m^2}$）；

　　　φ——基础底面以下土的内摩擦角（°）；

N_{d}，N_{c}——承载力系数，由内摩擦角 φ 按下式求算或查表 4-2 确定

$$\left.\begin{aligned} N_{d} &= \frac{\mathrm{ctan}\varphi + \varphi + \frac{\pi}{2}}{\mathrm{ctan}\varphi + \varphi - \frac{\pi}{2}} \\[2mm] N_{c} &= \frac{\pi\mathrm{ctan}\varphi}{\mathrm{ctan}\varphi + \varphi - \frac{\pi}{2}} \end{aligned}\right\} \tag{4-29}$$

表 4-2　系数 $N_{1/4}$、$N_{1/3}$、N_{d} 及 N_{c} 的数值

φ (°)	$N_{1/4}$	$N_{1/3}$	N_{d}	N_{c}	φ (°)	$N_{1/4}$	$N_{1/3}$	N_{d}	N_{c}
0	0	0	1	3	16	0.4	0.5	2.4	5.0
2	0	0	1.1	3.3	18	0.4	0.6	2.7	5.3
4	0	0.1	1.2	3.5	20	0.5	0.7	3.1	5.6
6	0.1	0.1	1.4	3.7	22	0.6	0.8	3.4	6.0
8	0.1	0.2	1.6	3.9	24	0.7	0.1	3.9	6.5
10	0.2	0.2	1.7	4.2	26	0.8	1.1	4.4	6.9
12	0.2	0.3	1.9	4.4	28	1.0	1.3	4.9	7.4
14	0.3	0.4	2.2	4.7	30	1.2	1.5	5.6	8.0

φ（°）	$N_{1/4}$	$N_{1/3}$	N_d	N_c	φ（°）	$N_{1/4}$	$N_{1/3}$	N_d	N_c
32	1.4	1.8	6.3	8.5	40	2.5	3.3	10.8	11.8
34	1.6	2.1	7.2	9.2	42	2.9	3.8	12.7	12.8
36	1.8	2.4	8.2	10.0	44	3.4	4.5	14.5	14.0
38	2.1	2.8	9.4	10.8	46	3.7	4.9	15.6	14.6

二、地基的临界荷载

若基底压力小于 p_{cr}，地基中没有塑性区，这时地基的安全度是足够的。实践证明，可以容许地基中有较小的塑性区，对于建筑物安全并无妨害。如果塑性区的最大深度 z_{max} 达到基础宽度 b 的 1/3 或 1/4，这时的基底压力称为临界荷载，分别以 $p_{1/3}$ 或 $p_{1/4}$ 表示，地基的临界荷载可作为地基承载力的一种指标。

令 $z_{max} = \dfrac{b}{4}$，则很容易求得临界荷载 $p_{1/4}$

$$p_{1/4} = \frac{\pi\left(\gamma d + \dfrac{1}{4}\gamma b + c\mathrm{ctan}\varphi\right)}{\mathrm{ctan}\varphi + \varphi - \dfrac{\pi}{2}} + \gamma d = N_{1/4}\gamma d + N_d\gamma d + N_c c \qquad (4\text{-}30)$$

在偏心荷载作用下，且当 $b \geqslant 3$ m 时，可令 $z_{max} = \dfrac{b}{3}$，求得临界荷载 $p_{1/3}$ 作为偏心受压基础的地基容许承载力为

$$p_{1/3} = \frac{\pi\left(\gamma d + \dfrac{1}{3}\gamma b + c\mathrm{ctan}\varphi\right)}{\mathrm{ctan}\varphi + \varphi - \dfrac{\pi}{2}} + \gamma d = N_{1/3}\gamma d + N_d\gamma d + N_c c \qquad (4\text{-}31)$$

式中　　b——基础宽度，对矩形基础取短边长度，对圆形基础采用 $b = \sqrt{F}$，F 为圆形基础底面积；

$N_{1/4}$，$N_{1/3}$——承载力系数，由内摩擦角 φ 按下式求算或查表 4-2 确定

$$\left.\begin{aligned} N_{1/4} &= \frac{\pi}{4\left(\mathrm{ctan}\varphi + \varphi - \dfrac{\pi}{2}\right)} \\ N_{1/3} &= \frac{\pi}{3\left(\mathrm{ctan}\varphi + \varphi - \dfrac{\pi}{2}\right)} \end{aligned}\right\} \qquad (4\text{-}32)$$

其余符号意义同前。

第五节　地基的破坏形式

试验研究表明，在荷载作用下，建筑物地基的破坏通常是由于承载力不足而引起的剪切破坏。地基剪切破坏的形式可分为冲剪破坏、局部剪切破坏和整体剪切破坏三种，地基的不同破坏形式如图 4-14 所示。

冲剪破坏	冲剪破坏的原因是基础下软弱土的压缩变形使基础连续下沉,如荷载继续增加到某一数值时,基础可能向下"切入"土中,基础侧面附近的土体因垂直剪切而破坏,如图4-15a所示。冲剪破坏时,地基中没有出现明显的连续滑动面,基础四周的地面不隆起,基础没有很大的倾斜,压力-沉降关系曲线与局部剪切破坏的情况类似,不出现明显的转折现象,如图4-16曲线A所示
局部剪切破坏	局部剪切破坏是介于整体剪切破坏和冲剪破坏之间的一种破坏形式,剪切破坏也从基础边缘开始,但滑动面不发展到地面,而是限制在地基内部某一区域内,基础四周地面也有隆起现象,但不会有明显的倾斜和倒塌,如图4-15b所示。压力-沉降关系曲线从一开始就呈现非线性关系,如图4-15曲线B所示
整体剪切破坏	整体剪切破坏的特征是,当基础荷载较小时,基底压力p与沉降s基本上成直线关系,如图4-16中C曲线的oa段所示,属于线性变形阶段,当荷载增加到某一数值时,在基础边缘处的土开始发生剪切破坏。随着荷载的增加,剪切破坏区(或称塑性变形区)逐渐扩大,这时压力与沉降之间成曲线关系,如图4-16曲线C的ab段所示,属于弹塑性变形阶段。如果基础上的荷载继续增加,剪切破坏区不断扩大,最终在地基中形成一个连续的滑动面,基础急剧下沉或向一侧倾倒,同时基础四周的地面隆起,地基发生整体剪切破坏,如图4-15c所示

地基的不同破坏形式

图4-14 地基的不同破坏形式

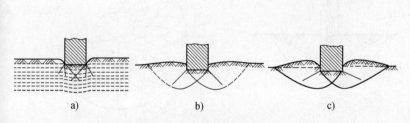

图4-15 地基的破坏形式
a) 冲剪破坏 b) 局部剪切破坏 c) 整体剪切破坏

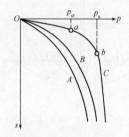

图4-16 压力-沉降
关系曲线

第六节 深基础地基的极限承载力

一、深基础地基的极限承载力计算

图4-17a所示为将浅基础下的地基破坏情况硬性地用于深基下的地基,滑动面形状与浅基础的一样。基础旁的土只对地基土起上覆荷载的作用。这种假设与实际滑动面形状严重不符,只是由于运算简单不需再引入新的概念,因使用方便而被应用,但求得的地基极限荷载通常较小。

在基础相对埋深(d/b)较大时,塑性区逐渐向基底以上扩展。图4-18a相当于基础埋深为零（因上层土 $c = \varphi = 0$，只起荷载作用）的情况，而图 4-18b 则是有一定埋深时的情况。当埋深很大时，则最后达到如图 4-17b 所示的封闭梨形塑性区，这时 $\beta = 90°$。

如图 4-17c 所示，在基础刺入土中时，基础下形成剪切区，基础旁的土则形成压密区。假定剪切区只发展到与水平成 45°角的界面 ab 处为止，ab 线以上的土受到剪切区内的挤压，故为压密区。滑动面 bc 由直线区段与对数螺旋线段所组成。图中虚线以内的土的重量压在剪切区上，但应减去虚线所示的界面上的摩擦力 τ。

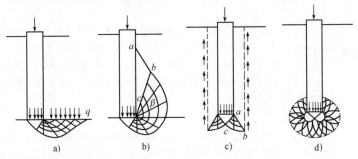

图 4-17　深基础下地基破坏的各种理论图形

a）太沙基型　b）梅尔霍夫型　c）汉森型　d）斯肯普顿型

图 4-17d 所示是由无限体中球形孔膨胀变形得来的理论图形。按塑性力学的理论，可得出两个临界应力值，如图 4-19 所示。

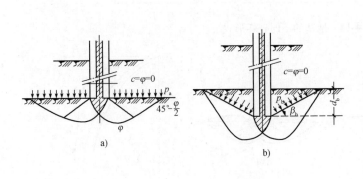

图 4-18　按梅尔霍夫假设，在基础（或桩埋深不同时地基）中的滑动面

a）相当于 $d = 0$ 时　b）$d \neq 0$ 时

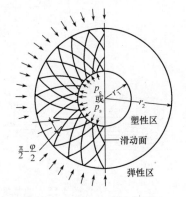

图 4-19　无限体中球形孔膨胀时的临界压力 p_c 与 p_s 示意

p_s—在无限大的固体内有一个球形孔，孔内作用着临界压力 p_s 时，可使球形孔无限扩大（点对称）

p_c—在无限大的固体内有一圆柱形孔，在孔内作用着临界压力 p_c 时，可使圆柱孔无限扩大（轴对称）

可以论证 p_s 仅稍大于 p_c，因此可取 p_s 或 p_c 两者中的任一个作为极限荷载 p_u，并推广应用于 $\varphi \neq 0$ 的土中。

深基础极限荷载公式一般可归纳为以下形式

$$p_u = cN_c\zeta_c + qN_q\zeta_q \tag{4-33}$$

式中　　q——基底或桩脚处的竖向有效应力（kN/m²）；

N_c、N_q——适用于条形基础的承载力系数；

ζ_c、ζ_q——基础形状系数。

二、深基础地基的极限承载力计算实例

【例 4-1】 某粉土地基如图 4-20 所示，试按理论公式计算地基承载力设计值。

【解】 根据 $\varphi_k = 18°$ 查表 4-3 得

$M_b = 0.43$，$M_d = 2.72$，$M_c = 5.31$

根据地基承载力特征值公式

$$f_a = M_b \gamma b + M_d \gamma_m d + M_c c_k$$

$$= \Big(0.43 \times 8.2 \times 2 + 2.72$$

$$\times \frac{17.6 \times 1.3 + 8.2 \times 0.7}{2} \times 2 + 5.31 \times 1\Big) \text{kPa}$$

$$= (7.052 + 77.846 + 5.31)\ \text{kPa} = 90.21\ \text{kPa}$$

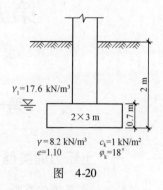

$\gamma_1 = 17.6\ \text{kN/m}^3$

$\gamma = 8.2\ \text{kN/m}^3$ $c_k = 1\ \text{kN/m}^2$

$e = 1.10$ $\varphi_k = 18°$

图 4-20

表 4-3 承载力系数 M_b、M_d、M_c

土的内摩擦角标准值 φ_k（°）	M_b	M_d	M_c
0	0	1.00	3.14
2	0.03	1.12	3.32
4	0.06	1.25	3.51
6	0.10	1.39	3.71
8	0.14	1.55	3.93
10	0.18	1.73	4.17
12	0.23	1.94	4.42
14	0.29	2.17	4.69
16	0.36	2.43	5.00
18	0.43	2.72	5.31
20	0.51	3.06	5.66
22	0.61	3.44	6.04
24	0.80	3.87	6.45
26	1.10	4.37	6.90
28	1.40	4.93	7.40
30	1.90	5.59	7.95
32	2.60	6.35	8.55
34	3.40	7.21	9.22
36	4.20	8.25	9.97
38	5.00	9.44	10.80
40	5.80	10.84	11.73

注：φ_k 为基底下一倍短边宽深度内土的内摩擦角标准值。

第五章　土压力与土坡稳定

第一节　土压力的类型及影响因素

一、土压力的类型

（一）土压力的类型

土压力是挡土墙后的填土作用在墙背上的侧向压力。作用在挡土结构上的土压力，按结构受力后的位移情况，分为三种，如图 5-1 所示。

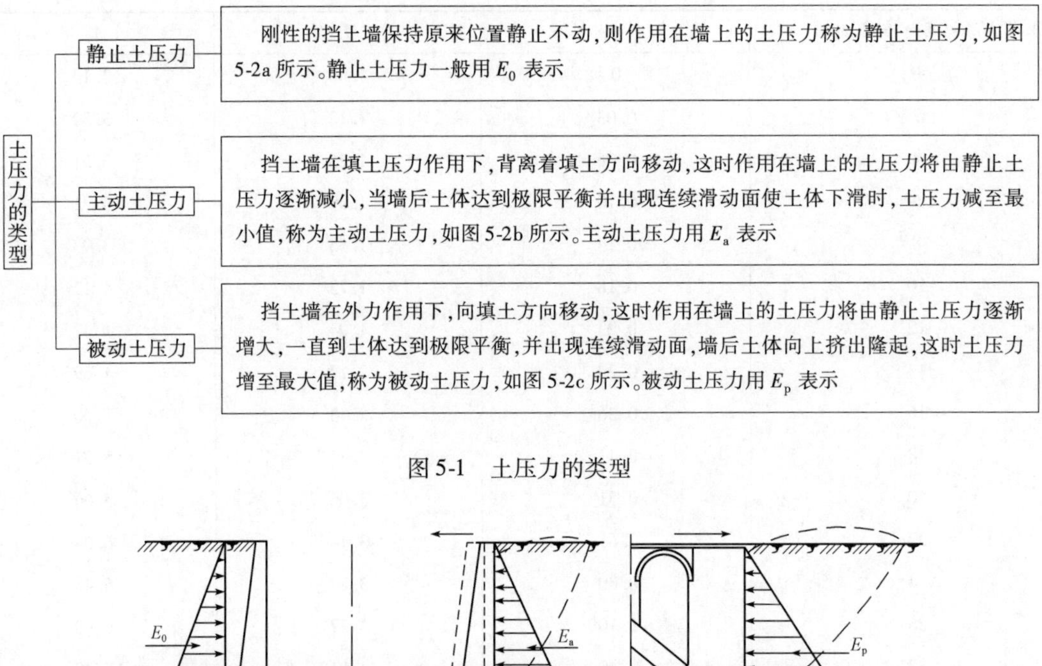

土压力的类型
静止土压力
刚性的挡土墙保持原来位置静止不动，则作用在墙上的土压力称为静止土压力，如图 5-2a 所示。静止土压力一般用 E_0 表示
主动土压力
挡土墙在填土压力作用下，背离着填土方向移动，这时作用在墙上的土压力将由静止土压力逐渐减小，当墙后土体达到极限平衡并出现连续滑动面使土体下滑时，土压力减至最小值，称为主动土压力，如图 5-2b 所示。主动土压力用 E_a 表示
被动土压力
挡土墙在外力作用下，向填土方向移动，这时作用在墙上的土压力将由静止土压力逐渐增大，一直到土体达到极限平衡，并出现连续滑动面，墙后土体向上挤出隆起，这时土压力增至最大值，称为被动土压力，如图 5-2c 所示。被动土压力用 E_p 表示

图 5-1　土压力的类型

E_0
p_0
a)
E_a
p_a
b)
E_p
p_p
c)

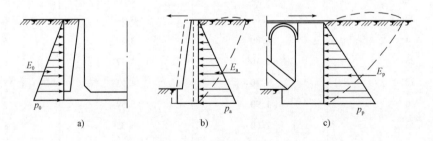

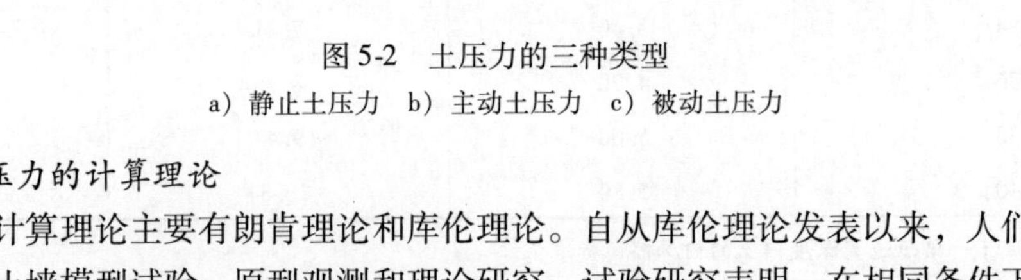

图 5-2　土压力的三种类型

a）静止土压力　b）主动土压力　c）被动土压力

（二）土压力的计算理论

土压力的计算理论主要有朗肯理论和库伦理论。自从库伦理论发表以来，人们先后进行过多次多种的挡土墙模型试验、原型观测和理论研究。试验研究表明：在相同条件下，主动土压力小于静止土压力，而静止土压力又小于被动土压力，即

$$E_a < E_0 < E_p \tag{5-1}$$

产生被动土压力所需的位移量 Δ_p 大大超过产生主动土压力所需的位移量 Δ_a，如图 5-3 所示。

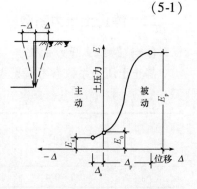

二、影响土压力的因素

由理论分析与挡土墙的模型试验可知，挡土墙土压力不是一个常量，其土压力的性质、大小及沿墙高的分布规律与很多因素有关，归纳起来主要有以下几方面。

（1）墙后填土的性质，包括填土的重度、含水量、内摩擦角和粘聚力的大小及填土面的倾斜程度。

图 5-3　墙身位移和土压力的关系

（2）挡土墙的形状、墙背的光滑程度和结构形式。

（3）挡土墙的位移方向和位移量。

第二节　静止土压力的计算

一、静止土压力的计算方法

在填土表面下任意深度 z 处取一微小单元体，如图 5-4 所示，其上作用着竖向的土自重应力 γz，则该处的静止土压力强度可按下式计算

$$\sigma_0 = K_0 \gamma z \tag{5-2}$$

式中　K_0——土的侧压力系数或称为静止土压力系数；

　　　γ——墙后填土重度（kN/m^3）。

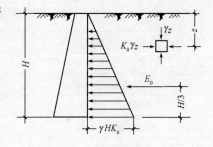

由式（5-2）可知，静止土压力沿墙高为三角形分布，如图 5-4 所示，如果取单位墙长，则作用在墙上的静止土压力为

图 5-4　静止土压力的分布

$$E_0 = \frac{1}{2} \gamma H^2 K_0 \tag{5-3}$$

式中　H——挡土墙高度（m）；

　　　其余符号同前。

E_0 的作用点在距墙底 $H/3$ 处。

静止土压力系数 K_0 由试验确定，亚基首先在 20 世纪 40 年代提出，后被毕晓普等的试验证实，对正常固结土可近似取

$$K_0 = 1 - \sin\varphi' \tag{5-4}$$

式中　φ'——土的有效内摩擦角（°），由慢剪或三轴固结不排水剪测孔隙水压力试验确定。

对超固结土，可取

$$K_{0OCR} = K_0 (OCR)^{0.5} \tag{5-5}$$

式中　OCR——土的超固结比。

二、静止土压力系数

(一) 静止土压力系数
静止土压力系数参考值见表 5-1。

表 5-1　静止土压力系数 K_0 参考值

土　类	坚硬土	可塑-硬塑黏性土 粉　土 砂　土	可塑-软塑黏性土	软塑黏性土	流塑黏性土
K_0	0.2 ~ 0.4	0.4 ~ 0.5	0.5 ~ 0.6	0.6 ~ 0.75	0.75 ~ 0.80

注：本表摘自《武汉地区深基坑工程技术指南》。

(二) 土的静止侧压力系数
土的静止侧压力系数见表 5-2。

表 5-2　土的静止侧压力系数 K_0

土的种类	w_L	I_p	K_0
松砂，饱和	—	—	0.46
密实砂，饱和	—	—	0.36
密实砂，干 ($e = 0.6$)	—	—	0.49
松砂，干 ($e = 0.8$)	—	—	0.64
压实土，残积黏土	—	9	0.42
压实土，残积黏土	—	31	0.66
有机质粉质黏土，未扰动	74	45	0.57
高岭土，未扰动	61	23	0.64 ~ 0.70
海相黏土，未扰动	37	16	0.48
过敏性黏土	34	10	0.52

(三) 压实土的静止侧压力系数
压实土的静止侧压力系数见表 5-3。

表 5-3　压实土的静止侧压力系数 K_0

土的名称	K_0
砾石、卵石	0.20
砂　土	0.25
亚砂土	0.35
亚黏土	0.45
黏　土	0.55

【例 5-1】　一挡土墙墙高 6m，墙背垂直光滑，墙后填土是黏性填土，其表面水平与墙齐高。填土的物理力学性质指标如下：$\gamma = 18 \text{kN/m}^3$，$\varphi = 20°$，$c = 15 \text{kPa}$。在填土表面上还作用有连续均布超载 $q = 21 \text{kPa}$。试求主动土压力 E_a。

【解】　在填土表面处的主动土压力强度 e_a 等于

$$e_a = (\gamma_z + q)\tan^2\left(45° - \frac{\varphi}{2}\right) - 2c\tan\left(45° - \frac{\varphi}{2}\right)$$

$$= \left[(18 \times 0 + 21)\tan^2\left(45° - \frac{20°}{2}\right) - 2 \times 15 \times \tan\left(45° - \frac{20°}{2}\right)\right]\text{kPa}$$

$$= (21 \times 0.49 - 2 \times 15 \times 0.7)\text{kPa}$$

$$= (10.29 - 21)\text{kPa} = -10.71\text{kPa}$$

主动土压力强度等于零处的深度 z 可从 $e_{ax} = 0$ 这一条件求得，即

$$e_{ax} = 0 = (\gamma_{z_0} + q)\tan^2\left(45° - \frac{\varphi}{2}\right) - 2c\tan\left(45° - \frac{\varphi}{2}\right)$$

$$= (18z_0 + 21) \times 0.49 - 30 \times 0.7 = 0$$

$$z_0 = \frac{21 - 10.29}{0.49 \times 18}\text{m} = 1.21\text{m}$$

在墙底处的主动土压力强度 e_{a0} 等于

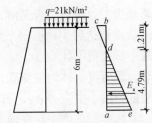

$$e_{a0} = \left[(18 \times 6 + 21)\tan^2\left(45° - \frac{20°}{2}\right) - 2 \times 15 \times \tan\left(45° - \frac{20°}{2}\right)\right]\text{kPa}$$

$$= (129 \times 0.49 - 30 \times 0.7)\text{kPa}$$

$$= (63.21 - 21)\text{kPa} = 42.21\text{kPa}$$

土压力强度分布图形如例图 5-5 所示。

故主动土压力 E_a 等于土压力强度分布图形中阴影部分 ade 的面

图 5-5　土压力强度分布图

积，即

$$E_a = \frac{1}{2} \times (6 - 1.21) \times 42.21\text{kN/m} = 101.09\text{kN/m}$$

它的作用点在墙底以上 $\frac{1}{3} \times 4.79\text{m} = 1.60\text{m}$ 处。

第三节　朗肯土压力理论

朗肯土压力理论（Rankine，1857 年），是根据弹性半空间体内的应力状态和土体的极限平衡理论建立的，即将土中某一点的极限平衡条件应用到挡土墙的土压力计算中。朗肯假设墙身的位移与土体的侧向伸长和压缩变形一致，用竖直墙背代替半空间一边的土，这样可保持土体的原应力状态。再用光滑的墙背（$\delta = 0$，无摩擦力）来满足剪应力为零的边界条件。于是，土中深度 z 点处微小单元体在水平面上受到的垂直主应力 $\sigma_z = \gamma z$，在垂直面上受到的水平主应力 σ_x 则由土体所处的状态确定。

一、朗肯土压力理论原理

朗肯理论是从研究弹性半空间体的应力状态出发，依据土的极限平衡理论，导出土压力强度的计算公式。

如图 5-6a 所示，假设墙后填土面为水平、均质的各向同性的半无限土体，用一竖直、光滑的挡土墙背取代土体中任一竖直面，当墙背静止不动时，为上节所述的静止土压力状态，墙背上任一点 C 的应力状态如下：

大主应力 $\qquad\qquad\qquad\qquad \sigma_1 = \sigma_z = \gamma z$ $\qquad\qquad\qquad$ (5-6)

小主应力 $\sigma_3 = \sigma_x = \gamma z k_0$ (5-7)

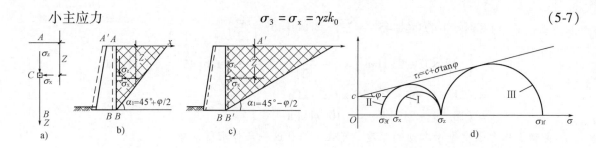

图 5-6　朗肯土压力理论

该应力状态仅由填土的自重产生时，必然为弹性平衡状态，其莫尔应力圆如图 5-6d 中的圆 I 所示，一定处于填土抗剪强度线（τ_f 线）之下。但是当挡土墙在土压力作用下，使墙体离开填土向前发生微小转动或位移时，墙后土体随之侧向膨胀，则墙背侧向土压力强度 σ_x 逐渐减少，因墙背竖直光滑，σ_x 减小后仍为小主应力 σ_3，土体侧胀达到一定值时，σ_3 减小至 σ_{3f}，C 点达到主动极限平衡状态，此时竖向主应力 σ_1 仍为 γz 不变（因土体侧胀引起的重度 γ 减小量忽略不计）。σ_{3f} 与 σ_1 构成主动极限应力圆（如图 5-5d 中的 II 圆所示），必然与 τ_f 线相切。因假设土体均匀侧胀，则土中各点均达到主动极限平衡状态，被称为主动朗肯状态。达到最低值的小主应力 σ_{3f}，称为朗肯主动土压力强度 E_a。

此时，土体中存在两簇对称的理论滑裂面，滑裂面与大主应力作用面（水平面）的夹角为 $45° + \varphi/2$，如图 5-5b 所示。

反之，上述挡土墙在外力作用下，墙体向右挤推填土，如图 5-6c 所示，土体产生侧向压缩变形，σ_x 随之不断加大，变为大主应力，而 γz 不变成为小主应力。当 σ_x 加大至 σ_{3f} 时，土体达到被动极限平衡状态，称为被动朗肯状态，最大值 σ_{3f} 称为朗肯被动土压力强度 E_p。σ_{1f} 与 σ_z 构成新的被动极限应力圆，如图 5-5d 中的 III 圆所示。

朗肯将上述原理应用于挡土墙土压力计算中，他设想用墙背直立的挡土墙代替半空间左边的土，如果墙背与土的接触面上满足剪应力为零的边界应力条件以及产生主动或被动朗肯状态的边界变形条件，则墙后土体的应力状态不变。由此可以推导出主动和被动土压力计算公式。

二、用朗肯土压力理论计算主动土压力

（1）由土的强度理论可知，当土体中某点处于极限平衡状态时，大主应力 σ_1 和小主应力 σ_3 之间应满足以下关系式

黏性土　　　　　$\sigma_1 = \sigma_3 \tan^2\left(45° + \dfrac{\varphi}{2}\right) + 2c\tan\left(45° + \dfrac{\varphi}{2}\right)$　　　　　(5-8)

或　　　　　$\sigma_3 = \sigma_1 \tan^2\left(45° - \dfrac{\varphi}{2}\right) - 2c\tan\left(45° - \dfrac{\varphi}{2}\right)$　　　　　(5-9)

无黏性土　　　　　$\sigma_1 = \sigma_3 \tan^2\left(45° + \dfrac{\varphi}{2}\right)$　　　　　(5-10)

或　　　　　$\sigma_3 = \sigma_1 \tan^2\left(45° - \dfrac{\varphi}{2}\right)$　　　　　(5-11)

（2）对于如图 5-7 所示的挡土墙，设墙背光滑（为了满足剪应力为零的边界应力条件），直立，填土面水平。当挡土墙偏离土体时，由于墙后土体中离地表为任意深度 z 处的竖向应力 $\sigma_z = \gamma z$ 不变，即大主应力不变，而水平应力 σ_x 却逐渐减少直至产生主动朗肯状态，此时，σ_x

是小主应力 σ_a，也就是主动土压力强度，由极限平衡条件式（5-9）和式（5-11）得

无黏性土 $$\sigma_a = \gamma z \tan^2\left(45° - \frac{\varphi}{2}\right) = \gamma z K_a \qquad (5\text{-}12)$$

黏性土 $$\sigma_a = \gamma z \tan^2\left(45° - \frac{\varphi}{2}\right) - 2c\tan\left(45° - \frac{\varphi}{2}\right) = \gamma z K_a - 2c\sqrt{K_a} \qquad (5\text{-}13)$$

式中 K_a——主动土压力系数，$K_a = \tan^2\left(45° - \frac{\varphi}{2}\right)$；

$\quad\quad\quad \gamma$——墙后填土的重度（kN/m^3），地下水位以下取有效重度；

$\quad\quad\quad c$——填土的粘聚力（kPa）；

$\quad\quad\quad \varphi$——填土的内摩擦角（°）；

$\quad\quad\quad z$——所计算的点离填土面的深度（m）。

（3）由上述公式及图 5-7a、b 可见，主动土压力 p_a 沿深度 z 呈直线分布。作用在墙背上的主动土压力的合力 E_A 即为 p_a 分布图形的面积，其作用点位置在分布图形的形心处，即无黏性土

$$E_a = \frac{1}{2}\gamma H^2 \tan^2\left(45° - \frac{\varphi}{2}\right) \qquad (5\text{-}14)$$

或 $$E_a = \frac{1}{2}\gamma H^2 K_a \qquad (5\text{-}15)$$

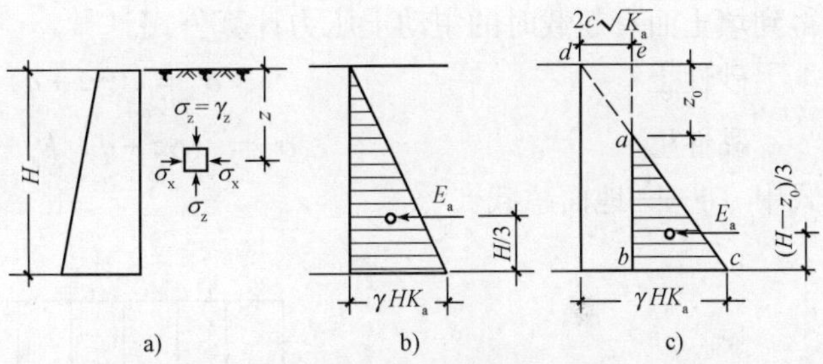

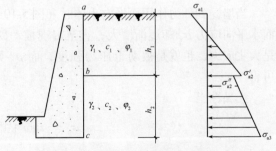

图 5-7 主动土压力强度分布图
a）主动土压力的计算 b）无黏性土 c）黏性土

E_a 通过三角形的形心，即作用在离墙底 $H/3$ 处。

黏性土：当 $z=0$ 时，由式（5-13）知 $\sigma_a = -2c\sqrt{K_a}$，即出现拉力区。令式（5-13）中的 $\sigma_a = 0$，可解得拉力区的高度为

$$z_0 = \frac{2c}{\gamma\sqrt{K_a}} \qquad (5\text{-}16)$$

（4）由于填土与墙背之间不能承受拉应力，因此在拉力区范围内将出现裂缝。在计算墙背上的主动土压力时，不考虑拉力区的作用，即

$$E_a = \frac{1}{2}(H - z_0)\left(\gamma H K_a - 2c\sqrt{K_a}\right) \qquad (5\text{-}17)$$

将式（5-16）代入上式后得

$$E_a = \frac{1}{2}\gamma H^2 K_a - 2cH\sqrt{K_a}\frac{2c^2}{\gamma} \qquad (5\text{-}18)$$

主动土压力 E_a 通过在三角形压力分布图 abc 的形心，即作用在离墙底 $(H-z_0)/3$ 处，如图 5-7c 所示。

（5）如挡墙后为成层土层，仍可按式（5-12）、式（5-13）计算主动土压力。但应注意在土层分界面上，由于两层土的抗剪强度指标不同，使得土压力的分布突变，如图 5-8 所示。其计算方法如下

图 5-8 成层土的主动土压力计算

$$a \text{ 点} \qquad \sigma_{a1} = -2c_1 \sqrt{K_{a1}}$$
$$b \text{ 点上（在第一层土中）} \qquad \sigma'_{a2} = \gamma_1 h_1 K_{a1} - 2c_1 \sqrt{K_{a1}}$$
$$b \text{ 点下（在第二层土中）} \qquad \sigma''_{a2} = \gamma_1 h_1 K_{a2} - 2c_2 \sqrt{K_{a2}} \qquad (5\text{-}19)$$
$$c \text{ 点} \qquad \sigma_{a3} = (\gamma_1 h_1 + \gamma_2 h_2) K_{a2} - 2c_2 \sqrt{K_{a2}}$$

式中　$K_{a1} = \tan^2\left(45° - \dfrac{\varphi_1}{2}\right)$;

$\qquad K_{a2} = \tan^2\left(45° - \dfrac{\varphi_2}{2}\right)$。

（6）如图 5-9 所示，挡土墙后填土表面作用着连续均布荷载 q 时，计算时可以为在深度 z 处的竖向应力 σ_z 增加了一个 q 值，将式（5-12）、式（5-13）中的 γz 代之以（$q + \gamma z$），就能得到填土面有超载时的主动土压力计算公式。

砂性土 $\qquad\qquad\qquad\qquad \sigma_a = (\gamma z + q) K_a \qquad\qquad\qquad (5\text{-}20)$

黏性土 $\qquad\qquad\qquad \sigma_a = (\gamma z + q) K_a - 2c \sqrt{K_a} \qquad\qquad (5\text{-}21)$

式中　q——地面超载。

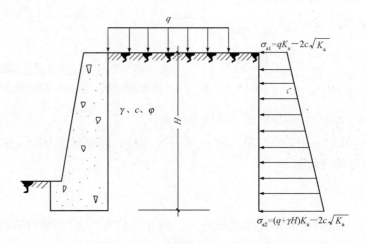

图 5-9　填土上有超载时的主动土压力计算

（7）当无固定超载时，考虑到深基坑边随机发生的施工堆载、车辆行驶动载等因素，一般可取均布超载 $q = 10 \sim 20$ kPa。

三、用朗肯土压力理论计算被动土压力

当墙受到外力作用而推向土体时（图 5-10a），填土中任意一点的竖向应力 $\sigma_z = \gamma z$ 仍不变，而水平向应力 σ_x 却逐渐增大，直至出现被动朗肯状态，此时，σ_x 达到最大限值 σ_p，因此 σ_p 是大主应力，也就是被动土压力强度，而 σ_z 则是小主应力。于是由式（5-8）和式（5-10）可得

无黏性土

$$\sigma_p = \gamma z \tan^2\left(45° + \frac{\varphi}{2}\right) = \gamma z K_p \qquad\qquad (5\text{-}22)$$

黏性土
$$\sigma_p = \gamma z \tan^2\left(45° + \frac{\varphi}{2}\right) + 2c\tan\left(45° + \frac{\varphi}{2}\right) \qquad (5-23)$$

$$= \gamma z K_p + 2c\sqrt{K_p}$$

式中 K_p——被动土压力系数，$K_p = \tan^2\left(45° + \frac{\varphi}{2}\right)$；

其余符号意义同前。

由式（5-22）和式（5-23）可知，无黏性土的被动土压力强度呈三角形分布，如图 5-10b 所示；黏性土的被动土压力强度则呈梯形分布，如图 5-10c 所示。如取单位墙长计算，则被动土压力可由下式计算

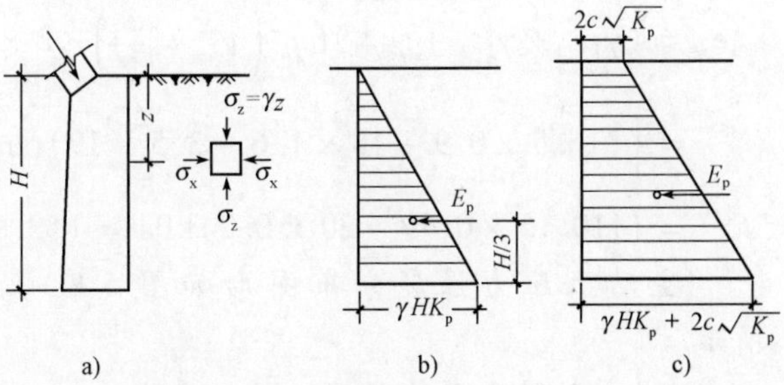

无黏性土 $E_p = \dfrac{1}{2}\gamma K^2 K_p$ (5-24)

黏性土 $E_p = \dfrac{1}{2}\gamma K^2 K_p + 2cH\sqrt{K_p}$ (5-25)

图 5-10 被动土压力的计算

a) 被动土压力的计算 b) 无黏性土 c) 黏性土

被动土压力 E_p 通过三角形或梯形压力分布图的形心。

若填土为成层土，填土表面有超载时，被动土压力的计算方法与前述主动土压力计算相同。

【例 5-2】 挡土墙墙高 6m，填土分为三层，各层土的厚度和主要物理性质指标如图 5-11 所示。试求主动土压力 E_a。

【解】 当填土由不同土层组成时，可分层计算土压力。对任一层的上覆土层的自重压力可近似地作为作用在该层表面上的连续均布荷载。

在填土表面处的主动土压力强度 e_{a_0} 等于

$$e_{a_0} = \gamma z \tan^2\left(45° - \frac{\varphi_1}{2}\right) = 0$$

在距填土表面 0.9m 处的主动土压力强度 e_{a_1} 和 e'_{a_1} 分别等于

$$e_{a_{0.9}} = \gamma_1 z_1 \tan^2\left(45° - \frac{\varphi_1}{2}\right) = 16.5 \times 0.9 \times \tan^2\left(45° - \frac{30°}{2}\right)\text{kPa} = 16.5 \times \frac{0.9}{3} = 4.95\text{kPa}$$

$$e'_{a_{0.9}} = \gamma_1 z_1 \tan^2\left(45° - \frac{\varphi_2}{2}\right) - 2c_2\tan\left(45° - \frac{\varphi_2}{2}\right)$$

$$= \left[16.5 \times 0.9 \times \tan^2(45° - 0) - 2 \times 20 \times \tan(45° - 0)\right]\text{kPa}$$

$$= (16.5 \times 0.9 \times 1 - 40 \times 1)\text{kPa}$$

$$= (14.85 - 40)\text{kPa} = -25.15\text{kPa}$$

在距填土表面 2.5m 处的主动土压力强度 e_{a_3} 和 e'_{a_3} 分别等于

$$e_{a_{2.5}} = (\gamma_1 z_1 + \gamma_2 z_2)\tan^2\left(45° - \frac{\varphi_2}{2}\right) - 2c_2\tan\left(45° - \frac{\varphi_2}{2}\right)$$

$$= \left[(16.5 \times 0.9 + 18 \times 1.6)\tan^2(45° - 0) - 2 \times 20 \times \tan(45° - 0)\right]\text{kPa}$$

$$= \left[(14.85 + 28.8) \times 1 - 4\right]\text{kPa} = 43.65 - 40 = 3.65\text{kPa}$$

$$e'_{a_{2.5}} = (\gamma_1 z_1 + \gamma_2 z_2)\tan^2\left(45° - \frac{\varphi_3}{2}\right) - 2 \times c_3\tan\left(45° - \frac{\varphi_3}{2}\right)$$

$$= \left[(16.5 \times 0.9 + 18 \times 1.6) \tan^2 \left(45° - \frac{20°}{2}\right) - 2 \times 10 \times \tan \left(45° - \frac{20°}{2}\right) \right] kPa$$

$$= (43.65 \times 0.49 - 20 \times 0.7) kPa$$

$$= (21.39 - 14) kPa = 7.39 kPa$$

在距填土表面 6m 处的主动土压力强度 e_{a_6} 等于

$$e_{a_6} = (\gamma_1 z_1 + \gamma_2 z_2 + \gamma_3 z_3) \tan^2 \left(45° - \frac{\varphi_3}{2}\right) - 2 \times c_3 \tan \left(45° - \frac{\varphi_3}{2}\right)$$

$$= \left[(16.5 \times 0.9 + 18 \times 1.6 + 3.5 \times 19) \tan^2 \left(45° - \frac{20°}{2}\right) - 2 \times 10 \times \tan \left(45° - \frac{20°}{2}\right) \right] kPa$$

$$= (110.15 \times 0.49 - 20 \times 0.7) kPa = (53.97 - 14) kPa = 39.97 kPa$$

主动土压力强度分布图形如图 5-11 所示。

略去不计填土和墙背之间的拉应力，则得主动土压力 E_a 等于

$$E_a = \left[\frac{1}{2} \times 0.9 \times 5.5 + \frac{1}{2} \times 0.21 \times 12.5 + \frac{1}{2} (7.39 + 39.97) \times 3.5 \right] kN/m$$

$$= (2.475 + 0.38 + 82.88) kN/m$$

$$= 85.74 kN/m$$

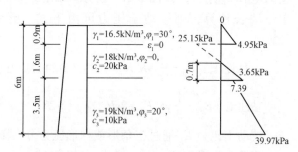

图 5-11　主动土压力强度分布

它的作用点在距墙底以上 1.46m 处（计算从略）。

第四节　库伦土压力理论

库伦土压力理论（Coulomb，1773 年）是根据墙后滑动楔体的静力平衡条件建立的，并作了如下假定：

（1）挡土墙是刚性的，墙后填土为无黏性土。

（2）滑动楔体为刚体。

（3）楔体沿着墙背及一个通过墙踵的平面滑动。

一、用库伦土压力理论计算主动土压力

主动土压力计算公式如下

$$E_a = \frac{1}{2} \gamma h^2 K_a \tag{5-26}$$

$$K_a = \frac{\cos^2(\varphi - \eta)}{\cos^2 \eta \cos(\delta + \eta) \left[1 + \sqrt{\frac{\sin(\delta + \varphi) \sin(\varphi - \beta)}{\cos(\delta + \eta) \cos(\eta - \beta)}} \right]^2} \tag{5-27}$$

式中　γ, φ——填土的重度（kN/m³）和内摩擦角（°）；

h——挡土墙高度（m）；

η——墙背的倾斜角，即墙背与垂线的夹角（°）；以垂线为准，反时针为正（俯斜）；顺时针为负（仰斜）；

β——墙后填土表面的倾斜角（°）；

δ——土对墙背的摩擦角（°），它与填土性质、墙背粗糙程度、排水条件、填土表面轮廓和它上面有无超载等有关，应由试验确定；一般情况下可取下列数值：墙背粗糙和排水良好，取$\delta = (1/3 \sim 1/2) \varphi$；墙背很粗糙且排水良好，取$\delta = (1/2 \sim 2/3) \varphi$；墙背光滑而排水不良，取$\delta = (0 \sim 1/3) \varphi$；墙背与填土间不可能滑动（如砌体砌筑的阶梯形挡土墙），取$\delta = (2/3 \sim 1) \varphi$；

K_a——主动土压力系数。

沿墙高主动土压力强度是按直线分布的，其强度分布图形为三角形，如图 5-12 所示，而主动土压力 E_a 的作用点在距墙底 $h/3$ 处。

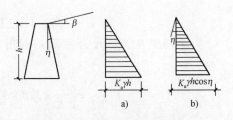

当墙背垂直（$\eta = 0$）、光滑（$\delta = 0$），填土表面水平（$\beta = 0$）且与墙齐高时，式（5-26）可简化成

$$E_a = \frac{1}{2}\gamma h^2 \tan^2\left(45° - \frac{\varphi}{2}\right) \qquad (5-28)$$

图 5-12　主动土压力强度分布
a）沿墙高的分布　b）沿墙背的分布

对于高度小于或等于 5 m 的挡土墙，墙后有良好的排水条件且填土质量符合规定时，其主动土压力系数可按《建筑地基基础设计规范》（GB 50007—2011）查得。

二、用库伦土压力理论计算被动土压力

被动土压力 E_p 的公式如下

$$E_p = \frac{1}{2}\gamma h^2 K_p \qquad (5-29)$$

$$K_p = \frac{\cos^2(\varphi + \eta)}{\cos^2\eta\cos(\eta - \delta)\left[1 - \sqrt{\dfrac{\sin(\delta + \varphi)\sin(\varphi + \beta)}{\cos(\eta - \delta)\cos(\eta - \beta)}}\right]^2} \qquad (5-30)$$

式中　K_p——被动土压力系数。

被动土压力 E_p 的作用点在距墙底 $h/3$ 处，如图 5-13 所示。

当墙背垂直（$\eta = 0$）、光滑（$\delta = 0$），填土表面水平（$\beta = 0$）且与墙齐高时，式（5-29）可简化成

$$E_p = \frac{1}{2}\gamma h^2 \tan^2\left(45° + \frac{\varphi}{2}\right) \qquad (5-31)$$

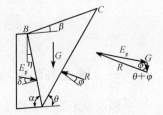

【例 5-3】　求例图 5-14 所示挡土墙的主动土压力：

图 5-13　被动土压力的计算

（1）墙后填土无地下水；

（2）因排水不良，墙后地下水位在距墙底 2.4m 处。设填土为砂土，$\gamma = 19\text{kN/m}^3$，饱和容量$= 21\text{kN/m}^3$，内摩擦角 $\varphi = 20°$（在水位以下假定其值不变）。

【解】　（1）无地下水情况

$$E_a = \frac{1}{2}\gamma h^2\tan^2\left(45° - \frac{\varphi}{2}\right) = \frac{1}{2} \times 19 \times 6^2\tan^2\left(45° - \frac{20°}{2}\right)$$

$$= \frac{1}{2} \times 19 \times 36 \times 6.49\text{kN/m} = 167.58\text{kN/m}$$

（2）墙后填土有地下水的情况

在地下水位以上部分，主动土压力强度不变。在地下水位标高即距填土表面以下 3.6m 处的主动土压力强度 $e_{a_{3.6}}$ 等于

$$e_{a_{3.6}} = \gamma z \tan^2\left(45° - \frac{\varphi}{2}\right) = 19 \times 3.6 \times \tan^2\left(45° - \frac{20°}{2}\right)\text{kPa}$$

$$= 68.4 \times 0.49\text{kPa} = 33.52\text{kPa}$$

在墙底，因土浸在水下，应考虑水对土的减重作用，故主动土压力强度 e_{a_6} 等于

$$e_{a_6} = \left[19 \times 3.6 + (21 - 10)2\right] \times \tan^2\left(45° - \frac{20°}{2}\right)\text{kPa}$$

$$= (68.4 + 22) \times 0.49\text{kPa} = 44.30\text{kPa}$$

主动土压力强度分布图形如图 5-14 所示，主动土压力 $E'_{a_{1+2}}$ 等于三角形与梯形面积之和，即

$$E'_{a_{1+2}} = \left[\frac{1}{2} \times 3.6 \times 33.52 + \frac{1}{2} \times 2.4 \times (33.52 + 44.30)\right]\text{kN/m}$$

$$= (60.34 + 93.38)\ \text{kN/m} = 153.72\text{kN/m}$$

作用在墙背上的水压力 E_w 等于水压力分布图形的面积，即

$$E_w = \frac{1}{2} \times 20 \times 2.4\text{kN/m} = 24\text{kN/m}$$

总压力 E'_a 等于主动土压力和水压力之和，即

$$E'_a = E'_{a_{1+2}} + E_w$$

$$= (153.72 + 24)\ \text{kN/m} = 177.72\text{kN/m}$$

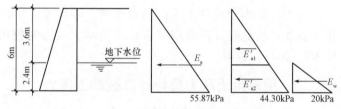

图 5-14　主动土压力强度分布

可见，当墙后填土有水时，土压力部分将减小（$E'_{a_{1+2}} < E_a$），但计入水压力后，总压力将增大（$E'_a < E_a$），而且水位越高，总压力越大。所以，为保证挡土墙的安全，必须做好填土内的排水工作。

第五节　特殊情况下的土压力计算

一、填土表面有均布荷载

假设填土为无黏性土（$c = 0$），而土的主动土压力强度 $\sigma_a = \gamma z K_a$，即 σ_a 由垂直向应力 γz 与 K_a 的乘积组成，当填土表面有竖向均布荷载 q 时，填土中深度 z 处的垂直向应力变为（$\gamma z + q$），其主动土压力强度为

$$\sigma_a = (q + \gamma z)K_a \tag{5-32}$$

如图 5-15 所示，土压力强度图形呈梯形，合力作用点在梯形形心。

二、墙后填土有地下水

当墙后填土中出现地下水时，土体抗剪强度降低，墙背所受的总压力由土压力与水压力共同组成，墙体稳定性受到影响。

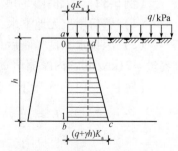

图 5-15　填土面有均布荷载
的土压力计算

在计算土压力时，如图5-16所示，假定水上、水下土的φ、c、δ均不变，水上土取天然重度，水下土取有效重度进行计算。

三、墙后填土分层

以无黏性土为研究对象，当墙后填土为不同种类的水平土层组成时，求出深度z处的垂直向应力，再乘以K_a即可，如图5-17所示。

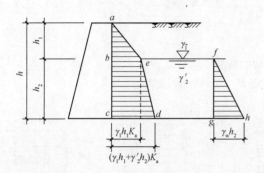
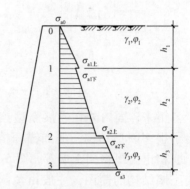

图5-16　填土中有地下水的土压力计算　　　图5-17　成层填土的土压力计算

第六节　挡土墙的设计

一、挡土墙的类型

挡土墙是防止土体坍塌的构造物，主要类型如图5-18所示。

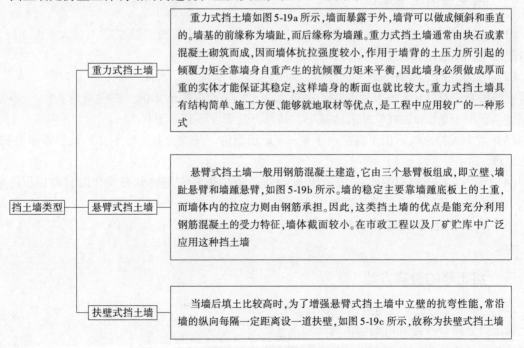

重力式挡土墙　　重力式挡土墙如图5-19a所示，墙面暴露于外，墙背可以做成倾斜和垂直的。墙基的前缘称为墙趾，而后缘称为墙踵。重力式挡土墙通常由块石或素混凝土砌筑而成，因而墙体抗拉强度较小，作用于墙背的土压力所引起的倾覆力矩全靠墙身自重产生的抗倾覆力矩来平衡，因此墙身必须做成厚而重的实体才能保证其稳定，这样墙身的断面也就比较大。重力式挡土墙具有结构简单、施工方便、能够就地取材等优点，是工程中应用较广的一种形式

挡土墙类型　　悬臂式挡土墙　　悬臂式挡土墙一般用钢筋混凝土建造，它由三个悬臂板组成，即立壁、墙趾悬臂和墙踵悬臂，如图5-19b所示。墙的稳定主要靠墙踵底板上的土重，而墙体内的拉应力则由钢筋承担。因此，这类挡土墙的优点是能充分利用钢筋混凝土的受力特征，墙体截面较小。在市政工程以及厂矿贮库中广泛应用这种挡土墙

扶壁式挡土墙　　当墙后填土比较高时，为了增强悬臂式挡土墙中立壁的抗弯性能，常沿墙的纵向每隔一定距离设一道扶壁，如图5-19c所示，故称为扶壁式挡土墙

图5-18　挡土墙类型

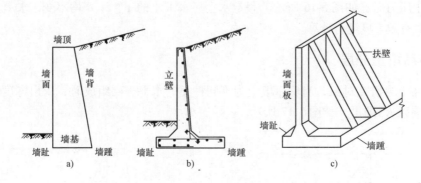

图 5-19 挡土墙的类型

a）重力式挡土墙 b）悬臂式挡土墙 c）扶壁式挡土墙

近十多年来，国内外在发展新型挡土结构方面，提出了很多新型结构，例如锚杆挡土墙、锚定板挡土墙和土工织物挡土墙等，图 5-20 所示为锚定板挡土墙结构的简图，一般由预制的钢筋混凝土墙面、钢拉杆和埋在填土中的锚定板组成。图 5-20a 所示为锚定板结构的一种，墙面所受的主动土压力完全由拉杆和锚定板承受，只要锚定板的抗拔能力不小于墙面所受荷载引起的土压力，

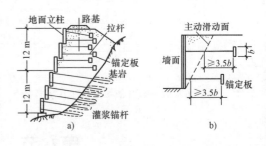

图 5-20 锚定板挡土墙结构

就可使结构保持平衡。图 5-20b 是另一种锚定板结构，它具有结构轻便且经济的特点，较适用于地基承载力不大的软土地基。

二、挡土墙的构造要求

（1）重力式挡土墙可在基底设置逆坡。对于土质地基，基底逆坡坡度不宜大于 1:10；对于岩质地基，基底逆坡坡度不宜大于 1:5。

（2）重力式挡土墙的基础埋置深度，应根据地基承载力、水流冲刷、岩石裂隙发育及风化程度等因素进行确定。在特强冻胀、强冻胀地区应考虑冻胀的影响。在土质地基中，基础埋置深度不宜小于 0.5 m；在软质岩地基中，基础埋置深度不宜小于 0.3 m。

（3）重力式挡土墙适用于高度小于 6 m、地层稳定、开挖土石方时不会危及相邻建筑物安全的地段。

（4）重力式挡土墙应每间隔 10~20 m 设置一道伸缩缝。当地基有变化时宜加设沉降缝。在挡土结构的拐角处，应采取加强的构造措施。

（5）块石挡土墙的墙顶宽度不宜小于 400 mm；混凝土挡土墙的墙顶宽度不宜小于 200 mm。

三、挡土墙的验算方法

（一）整体滑动稳定性与地基承载力验算

整体滑动稳定性验算可采用圆弧滑动面法。

地基承载力验算，基底合力的偏心距不应大于 0.25 倍基础的宽度。

（二）抗倾覆稳定性验算

抗倾覆稳定性应按下式验算（如图 5-21 所示）

$$\frac{Gx_0 + E_{az}x_f}{E_{ax}z_f} \geqslant 1.6 \tag{5-33}$$

$$E_{ax} = E_a\sin(\alpha - \delta) \tag{5-34}$$

$$E_{az} = E_a\cos(\alpha - \delta) \tag{5-35}$$

$$x_f = b - z\text{ctan}\alpha \tag{5-36}$$

$$z_f = z - b\tan\alpha_0 \tag{5-37}$$

式中　z——土压力作用点离墙踵的高度；

　　　x_0——挡土墙重心离墙趾的水平距离；

　　　α——挡土墙墙背的倾角；

　　　δ——土对挡土墙墙背的摩擦角；

　　　b——基底的水平投影宽度。

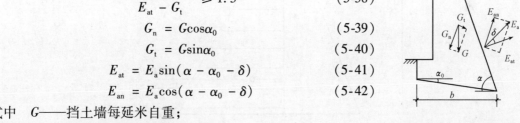

图 5-21　挡土墙抗倾覆
稳定性验算

（三）抗滑移稳定性验算

抗滑移稳定性应按下式验算，如图 5-22 所示

$$\frac{(G_n + E_{an})\mu}{E_{at} - G_t} \geqslant 1.3 \tag{5-38}$$

$$G_n = G\cos\alpha_0 \tag{5-39}$$

$$G_t = G\sin\alpha_0 \tag{5-40}$$

$$E_{at} = E_a\sin(\alpha - \alpha_0 - \delta) \tag{5-41}$$

$$E_{an} = E_a\cos(\alpha - \alpha_0 - \delta) \tag{5-42}$$

式中　G——挡土墙每延米自重；

　　　α_0——挡土墙基底的倾角；

　　　μ——土对挡土墙基底的摩擦系数，由试验确定，也可按
　　　　　　表 5-4 选用。

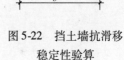

图 5-22　挡土墙抗滑移
稳定性验算

表 5-4　土对挡土墙基底的摩擦系数 μ

土的类别		摩擦系数 μ	土的类别	摩擦系数 μ
黏性土	可塑	0.25 ~ 0.30	中砂、粗砂、砾砂	0.40 ~ 0.50
	硬塑	0.30 ~ 0.35	碎石土	0.40 ~ 0.60
	坚硬	0.35 ~ 0.45	软质岩	0.40 ~ 0.60
粉　土		0.30 ~ 0.40	表面粗糙的硬质岩	0.65 ~ 0.75

注：1. 对易风化的软质岩和塑性指数 $I_p > 22$ 的黏性土，基底摩擦系数应通过试验确定。

　　2. 对碎石土，可根据其密实程度、填充物状况、风化程度等确定。

【例 5-4】　挡土墙高 6m，墙背直立、光滑、填土面水平并作用有均布荷载 $q = 10\text{kPa}$。填土的物理力学性质指标如下：$c = 0$，$\varphi = 34°$，$\gamma = 19\text{kN/m}^3$。

试求：主动土压力 E_a 及其作用点，并绘出主动土压力分布图。

【解】　在墙底处的主动土压力强度为

$$\sigma_{a2} = (\gamma H + q)\tan^2\left(45° - \frac{\varphi}{2}\right) = (19 \times 6 + 10) \times \tan^2\left(45° - \frac{34°}{2}\right)\text{kPa}$$

$$= 35.1 \text{kPa}$$

墙顶处的主动土压力强度为

$$\sigma_{a1} = q\tan^2\left(45° - \frac{\varphi}{2}\right) = 10 \times \tan^2\left(45° - \frac{34°}{2}\right)\text{kPa} = 2.8\text{kPa}$$

主动土压力为

$$E_a = \frac{1}{2}(\sigma_{a1} + \sigma_{a2})H = \frac{1}{2}(2.8 + 35.1) \times 6\text{kN/m} = 113.8\text{kN/m}$$

设主动土压力作用点距墙底 Z，得压力作用点的位置如下

$$z = \frac{2.8 \times 6 \times 3 + (35.1 - 2.8) \times \frac{1}{2} \times 6 \times \frac{1}{3} \times 6}{113.8}\text{m} = 2.15\text{m}$$

主动土压力如图 5-23 所示。

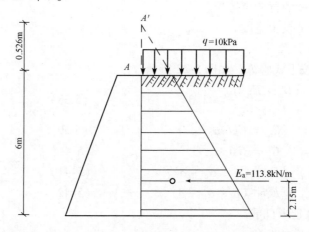

图 5-23　主动土压力

【例 5-5】　挡土墙高 5m，墙背直立、光滑、填土面水平，填土由两层土组成，填土的物理力学性质指标如图 5-24 所示。试求主动土压力 E_a 并绘出主动土压力分布图。

【解】　由于没有超载，第一层土顶面主动土压力强度为零，第一层土底面主动土压力强度为

$$\sigma_{a1} = \gamma H\tan^2\left(45° - \frac{\varphi}{2}\right) = 17 \times 2 \times \tan^2\left(45° - \frac{32°}{2}\right)\text{kPa} = 10.4\text{kPa}$$

第二层土顶面和底面的主动土压力强度分别为

$$\sigma'_{a1} = \gamma_1 h_1\tan^2\left(45° - \frac{\varphi_2}{2}\right) - 2c_2\tan\left(45° - \frac{\varphi_2}{2}\right)$$

$$= \left[17 \times 2 \times \tan^2\left(45° - \frac{16°}{2}\right) - 2 \times 10 \times \tan\left(45° - \frac{16°}{2}\right)\right]\text{kPa}$$

$$= 4.2\text{kPa}$$

$$\sigma'_{a2} = (\gamma_1 h_1 + \gamma_2 h_2)\tan^2\left(45° - \frac{\varphi_2}{2}\right) - 2c_2\tan\left(45° - \frac{\varphi_2}{2}\right)$$

$$= \left[(17 \times 2 + 19 \times 3) \times \tan^2\left(45° - \frac{16°}{2}\right) - 2 \times 10 \times \tan\left(45° - \frac{16°}{2}\right)\right]\text{kPa}$$

$$= 36.6\text{kPa}$$

故主动土压力总值为

$$E_a = \left[\frac{1}{2} \times 10.4 \times 2 + \frac{1}{2}(4.2 + 36.6) \times 3\right] kN/m = 71.6 kN/m$$

土压力分布如图 5-24 所示。

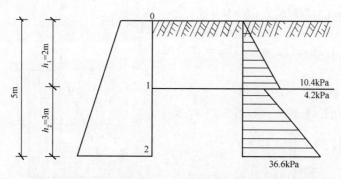

图 5-24　土压力分布

【例5-6】　某挡土墙高6m，墙背垂直且光滑，墙采用混凝土浇筑，$\gamma = 24 kN/m^3$。抗压强度 $R = 2000 kPa$，填土面水平，$\gamma = 18 kN/m^3$，$\phi = 30°$，$c = 0$，基底摩擦系数 $\mu = 0.55$，地基承载力设计值 $f = 155 kPa$，试设计此挡土墙。

【解】　（1）选重力式挡土墙，顶宽1m，底宽2.8m。

（2）计算主动土压力

$$E_a = \psi_c \frac{1}{2}\gamma h^2 k_a = \frac{1}{2} \times 1.1 \times 18 \times 6^2 \times \tan^2\left(45° - \frac{30°}{2}\right) kN/m = 118.8 kN/m$$

作用点

$$y = H/3 = 6m/3 = 2m$$

（3）挡土墙自重及重心（例图4-3所示）

矩形部分　$G_1 = 1 \times 6 \times 1 \times 24 kN/m = 144 kN/m$

$$a_1 = 2.3m$$

三角形部分　$G_2 = \frac{1}{2} \times 1.8 \times 6 \times 24 kN/m = 129.6 kN/m^3$

$$a_2 = 1.2m$$

（4）抗倾覆验算

$$\frac{Gx_0 + E_{az}x_f}{E_{ax}z_f} = \frac{144 \times 2.3 + 129.6 \times 1.2}{118.8 \times 2} = 2.045 > 1.6$$

故满足要求。

（5）抗滑移验算

$$\frac{(G_n + E_{an})\mu}{E_{at} - G_t} = \frac{(144 + 129.6) \times 0.55}{118.8} = 1.32 > 1.3$$

故满足要求。

（6）地基承载力验算

垂直压力　$N = G_1 + G_2 = (144 + 129.6) kN = 273.6 kN$

合力作用点距 O 点的距离（例图5-25）

$$c = \frac{G_1 a_1 + G_2 a_2 - E_a y}{N} = \frac{144 \times 2.3 + 129.6 \times 1.2 - 108 \times 2}{273.6} m = 0.989 m$$

偏心距　$e = \frac{B}{2} - c = \left(\frac{2.8}{2} - 0.989\right) m = 0.411 m < \frac{B}{6} = 0.467 m$

$$P_{min}^{max} = \frac{N}{B}\left(1 \pm \frac{6e}{B}\right) = \frac{273.6}{2.8}\left(1 \pm \frac{6 \times 0.411}{2.8}\right) kPa = \frac{183.8}{11.7} kPa$$

$P_{max} = 183.8 < 1.2f = 1.2 \times 155 kPa = 186 kPa$,

满足要求。

（7）墙身强度验算

验算距墙 3m 的 Ⅰ-Ⅰ 截面，如图 5-25 所示。

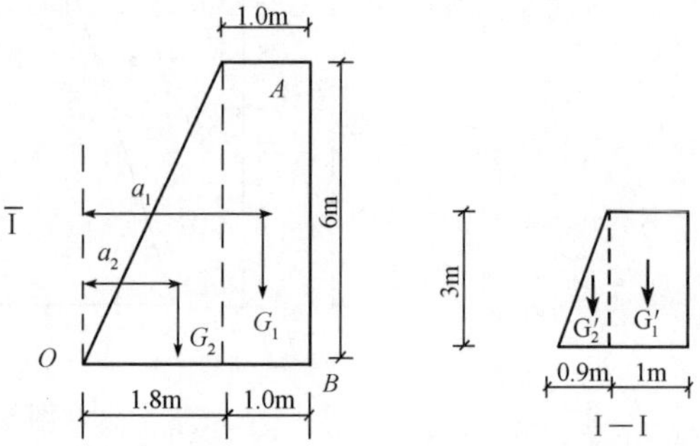

$$E_{a1} = \psi_c \frac{1}{2}\gamma h^2 k_a = 1 \times \frac{1}{2} \times 18 \times 3^2$$

$$\times \tan^2\left(45° - \frac{30°}{2}\right) kN/m = 26.99 kN/m$$

图 5-25　合力作用

$y_1 = h_1/3 = 3m/3 = 1m$

$G_1' = 1 \times 3 \times 1 \times 24 kN/m = 72 kN/m$, $a_1' = 1.4m$

$G_2' = \frac{1}{2} \times 0.9 \times 3 \times 24 kN/m = 32.4 kN/m$, $a_2' = 0.6m$

$N_1 = G_1' + G_2' = (72 + 32.4) kN/m = 104.4 kN/m$

$$c_1 = \frac{G_1' a_1' + G_2' a_2' - E_{a1} y_1}{N_1} = \frac{72 \times 1.4 + 32.4 \times 0.6 - 26.99 \times 1}{104.4} m = 0.89 m$$

$$e_1 = \frac{B_1}{2} - c_1 = \left(\frac{1.9}{2} - 0.89\right) m = 0.06 m$$

$$\sigma_{min}^{max} = \frac{N_1}{B_1}\left(1 + \frac{6e_1}{B_1}\right) = \frac{104.4}{1.9}\left(1 \pm \frac{6 \times 0.06}{1.9}\right) kPa = \frac{65.4}{44.5} kPa$$

$\sigma_{max} = 65.4 kPa$ 远小于 $R = 2000 kPa$，故满足墙身强度要求。

第七节　边坡工程稳定性分析

一、边坡稳定性分析原则

边坡滑裂面的形式多种多样，对于无黏性边坡，多为平面滑动；对于黏性边坡，多产生圆柱形滑动面；对于不均匀的成层边坡，地基中有软弱层，易产生复合滑动面。边坡稳定性分析时应根据边坡类型和可能的破坏形式，按下列原则确定：

（1）土质边坡和较大规模的碎裂结构岩质边坡宜采用圆弧滑动法计算。

（2）对可能产生平面滑动的边坡宜采用平面滑动法进行计算。

（3）对可能产生折线滑动的边坡宜采用折线滑动法进行计算。

（4）对结构复杂的岩质边坡，可配合采用赤平极射投影法和实体比例投影法进行分析。

（5）当边坡破坏机制复杂时，宜结合数值分析法进行分析。

二、影响边坡稳定性的因素

影响边坡稳定性的因素有多种，包括土坡的边界条件、土质条件和外界条件，如图 5-26

所示。

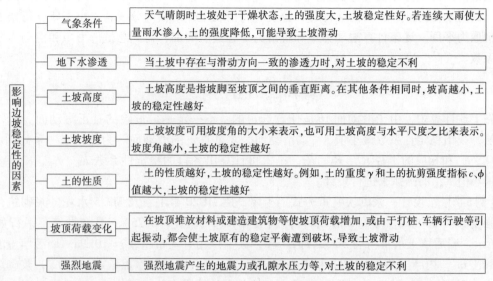

图 5-26　影响边坡稳定性的因素

三、无黏性土边坡稳定性分析

无黏性土边坡是由松散土颗粒堆积而成的。颗粒之间不存在粘聚力，只存在摩擦力。边坡失稳一般为平面滑动。现在边坡坡面取一微小单元体进行分析，如图 5-27 所示。

土体自重 W 铅垂向下，W 的两个分力为

法向分力　$N = W\cos\theta$

切向分力　$T = W\sin\theta$

稳定性系数

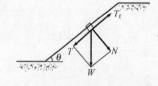

图 5-27　无黏性土边坡稳定性分析

$$K = \frac{抗滑力}{滑动力} = \frac{N\tan\varphi}{T} = \frac{W\cos\theta\tan\varphi}{W\sin\theta} = \frac{\tan\varphi}{\tan\theta} \tag{5-43}$$

由上式可知，无黏性土边坡稳定的极限坡角 θ 等于其内摩擦角，即当 $\theta = \varphi$（$K = 1$）时，土坡处于极限平衡状态。故砂土的内摩擦角也称为自然休止角。由上述平衡关系还可以看出：无黏性土边坡的稳定性与坡高无关，仅决定于坡角 θ，只要 $\theta < \varphi$（$K > 1$），边坡就可以保持稳定。

四、黏性土边坡的稳定性分析

黏性土边坡的滑动情况如图 5-28 所示。边坡失稳前一般在坡顶产生张拉裂缝，接近坡脚的地面有较大的侧向位移和部分土体隆起，随着剪切变形的增大，边坡沿着某一曲面产生整体滑动。通常滑动曲面接近圆弧。在稳定分析中常假定滑动面为圆弧面。

当边坡沿 $\overset{\frown}{AB}$ 圆弧滑动时，可视为土体 ABD 绕圆心 O 点转动。取土坡 1 m 长度进行分析。

滑动土体的重力在滑动面上的分力为滑动

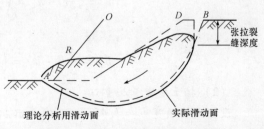

图 5-28　黏性土边坡的稳定性分析

力，而沿滑动面上分布的土体抗剪强度合力为抗滑力，滑动力与抗滑力对滑动圆弧的圆心取矩计算。因滑动面为曲面，为简化计算，分析时将滑动土体沿横向分成若干小土条，每条的滑动面近似取为平面。逐条计算滑动力矩和抗滑力矩，最后叠加，得到总抗滑力矩和滑动力矩及稳定性系数。

$$K = \frac{抗滑力矩}{滑动力矩} = \frac{M_R}{M_T} = 1.1 \sim 1.5 \tag{5-44}$$

在上述计算中，由于滑动面 AB 是任意选定的，不一定是最危险的真正滑动面。所以通过试算法，找出稳定性系数最小值 K_{min} 的滑动面，才是真正的滑动面。为此，取一系列圆心 O_1、O_2、O_3、…和相应的半径 R_1、R_2、R_3、…，可计算出各自的稳定性系数 K_1、K_2、K_3、…，取其中最小值 K_{min} 的圆弧来进行设计。

【例 5-7】 设计一浆砌块石重力式挡土墙，用 MU20 号毛石及 M2.5 水泥砂浆砌筑，砌体抗压强度 $R = 7500kPa$。墙高 5m，墙背仰斜 $\alpha = -14°02'$（1:0.25），墙胸与墙背平行如图 5-29a 所示。墙后填土水平与墙齐高，即 $\beta = 0$，其上作用有均布超载 $q = 10kPa$。墙后填土的容量 $\gamma = 18kN/m^3$，内摩擦角 $\varphi = 18°$，粘聚力 $c = 80kPa$，土与墙背的摩擦角 $\delta = 14°02'$。浆砌块石的重度 $\gamma_k = 22kN/m^3$，基底摩擦系数 $\mu = 0.4$。地基土的承载力的特征值 $f_a = 250kPa$。

【解】 （1）主动土压力及其力臂

令 E_{a1} 及 E_{a2} 分别表示由于填土自重及超载所引起的主动土压力，如图 5-29a 所示，E_a 是总土压力

则

$$E_a = E_{a1} + E_{a2}$$

而

$$E_{a1} = \psi_c \frac{1}{2}\gamma h^2 k_a - 2ch\sqrt{k_a} + \frac{2c^2}{\gamma}$$

及

$$E_{a2} = \gamma h' h k_a，其中\ h' = \frac{q}{\gamma}$$

根据已知 β、η、δ 及 ψ 值，计算得 $k_a = 0.385$，ψ_c 取 1.1，则

$$E_a = \psi_c \frac{1}{2}\gamma h^2 k_a - 2ch\sqrt{k_a} + \frac{2c^2}{\gamma} + \gamma h' h k_a$$

$$= \left(1.1 \times \frac{1}{2} \times 18 \times 5^2 \times 0.385 - 2 \times 8 \times 5 \times \sqrt{0.385} + \frac{2 \times 8^2}{18} + 18 \times \frac{10}{18} \times 5 \times 0.385\right)kN/m$$

$$= (95.26 - 49.6 + 7.11 + 19.25)\ kN/m = 72.02kN/m$$

土压力对墙趾 D 点（图 5-29b）的力臂分别为

$$h_2 = \frac{1}{2}h - h_4 = \left(\frac{1}{2} \times 5 - 0.27\right)m = 2.23m$$

$$h_1 = \frac{1}{3}h - h_4 = \left(\frac{1}{3} \times 5 - 0.27\right)m = 1.4m$$

（2）挡土墙重量及重心

设挡土墙顶宽 $b_2 = 1.45m$，可换算出 $b_1 = 1.38m$，$d = 1.18m$，$h_2 = 4.73m$，$h_4 = 0.27m$ 及 $d_1 = 0.07m$。

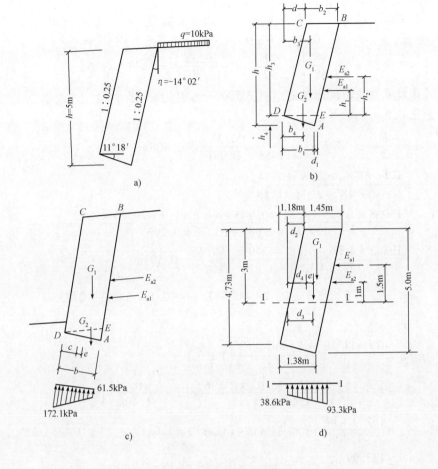

图 5-29 挡土墙计算

将墙身断面分为两部分：一个平行四边形 $BCDE$ 及一个三角形 ADE，则它们的重量分别为

$$G_1 = b_2 h_3 \gamma_k = 1.45 \times 4.73 \times 22 \text{kN/m} = 150.8 \text{kN/m}$$

$$G_2 = \frac{1}{2} b_2 h_4 \gamma_k = \frac{1}{2} \times 1.45 \times 0.27 \times 22 \text{kN/m} = 4.31 \text{kN/m}$$

而

$$G = G_1 + G_2 = (150.8 + 4.31) \text{kN/m} = 155.11 \text{kN/m}$$

G_1 及 G_2 对墙趾 D 点的重心距分别为

$$b_3 = \frac{1}{2}(b_2 + d) = \frac{1}{2} \times (1.45 + 1.18) \text{m} = 1.315 \text{m}$$

$$b_4 = \frac{1}{3}(b_1 + b_2) = \frac{1}{3} \times (1.38 + 1.45) \text{m} = 0.943 \text{m}$$

（3）滑动稳定验算

$$\frac{(G_n + E_{an})\mu}{E_{at} - G_t} = \frac{(G \cos 11°18' + E_a \sin 11°18')\mu}{E_a \cos 11°18' - G \sin 11°18'}$$

$$= \frac{(155.11 \times 0.981 + 72.02 \times 0.196) \times 0.4}{72.02 \times 0.981 - 155.11 \times 0.196} = 1.38 > 1.3$$

（4）倾覆稳定性验算

$$\frac{Gx_0 + E_{az}x_f}{E_{ax}z_f} = \frac{G_1b_3 + G_2b_4}{E_{a1}h_1 + E_{a2}h_2} = \frac{150.8 \times 1.315 + 4.31 \times 0.943}{52.77 \times 1.4 + 19.25 \times 2.23}$$

$$= \frac{198.1 + 4.1}{73.88 + 42.9275} = \frac{202.2}{116.8075} = 1.73 > 1.6$$

故满足《建筑地基基础设计规范》（GB 50007—2011）要求。

（5）基底土承载力的验算

$$e = \frac{b}{2} - c,\ \text{而}\ b = \frac{b_1}{\cos11°18'} = \frac{1.38}{0.981}\text{m} = 1.408\text{m}$$

$$c = \frac{G_1b_3 + G_2b_4 - E_{a1}h_1 - E_{a2}h_2}{G\cos11°18' + E_a\sin11°18'}$$

$$= \frac{150.8 \times 1.315 + 4.31 \times 0.943 - 44.1 \times 1.4 - 19.25 \times 2.23}{155.11 \times 0.981 + 63.36 \times 0.196}\text{m}$$

$$= \frac{198.2 + 4.06 - 61.8 - 42.9}{152.2 + 12.4}\text{m} = \frac{97.56}{164.6} = 0.593\text{m}$$

$$e = \frac{1.408}{2} - 0.593 = (0.704 - 0.593)\ \text{m} = 0.111\text{m} < \frac{b}{6} = 0.235\text{m}$$

故

$$p_{\text{趾、踵}} = \frac{G\cos11°18' + E_a\sin11°18'}{b}\left(1 \pm \frac{6e}{b}\right)$$

$$= \frac{155.11 \times 0.981 + 72.02 \times 0.196}{1.408} \times \left(1 \pm \frac{6 \times 0.111}{1.408}\right)\text{kPa}$$

$$= \frac{152.2 + 14.12}{1.408} \times (1 \pm 0.473)\ \text{kPa} = 118.12 \times (1 \pm 0.473)\ \text{kPa}$$

$$= \frac{173.99}{62.25}\text{kPa} < 1.2f_a = 1.2 \times 0.8 \times 250\text{kPa} = 240\text{kPa}$$

（6）墙身应力验算

取截面Ⅰ-Ⅰ，离墙顶3m。则

G_1：Ⅰ-Ⅰ截面上部的墙重 $b_2 = h_1\gamma_k = 1.45 \times 3 \times 22\text{kN/m} = 95.7\text{kN/m}$

E_{al}：Ⅰ-Ⅰ截面上部的主动土压力 $E_{al_1} + E_{al_2} = \psi_c\frac{1}{2}\gamma h_1^2 k_a - 2ch_1\sqrt{k_a} + \frac{2c^2}{\gamma} + \gamma h'h_1k_a = \Big(1 \times$

$\frac{1}{2} \times 18 \times 3^2 \times 0.385 - 2 \times 8 \times 3 \times \sqrt{0.385} + \frac{2 \times 8^2}{1.8} + 18 \times \frac{10}{18} \times 3 \times 0.385 = 31.2 - 29.8 + 7.11 +$

$11.53\Big)\text{kN/m} = 20.04\text{kN/m}$

$$d_2 = \frac{3 \times 1.18}{4.73}\text{m} = 0.747\text{m}$$

$$d_3 = \frac{0.747 + 1.45}{2} = 1.098 \approx 1.1\text{m}$$

$$d_4 = \frac{G_1d_3 - E_{al_1}\dfrac{h_1}{3} - E_{al_2}\dfrac{h_1}{2}}{G_1} = \frac{95.7 \times 1.1 - 8.51 \times 1 - 11.53 \times 1.5}{95.7}\text{m}$$

$$= \frac{79.2}{95.7}\text{m} = 0.828\text{m}$$

1）法向应力

e_1：Ⅰ-Ⅰ截面上的偏心距 $e_1 = \dfrac{b_2}{2} - d_4 = \left(\dfrac{1.45}{2} - 0.828\right)\text{m} = (0.725 - 0.828)\ \text{m}$

$$= -0.103\text{m} < \dfrac{b_2}{6} = 0.24\text{m}$$

故

$$p_{\min}^{\max} = \dfrac{G_1}{b_2}\left(1 \pm \dfrac{6e_1}{b_2}\right) = \dfrac{95.7}{1.45}\left(1 \pm \dfrac{6 \times 0.103}{1.45}\right)$$

$$= [66 + (1 \pm 0.414)]\text{kPa} = \dfrac{93.3}{38.6}\text{kPa} < R(\text{砌块抗压强度})$$

2）剪切应力

$$\tau = \dfrac{E_{al_1} + E_{al_2} - G_1\mu}{b_2} = \dfrac{8.51 + 11.53 - 95.7 \times 0.4}{1.45}\text{kPa}$$

$$= -\dfrac{18.24}{1.45}\text{kPa} = -13\text{kPa} < 0\ \text{无问题}。$$

故所设计的重力式挡土墙符合规范规定。

第八节　（基坑）支护结构

一、支护结构的类型

为保证地下结构施工及基坑周边环境的安全，对基坑侧壁采用的支挡、加固与保护措施统称为基坑支护。基坑支护结构主要承受基坑土方开挖卸荷时所产生的土压力、水压力和附加荷载产生的侧压力，起到挡土和止水作用，是保证基坑稳定的临时施工措施之一。

（1）支护结构按其受力状况可分为重力式支护结构和非重力式支护结构两类。深层搅拌水泥土桩、水泥旋喷桩和土钉墙等均属于重力式支护结构。钢板桩、H 型钢桩、混凝土灌注桩和地下连续墙等均属于非重力式支护结构。

（2）支护结构根据不同的开挖深度和不同的工程地质与水文地质等条件，可选用悬臂式支护结构或设有撑锚体系的支护结构。悬臂式支护结构由挡墙和冠梁组成，设有撑锚体系的支护结构由挡墙、冠梁和撑锚体系 3 部分组成。

二、支护结构的选型原则

支护结构的选型原则主要有以下几点：

（1）符合基坑侧壁安全等级要求，确保坑壁稳定及施工安全。

（2）方便土方开挖和地下结构工程施工。

（3）确保邻近建筑物、道路、地下管线等的正常使用。

（4）做到经济合理、工期短、效益好。

三、边坡坡度允许值

土方边坡的大小，应根据土质条件、开挖深度、地下水位、施工方法及开挖后边坡留置时间的长短、坡顶有无荷载以及相邻建筑物情况等因素而定。

（1）当地质条件良好、土质均匀且地下水位低于基坑（槽）底面标高时，挖方边坡可做成直立壁不加支撑，但深度不宜超过表 5-5 的规定。

表 5-5　直立壁不加支撑挖方深度

土 的 类 别	挖方深度/m
密实、中密的砂土和碎石类土（充填物为砂土）	1.00
硬塑、可塑的砂土及粉质黏土	1.25
硬塑、可塑的黏土和碎石类土（充填物为黏性土）	1.50
坚硬的黏土	2.00

（2）若不符合上述要求时，可采用放坡开挖。永久性挖方边坡应按设计要求放坡，临时性挖方边坡值应符合表 5-6 的规定。

表 5-6　临时性挖方边坡值

土 的 类 别		边坡值（高：宽）
砂土（不包括细砂、粉砂）		1:1.25 ~ 1:1.50
一般黏性土	硬	1:0.75 ~ 1:1.00
	硬、塑	1:1.00 ~ 1:1.25
	软	1:1.50 或更缓
碎石类土	充填坚硬、硬塑黏性土	1:0.50 ~ 1:1.00
	充填砂土	1:1.00 ~ 1:1.50

注：1. 设计有要求时，应符合设计标准。

　　2. 如采用降水或其他加固措施，可不受本表限制，但应计算复核。

　　3. 开挖深度，对软土不应超过 4 m，对硬土不应超过 8 m。

第六章　建筑场地的工程地质勘察

第一节　工程地质勘察概述

在城市规划、工业及民用建筑、交通、水利及市政工程等基本建设设计和施工开始之前，一般都要了解和掌握待建场地的工程地质条件、水文地质条件，查明可能存在的不良地质作用和可能引发的地质灾害，并提出应对措施以保证工程建设的正常顺利进行和建成以后的安全正常使用，力求做到经济上合理、技术上科学先进以及社会综合效益上优良。这项工作就是岩土工程勘察。换而言之，岩土工程勘察的目的和任务也就是要获取建设场地及相关地区的工程地质及水文地质条件等原始资料，并结合工程设计及施工条件进行技术论证和分析评价，提出解决岩土工程问题的建议。

由于不同地区工程地质条件在性质上、主次关系配合上的不同，其勘察任务、勘察手段和评价内容也随之而异。

一、工程地质勘察的目的

工程地质勘察的目的在于查明并评价工程场地岩土技术条件和它们与工程之间相互作用的关系，内容包括工程地质测绘与调查、勘探与取样、室内试验与原位测试、检验与监测、分析与评价、编写勘察报告等项工作，以保证工程的稳定性、经济性和正常使用。

二、工程地质勘察的任务

（1）通过工程地质测绘与调查、勘探、室内试验、现场测试与观测等方法，查明场地的工程地质条件。其内容包括以下几方面：

1）调查场地的地形地貌特征、地貌成因类型及地貌单元的划分。

2）对于岩土要查明岩土地层成层条件及其性质、成因类型、时代、厚度和分布范围、风化程度及地层的接触关系。对于土层应着重区分新近沉积黏性土、特殊性土的分布范围及其工程地质特征。

3）从地质构造方面调查岩层褶曲类型，裂隙的性质、产状、数量、填充胶结情况、断层位置、断距、破碎带宽度等，以及晚近期地质时代构造活动的形迹。

4）水文地质条件的调查：对洪水需查明洪水淹没范围、河流水位和地表径流条件等；对地下水要分析地下水类型、补给来源、排泄条件、埋藏深度、水位变化幅度、化学成分及污染情况等。

5）判断场地有无滑坡、崩塌、岩溶、塌陷、冲沟、泥石流、岸边冲刷、古河道及地震等不良现象，并提出它们对场地或地基的危害程度。

6）要对地基土的物理力学指标提出天然容重、比重、含水量、可塑性、压缩系数、压缩模量、抗剪强度等数据，以及它们在建筑物施工和使用期间可能发生的性质变化。

（2）根据场地的工程地质条件并结合工程的具体特点和要求，进行岩土工程分析评价，提出基础工程、整治工程和土方工程等的设计方案和施工措施。岩土工程分析评价包括下列工作：

1）整编测绘、勘探、测试和搜集到的各种资料，编制各种图件。

2）统计和选定岩土计算参数。

3）进行咨询性的岩土工程设计。

4）预测或研究岩土工程施工和运营中可能发生或已经发生的问题，提出预防或处理方案。

5）编制岩土工程勘察报告书。

（3）对于重要工程或复杂岩土工程问题，在施工阶段或使用期间须进行现场检验或监测。必要时，根据监测资料对设计、施工方案作出适当调整或采取补救措施，以保证工程质量、工程安全并总结经验。

三、工程勘察等级划分

（一）场地等级划分

场地等级划分见表 6-1。

表 6-1　场地等级划分

场 地 等 级	特 征 条 件	条件满足方式
一级场地 （复杂场地）	对建筑抗震危险的地段	满足其中一条及以上者
	不良地质作用强烈发育	
	地质环境已经或可能受到强烈破坏	
	地形地貌复杂	
	有影响工程的多层地下水、岩溶裂隙水或其他复杂的水文地质条件，需专门研究的场地	
二级场地 （中等复杂场地）	对建筑抗震不利的地段	满足其中一条及以上者
	不良地质作用一般发育	
	地质环境已经或可能受到一般破坏	
	地形地貌较复杂	
	基础位于地下水位以下的场地	
三级场地 （简单场地）	抗震设防烈度等于或小于 6 度，或对建筑抗震有利的地段	满足全部条件
	不良地质作用不发育	
	地质环境基本未受破坏	
	地形地貌简单	
	地下水对工程无影响	

注：1. 从一级开始，向二级、三级推定，以最先满足的为准。

2. 对建筑抗震有利、不利和危险地段的划分，应按现行国家标准《建筑抗震设计规范》（GB 50011—2010）的规定确定。

（二）根据岩土种类划分的地基等级

根据岩土种类划分的地基等级见表 6-2。

表 6-2　根据岩土种类划分的地基等级

地 基 等 级	特 征 条 件	条件满足方式
一级地基 （复杂地基）	岩土种类多，很不均匀，性质变化大，需特殊处理	满足其中一条及以上者
	多年冻土，严重湿陷、膨胀、盐渍、污染的特殊性岩土，以及其他情况复杂、需作专门处理的岩土	
二级地基 （中等复杂地基）	岩土种类较多，不均匀，性质变化较大	满足其中一条及以上者
	除一级地基中规定的其他特殊性岩土	
三级地基 （简单地基）	岩土种类单一、均匀，性质变化不大	满足全部条件
	无特殊性岩土	

（三）工程勘察等级划分

岩土工程勘察等级划分见表 6-3。

表 6-3　岩土工程勘察等级划分

岩土工程勘察等级	划 分 标 准
甲　级	在工程重要性、场地复杂程度和地基复杂程度等级中，有一项或多项为一级
乙　级	除勘察等级为甲级和丙级以外的勘察项目
丙　级	工程重要性、场地复杂程度和地基复杂程度等级均为三级的

注：建筑在岩质地基上的一级工程，当场地复杂程度及地基复杂程度均为三级时，岩土工程勘察等级可定为乙级。

第二节　工程勘察的内容

建筑场地的岩土工程勘察，应在搜集建筑物或构筑物（以下简称建筑物）上部荷载、功能特点、结构类型、基础形式、埋置深度和变形限制等方面资料的基础上进行。

建筑场地的岩土工程勘察宜分阶段进行，可行性研究勘察应符合选择场址方案的要求；初步勘察应符合初步设计的要求；详细勘察应符合施工图设计的要求；场地条件复杂或有特殊要求的工程，宜进行施工勘察。

场地较小且无特殊要求的工程可合并勘察阶段。当建筑物平面布置已经确定，且场地或其附近已有岩土工程资料时，可根据实际情况，直接进行详细勘察。

工程勘察的内容应符合下列规定：

（1）查明场地和地基的稳定性、地层结构、持力层和下卧层的工程特性、土的应力历史和地下水条件以及不良地质作用等。

（2）提供满足设计、施工所需的岩土参数，确定地基承载力，预测地基变形性状。

（3）提出地基基础、基坑支护、工程降水和地基处理设计与施工方案的建议。

（4）提出对建筑物有影响的不良地质作用的防治方案建议。

（5）对于抗震设防烈度等于或大于 6 度的场地，进行场地与地基的地震效应评价。

一、可行性研究勘察

可行性研究勘察应满足确定场址方案的要求，如需要，应取得两个以上场址的资料，对拟选场址的稳定性和适宜性作出评价与方案比较。勘察的主要工作内容如下：

（1）搜集区域地质、地形地貌、地震、矿产和附近地区的岩土工程资料及当地建筑经验。

（2）在分析已有资料的基础上，通过踏勘了解场地的地层构造、岩土性质、不良地质现象及地下水等情况。

（3）当拟建场地工程地质条件复杂，已有资料不能满足要求时，应根据具体情况进行工程地质测绘和必要的勘探工作。

在选定场址时，宜避开场地等级或地基等级为一级的地区或地段，同时应避开地下有未开采的有价值矿藏的地区。

勘察工作结束时必须对场地的稳定性和适宜性作出评价，写成报告作为选址的依据。

二、初步勘察

初步勘察应满足初步设计或扩大初步设计的要求，应对场地内建筑地段的稳定性作出进一步评价，并为确定建筑总平面布置、选择主要建筑物地基基础设计方案和不良地质现象的防治进行初步论证。

（1）初步勘察的勘探工作应符合下列要求：

1）勘探线应垂直于地貌单元、地质构造和地层界线布置。

2）每个地貌单元均应布置勘探点，在地貌单元交接部位和地层变化较大的地段，勘探点应予以加密。

3）在地形平坦地区，可按网格布置勘探点。

4）对岩质地基，勘探线和勘探点的布置、勘探孔的深度应根据地质构造、岩体特性、风化情况等，按地方标准或当地经验确定。

（2）初步勘察应进行下列主要工作：

1）搜集拟建工程的有关文件、工程地质和岩土工程资料以及工程场地范围的地形图。

2）初步查明地质构造、地层结构、岩土工程特性、地下水埋藏条件。

3）如有不良地质现象，需查明其成因类型、分布、规模、发展趋势，并对场地的稳定性作出评价。

4）对抗震设防烈度等于或大于6度的场地，应对场地和地基的地震效应作出初步评价。

5）季节性冻土地区，应调查场地土的标准冻结深度。

6）初步判定水和土对建筑材料的腐蚀性。

7）高层建筑初步勘察时，应对可能采取的地基基础类型、基坑开挖与支护、工程降水方案进行初步分析评价。

（3）勘探线、点间距可按表6-4确定，局部异常地段应予以加密。

表6-4 初勘勘探线、勘探点间距 （单位：m）

地基复杂程度等级	勘探线间距	勘探点间距
一级（复杂）	50~100	30~50
二级（中等复杂）	75~150	40~100
三级（简单）	150~300	75~200

注：1. 表中间距不适用于地球物理勘探。

2. 控制性勘探点宜占勘探点总数的1/5~1/3，且每个地貌单元均应有控制性勘探点。

（4）初勘勘探孔深度可按表6-5确定。

表 6-5　初勘勘探孔深度　　　　　　　　　　　　　　　（单位：m）

工程重要性等级	一般性（勘探）孔	控制性（勘探）孔
一级工程	≥15	≥30
二级工程	10～15	15～30
三级工程	6～10	10～20

注: 1. 勘探孔包括钻孔、探井和原位测试孔等。

　　2. 特殊用途的钻孔除外。

（5）当遇下列情况之一时，应适当增减孔深：

1）当勘探点的地面标高与预计整平地面标高相差较大时，应按两者差值调整孔深。

2）在预定深度内遇有基岩时，除控制孔仍应钻入基岩适当深度外，其他孔达到确认为基岩（例如排除孤石）后即可终止。·

3）在预计基础埋深以下有厚度较大且分布均匀的坚实土层（如碎石土、密实砂、老沉积土等）时，除控制孔应达到规定深度外，一般孔深度可适当减小。

4）当预定深度内有软弱土层时，钻孔深度应适当增加，部分控制孔应穿透软弱土层或达到预计控制深度。

5）对重型工业建筑应根据结构特点和荷载条件适当增加孔深。

（6）初勘采取土试样和进行原位测试应符合下列要求：

1）采取土试样和进行原位测试的勘探点应结合地貌单元、地层结构和土的工程性质布置，其数量可占勘探点总数的 1/4～1/2。

2）采取土试样的数量和孔内原位测试的竖向间距，应按地层特点和土的均匀程度确定；每层土均应采取土试样或进行原位测试，其数量不宜少于 6 个。

（7）初步勘察应进行下列水文地质工作：

1）调查含水层的埋藏条件、地下水类型、补给排泄条件、各层地下水位，调查其变化幅度，必要时应设置长期观测孔，监测水位变化。

2）当需绘制地下水等水位线图时，应根据地下水的埋藏条件和层位，统一量测地下水位。

3）当地下水可能浸湿基础时，应采取水试样进行腐蚀性评价。

三、详细勘察

详勘应按单体建筑物或建筑群提出详细的岩土工程资料和设计、施工所需的岩土参数，对建筑地基作出岩土工程评价，并对地基类型、基础形式、地基处理、基坑支护、工程降水和不良地质作用的防治等提出建议。

（1）详细勘察应主要进行下列工作：

1）搜集附有坐标和地形的建筑总平面图，场区的地面整平标高，建筑物的性质、规模、荷载、结构特点，基础形式、埋置深度，地基允许变形等资料。

2）查明不良地质作用的类型、成因、分布范围、发展趋势和危害程度，提出整治方案和建议。

3）查明建筑范围内岩土层的类型、深度、分布、工程特性，分析和评价地基的稳定性、均匀性和承载力。

4）对需进行沉降计算的建筑物，提供地基变形计算参数，预测建筑物的变形特征。

5）查明埋藏的河道、沟浜、墓穴、防空洞、孤石等对工程不利的埋藏物。

6）查明地下水的埋藏条件，提供地下水位及其变化幅度。

7）在季节性冻土地区，提供场地土的标准冻结深度。

8）判定水和土对建筑材料的腐蚀性。

9）对抗震设防烈度等于或大于6度的场地，应划分场地土类型和建筑场地类别；对抗震设防烈度等于或大于7度的场地，应分析预测地震效应，判定饱和砂土或粉土地震液化的可能性。

10）工程需要时应论证地基土及地下水在建筑施工和使用期间可能产生的变化及其对工程本身和环境的影响，并提出防治方案、防水设计水位和抗浮设计水位的建议。

11）如为深基坑开挖，则应提供坑壁稳定计算和支护方案设计所需的岩土参数，评价基坑开挖、降水等对邻近建筑的影响。

12）如场地存在滑坡等不良现象，则应进一步查明情况，作出评价并提供整治所需的岩土技术参数和整治方案的建议。

（2）详细勘察勘探点布置和勘探孔深度，应根据建筑物特性和岩土工程条件确定。对岩质地基，应根据地质构造、岩体特性、风化情况等，结合建筑物对地基的要求，按地方标准或当地经验确定；对土质地基，应符合第（3）条至第（6）条的规定。

表6-6 详细勘察勘探点的间距 　　　　　　　　　　　　　　　　（单位：m）

地基复杂程度等级	勘探点间距
一级（复杂）	10～15
二级（中等复杂）	15～30
三级（简单）	30～50

（3）详细勘察勘探点的间距可按表6-6确定。

（4）详细勘察的勘探点布置，应符合下列规定：

1）勘探点宜按建筑物周边线和角点布置，对无特殊要求的其他建筑物可按建筑物或建筑群的范围布置。

2）同一建筑范围内的主要受力层或有影响的下卧层起伏较大时，应加密勘探点，查明其变化。

3）重大设备基础应单独布置勘探点；重大的动力机器基础和高耸构筑物，勘探点不宜少于3个。

4）勘探手段宜钻探与触探相配合；在复杂地质条件、湿陷性土、膨胀岩土、风化岩和残积土地区，宜布置适量探井。

（5）详细勘察的单栋高层建筑勘探点的布置，应满足对地基均匀性评价的要求，且不应少于4个；对密集的高层建筑群，勘探点可适当减少，但每栋建筑物至少应有1个控制性勘探点。

（6）详细勘察的勘探深度自基础底面算起，应符合下列规定：

1）勘探孔深度应能控制地基主要受力层，当基础底面宽度不大于5m时，勘探孔的深度对条形基础不应小于基础底面宽度的3倍，对单独柱基不应小于1.5倍，且不应小于5m。

2）对高层建筑和需作变形计算的地基，控制性勘探孔的深度应超过地基变形计算深度；高层建筑的一般性勘探孔应达到基底下0.5～1.0倍的基础宽度，并深入稳定分布的地层。

地基变形计算深度，对中、低压缩性土可取附加压力等于上覆土层有效自重压力20%的深度；对于高压缩性土层可取附加压力等于上覆土层有效自重压力10%的深度。

3）建筑总平面内的裙房或仅有地下室部分（或当基底附加压力 $p_0 \leqslant 0$ 时）的控制性勘探孔的深度可适当减小，但应深入稳定分布地层，且根据荷载和土质条件不宜少于基底下 0.5 ~ 1.0 倍的基础宽度。

对仅有地下室的建筑或高层建筑的裙房，当不能满足抗浮设计要求，需设置抗浮桩或锚杆时，勘探孔深度应满足抗拔承载力评价的要求。

4）当有大面积地面堆载或软弱下卧层时，应适当加深控制性勘探孔的深度。

5）在上述规定深度内当遇有基岩或厚层碎石土等稳定地层时，勘探孔深度应根据情况进行调整。

6）当需进行地基整体稳定性验算时，控制性勘探孔深度应根据具体条件满足验算要求。

7）当需确定场地抗震类别而无可靠的覆盖层厚度资料时，应布置波速测试孔，其深度应满足确定覆盖层厚度的要求。

8）大型设备基础勘探孔深度不宜小于基础底面宽度的 2 倍。

9）当需进行地基处理时，勘探孔的深度应满足地基处理设计与施工要求。

（7）详细勘察采取土试样和进行原位测试应符合下列要求：

1）采取土试样和进行原位测试的勘探点数量，应根据地层结构、地基土的均匀性和设计要求确定，对地基基础设计等级为甲级的建筑物每栋不应少于 3 个。

2）每个场地每一主要土层的原状土试样或原位测试数据不应少于 6 件（组）。

3）在地基主要受力层内，对厚度大于 0.5 m 的夹层或透镜体，应采取土试样或进行原位测试。

4）当土层性质不均匀时，应增加取土数量或原位测试工作量。

四、施工勘察

基坑或基槽开挖后，发现岩土（地质）条件与勘察资料不符或有必须查明的异常情况时，应进行施工勘察。

在工程施工或使用期间，当地基土、边坡体、地下水等发生未曾估计到的变化时，应进行监测，并对工程和环境的影响进行分析评价。

第三节　工程地质测绘与调查

一、工程地质测绘与调查的范围

工程地质测绘与调查的范围应包括对查明场地的地貌、地层、地质构造等问题有重要意义的邻近地段；为追索对拟建工程有影响的不良地质现象可能的影响范围；地质条件较复杂的地区，可适当扩大范围。

二、工程地质测绘与调查的原则

工程地质测绘与调查是对拟建场地及其邻近地段的工程地质条件进行的调查研究，为确定勘探、测试工作及对场地的工程地质分区与评价提供依据。它一般在可行性研究或初勘阶段进行，其基本原则是：在可行性研究阶段，搜集研究已有的地质资料并尽量利用航片、卫片的判读成果；当场地范围小、地质条件简单时，可用踏勘代替测绘；在岩层出露地区、地质条件复杂地区和有多种地貌单元组合地区，则应进行测绘；对经初勘测绘与调查仍未解决的某些专门地质问题（如不稳定边坡等），应在详勘阶段进行测绘。

三、工程地质测绘与调查的要求

观测点应充分利用天然的或人工的岩石露头。被表土覆盖处，视具体情况布置一定的勘探工作量，有条件时可配合物探。观测点的定位应根据精度要求和地质条件的复杂程度选用目测法、半仪器法和仪器法。有特殊意义的地质点（如构造线、地层接触线、不同岩性分界线、软弱夹层、地下水露头、不良地质现象等）宜采用仪器定点。

测绘所用地形图比例尺，在可行性研究阶段选用 1:5 000 ~ 1:50 000，初勘阶段选用 1:2 000 ~ 1:10 000，详勘阶段选用 1:500 ~ 1:2 000。地质条件复杂时，比例尺可适当放大；对工程有重要影响的地质单元体（如滑坡、断层、软弱夹层、洞穴等），可采用扩大比例尺表示；工程场地的地质界线、地质点测绘精度在图上的误差不应超过 3 mm。

四、工程地质测绘与调查的方法

测绘前先编制测绘纲要，通常将其包括在勘察纲要内。

常用的测绘方法有路线穿越法、界线追索法及布点法 3 种。

（1）路线穿越法。沿一定的路线穿越测绘场地，详细观测沿线地质情况并填于地形图上，路线方向应大致与岩层走向、构造线及地貌单元相垂直。

（2）界线追索法。沿地层走向、重要构造线或不良地质现象边界线详细追索，以查明复杂的构造或地质问题。

（3）布点法。在地形图上预先布置一定数量（如在图上按 2 ~ 5 cm 间距）的观测点（地质点），广泛观测地质现象。

五、工程地质测绘与调查的内容

工程地质测绘与调查宜包括下列内容：

（1）查明地形、地貌特征及其与地层、构造、不良地质作用的关系，划分地貌单元。

（2）岩土的年代、成因、性质、厚度和分布；对岩层应鉴定其风化程度，对土层应区分新近沉积土、各种特殊性土。

（3）查明岩体结构类型，各类结构面（尤其是软弱结构面）的产状和性质，岩、土接触面和软弱夹层的特性等，新构造活动的形迹及其与地震活动的关系。

（4）查明地下水的类型、补给来源、排泄条件，井泉位置，含水层的岩性特征、埋藏深度、水位变化、污染情况及其与地表水体的关系。

（5）搜集气象、水文、植被、土的标准冻结深度等资料；调查最高洪水位及其发生时间、淹没范围。

（6）查明岩溶、土洞、滑坡、崩塌、泥石流、冲沟、地面沉降、断裂、地震灾害、地裂缝、岸边冲刷等不良地质作用的形成、分布、形态、规模、发育程度及其对工程建设的影响。

（7）调查人类活动对场地稳定性的影响，包括人工洞穴、地下采空、大挖大填、抽水排水和水库诱发地震等。

（8）建筑物的变形和工程经验。

工程地质测绘和调查的成果资料宜包括实际材料图、综合工程地质图、工程地质分区图、综合地质柱状图、工程地质剖面图以及各种素描图、照片和文字说明等。

利用遥感影像资料解译进行工程地质测绘时，现场检验地质观测点数宜为工程地质测绘点数的 30%～50%。野外工作应包括下列内容：

（1）检查解译标志。

（2）检查解译结果。

（3）检查外推结果。

（4）对室内解译难以获得的资料进行野外补充。

第四节　工程地质勘察报告

一、工程地质勘察报告的编制要求

（1）地基勘察的最终成果是以报告书的形式提出的。勘察工作结束后，将取得的野外工作和室内试验的记录和数据以及搜集到的各种直接和间接资料进行分析整理、检查校对、归纳总结后，作出建筑场地的工程地质评价。这些内容，最后以简要明确的文字和图表编制成报告书。

（2）岩土工程勘察报告应资料完整、真实准确、数据无误、图表清晰、结论有据、建议合理、便于使用和适宜长期保存，并应因地制宜，重点突出，有明确的工程针对性。

（3）岩土工程勘察报告应根据任务要求、勘察阶段、工程特点和地质条件等具体情况编写。

（4）岩土工程勘察报告应对岩土利用、整治和改造的方案进行分析论证，提出建议；对工程施工和使用期间可能发生的岩土问题进行预测，提出监控和预防措施的建议。

二、工程地质勘察报告的编制内容

工程地质勘察报告应包括下列内容：

（1）勘察目的、任务要求和依据的技术标准。

（2）拟建工程概况。

（3）场地稳定性和适宜性评价。

（4）土和水对建筑材料的腐蚀性。

（5）勘察方法和勘察工作布置。

（6）地下水埋藏情况、类型、水位及其变化。

（7）场地地形、地貌、地层、地质构造、岩土性质及其均匀性。

（8）各项岩土性质指标，岩土的强度参数、变化参数、地基承载力的建议值。

三、工程地质勘察报告应附图件

（1）勘探点平面布置图。

（2）工程地质柱状图。

（3）工程地质剖面图。

（4）原位测试成果图表。

（5）室内试验成果图表。

此外，当需要时，尚可附综合工程地质图、综合地质柱状图、地下水等水位线图、素描、照片、综合分析图表以及岩土利用、整治和改造方案的有关图表，岩土工程计算简图及计算成果图表等。

对岩土的利用、整治和改造的建议，宜进行不同方案的技术经济论证，并提出对设计、施工和现场监测要求的建议。

对丙级岩土工程勘察的报告内容可适当简化，采用以图表为主，辅以必要的文字说明的形式；对甲级岩土工程勘察的报告除应符合本节规定外，尚可对专门性的岩土工程问题提交专门的试验报告、研究报告或监测报告。

第五节　基槽检验与地基局部处理

一、基槽检验

基槽检验就是通常所说的"验槽"，它是在基槽开挖时，根据施工揭露的地层情况，对地质勘察成果与评价建议等进行现场的检查，校核施工所揭露的土层是否与勘察成果相符，结论和建议是否符合实际情况。如果有出入，应进行补充修正，必要时尚应作施工勘察。

二、基槽检验的内容

基槽检验主要以细致的观察为主，并配以钎探、夯声等手段，这一过程的主要内容包括以下几方面：

（1）校核基槽开挖的平面位置与槽底标高是否符合勘察、设计要求。

（2）当发现基槽平面土质显著不均匀，或局部有古井、菜窖、坟穴、河沟等不良地基时，可用钎探查明平面范围及其深度。

（3）检验槽底持力层土质与勘察报告是否相同。参加验槽的五方代表需下槽底，依次逐段检验。发现可疑之处，用铁铲铲出新鲜土面，用野外土的鉴定方法进行鉴定。

（4）检查基槽钎探情况。钎探位置：条形基槽宽度小于 800 mm 时，可沿中心线打一排钎探孔；槽宽大于 800 mm 时，可打两排错开孔。钎探孔间距为 1.5~2.5 m。

基槽土质局部软弱、不均匀的情况经常遇到，应处理得当，避免严重不均匀沉降，导致墙体开裂等事故。

三、地基的局部处理

地基的局部处理方法见表 6-7。

表 6-7　地基的局部处理方法

方　　法	内　　容
局部坚硬土层的处理	在桩基或部分基槽下，有可能碰到局部坚硬层，如压实的路面、旧房墙基、老灰土、孤石、大树根及基岩等，均应挖除，然后再要求进行回填处理，以防建筑物产生不均匀沉降而使上部结构和基础开裂

方　　法	内　　容
古井、坑穴及局部淤泥层的处理	（1）坑井范围较大，全部挖除有困难时，则应将坑槽适当放坡。用砂石或黏性土回填时，坡度为1:1；用灰土回填时，坡度为1:0.5；如用3:7灰土回填而基础刚度较大时，可不放坡。 （2）坑井埋藏深度大，可部分挖除虚土，挖除深度一般为槽宽的2倍，再行回填。 （3）在墙下条形基础下，如虚土的范围较大，可采用高低基础相接、降低局部基底标高的方法。 （4）将其中的虚土或淤泥全部挖除，然后采用与天然土压缩性相近的土回填，分层夯实至设计标高，保持地基的均匀性。如天然土为砂土，可用砂石回填，分层洒水夯实；天然土为密实的黏性土，可用3:7的灰土分层夯实回填；天然土为中等密实可塑状态的黏性土或新近沉积的软弱土，则可用1:9或2:8的灰土分层夯实回填。 （5）在单独柱基础下，如坑井范围大于1/2槽宽，应尽量挖除虚土将基底落深，但相邻柱基的基底高差在黏性土中不得大于相邻基底的净间距，在砂土中不得大于相邻基底净间距的1/2。 （6）在上述情况下，若通过地基局部处理仍不能解决问题时，可采取加强上部结构刚度或采用梁板形式跨越的方法，以抵抗可能发生的不均匀沉降，或者改变基础形式，如采用桩基础穿越坑井或软弱土层
管道处理	管道处理如基槽以上有上下水管道，应采取措施防止漏水浸湿地基土，特别是当地基土为填土、湿陷性黄土或膨胀土时，尤其应引起重视。如管道在基槽以下，也应采取保护措施，避免管道被基础压坏，此时可考虑在管道周围包筑混凝土，或用铸铁管代替缸瓦管等。如管道穿过基础或基础墙而基础又不允许被切断时，则应在管道周围留出足够空隙，使管道不会因基础沉降而产生变形或损坏
其他方法	其他方法如遇人防通道，一般均不应将拟建建筑物设在人防工程或人防通道上。若必须跨越人防通道，基础部分可采取跨越措施。如在地基中遇有文物、古墓、战争遗弃物，应及时与有关部门联系，采取适当保护或处理措施。如在地基中发现事先未标明的电缆、管道，不应自行处理，应与主管部门共同协商解决办法

第七章　天然地基上浅基础的设计

第一节　地基基础设计概述

一、地基基础设计的概念

地基基础设计是以建筑场地的工程地质条件和上部结构的要求为主要设计依据的。所有建筑物（构筑物）都建造在一定地层上，如果基础直接建造在未经加固处理的天然地层上，这种地基称为天然地基。若天然地层较软弱，不足以承受建筑物荷载，而需要经过人工加固，才能在其上建造基础，这种地基称为人工地基。人工地基造价高，施工复杂，因此一般情况下应尽量采用天然地基。

基础又分为浅基础与深基础两大类。通常按基础的埋置深度划分：一般埋深小于 5 m 的为浅基础，大于 5 m 的为深基础。也有按施工方法来划分的：用普通基坑开挖和敞坑排水方法修建的基础称为浅基础，如砖混结构的墙基础、高层建筑的箱形基础（埋深可能大于 5 m）等；而用特殊施工方法将基础埋置于深层地基中的基础称为深基础，如桩基础、沉井、地下连续墙等。

浅基础有多种形式，是随上部结构类型的增多、使用功能的需求、地基条件、建筑材料和施工方法的发展演变而来的，形成了从独立、条形的到交叉、成片的乃至空间整体的基础系列。

二、地基基础设计的影响因素

（1）地基基础设计等级。
（2）建筑基础所用的材料及基础的结构形式。
（3）基础的埋置深度。
（4）地基土的承载力。
（5）地基基础的形状、布置以及与相邻基础和地下构筑物、地下管道的关系。
（6）上部结构的类型、使用要求及其对不均匀沉降的敏感度。
（7）施工期限、施工方法及所需的施工设备等。
（8）在地震区，尚应考虑地基与基础的抗震。

三、地基基础设计的基本规定

（一）一般规定
（1）所有建筑物的地基计算均应满足承载力计算的有关规定。
（2）设计等级为甲级、乙级的建筑物，均应按地基变形设计。
（3）表 7-1 所列范围内设计等级为丙级的建筑物可不作变形验算，但如有下列情况之一时，仍应作变形验算：

1）地基承载力特征值小于 130 kPa 且体形复杂的建筑。

2）在基础上及其附近有地面堆载或相邻基础荷载差异较大，可能引起地基产生过大的不均匀沉降时。

3）软弱地基上的建筑物存在偏心荷载时。

4）相邻建筑距离过近，可能发生倾斜时。

5）地基内有厚度较大或厚薄不均的填土，其自重固结未完成时。

（4）对经常受水平荷载作用的高层建筑、高耸结构、挡土墙以及建造在斜坡上或边坡附近的建筑物和构筑物，尚应验算其稳定性。

（5）基坑工程应进行稳定性验算。

（6）当地下水埋藏较浅，存在地下室上浮问题时，尚应进行抗浮验算。

表 7-1　可不作地基变形验算、设计等级为丙级的建筑物范围

地基主要受力层情况	地基承载力特征值 f_{ak}/kPa		$60 \leqslant f_{ak}$ <80	$80 \leqslant f_{ak}$ <100	$100 \leqslant f_{ak}$ <130	$130 \leqslant f_{ak}$ <160	$160 \leqslant f_{ak}$ <200	$200 \leqslant f_{ak}$ <300
	各土层坡度/（%）		$\leqslant 5$	$\leqslant 5$	$\leqslant 10$	$\leqslant 10$	$\leqslant 10$	$\leqslant 10$
建筑类型	砌体承重结构、框架结构/层		$\leqslant 5$	$\leqslant 5$	$\leqslant 5$	$\leqslant 6$	$\leqslant 6$	$\leqslant 7$
	单层排架结构（6 m 柱距）	单跨 吊车额定起重量/t	5 ~ 10	10 ~ 15	15 ~ 20	20 ~ 30	30 ~ 50	50 ~ 100
		单跨 厂房跨度/m	$\leqslant 12$	$\leqslant 18$	$\leqslant 24$	$\leqslant 30$	$\leqslant 30$	$\leqslant 30$
		多跨 吊车额定起重量/t	3 ~ 5	5 ~ 10	10 ~ 15	15 ~ 20	20 ~ 30	30 ~ 75
		多跨 厂房跨度/m	$\leqslant 12$	$\leqslant 18$	$\leqslant 24$	$\leqslant 30$	$\leqslant 30$	$\leqslant 30$
	烟囱	高度/m	$\leqslant 30$	$\leqslant 40$	$\leqslant 50$	$\leqslant 75$		$\leqslant 100$
	水塔	高度/m	$\leqslant 15$	$\leqslant 20$	$\leqslant 30$		$\leqslant 30$	
		容积/m^3	$\leqslant 50$	50 ~ 100	100 ~ 200	200 ~ 300	300 ~ 500	500 ~ 1 000

注：1. 地基主要受力层是指条形基础底面下深度为 3 b（b 为基础底面宽度），独立基础下为 1.5b，且厚度均不小于 5 m 的范围（两层以下一般的民用建筑除外）。

　2. 地基主要受力层中如有承载力特征值小于 130 kPa 的土层时，表中砌体承重结构的设计应符合《建筑地基基础设计规范》（GB 50007—2011）的有关要求。

　3. 表中砌体承重结构和框架结构均指民用建筑，对于工业建筑可按厂房高度、荷载情况折合成与其相当的民用建筑层数。

　4. 表中吊车额定起重量、烟囱高度和水塔容积的数值是指最大值。

（二）正常使用极限状态

（1）荷载效应的标准组合值为

$$S_k = S_{Gk} + S_{Q1k} + \psi_{c2} S_{Q2k} + \cdots + \psi_{cn} S_{Qnk} \tag{7-1}$$

式中　S_{Gk}——按永久荷载标准值 G_k 计算的荷载效应值；

　　　S_{Qik}——按可变荷载标准值 Q_{ik} 计算的荷载效应值；

　　　ψ_{ci}——可变荷载 Q_i 的组合值系数。

（2）荷载效应的准永久组合值为

$$S_k = S_{Gk} + \psi_{q1} S_{Q1k} + \psi_{q2} S_{Q2k} + \cdots + \psi_{qn} S_{Qnk} \tag{7-2}$$

式中　ψ_{qi}——准永久值系数。

（三）荷载效应组合

地基基础设计所采用的荷载效应的最不利组合与相应的抗力限值应满足下列规定：

（1）按地基承载力确定基础底面积及埋深或按单桩承载力确定桩数时，传至基础或承台底面上的荷载效应应按正常使用极限状态下荷载效应的标准组合。相应的抗力应采用地基承载力特征值或单桩承载力特征值。

（2）计算地基变形时，传至基础底面上的荷载效应应按正常使用极限状态下荷载效应的准永久组合，不应计入风荷载和地震作用。相应的限值应为地基变形允许值。

（3）计算挡土墙土压力、地基或斜坡稳定及滑坡推力时，荷载效应应按承载能力极限状态下荷载效应的基本组合，但其荷载分项系数均为1.0。

（4）在确定基础或桩台高度和支挡结构截面、计算基础或支挡结构内力、确定配筋和验算材料强度时，上部结构传来的荷载效应组合和相应的基底反力，应按承载能力极限状态下荷载效应的基本组合，采用相应的荷载分项系数。

当需要验算基础裂缝宽度时，应按正常使用极限状态荷载效应标准组合。

（5）基础设计安全等级、结构设计使用年限、结构重要性系数应按有关规范的规定采用，但结构重要性系数 γ_0 不应小于1.0。

（四）承载能力极限状态

（1）由可变荷载效应控制的基本组合设计值 S

$$S = \gamma_G S_{Gk} + \gamma_{Q1} S_{Q1k} + \gamma_{Q2} \psi_{c2} S_{Q2k} + \cdots + \gamma_{Qn} \psi_{cn} S_{Qnk} \qquad (7-3)$$

式中　γ_G——永久荷载的分项系数；

　　　S——基本设计组合值；

　　　γ_{Qi}——第 i 个可变荷载的分项系数。

（2）由永久荷载效应控制的基本组合，可采用简化规则，荷载效应组合的设计值 S 按下式确定

$$S = 1.35 S_k < R \qquad (7-4)$$

式中　R——结构构件抗力的设计值，按有关建筑结构设计规范的规定确定；

　　　S——荷载效应组合的设计值；

　　　S_k——荷载效应的标准组合值。

在式（7-1）至式（7-4）中，ψ_{ci}、ψ_{qi}、γ_G 及 γ_{Qi} 均按现行《建筑结构荷载规范》（GB 50009—2012）的规定取值。

四、地基基础设计等级

地基基础设计等级见表7-2。

表7-2　建筑地基基础设计等级

设计等级	建筑和地基类型
甲 级	重要的工业与民用建筑物。 30层以上的高层建筑。 结构复杂、层数相差超过10层的高低层连成一体的建筑物。 大面积的多层地下建筑物（如地下车库、商场、运动场等）。 对地基变形有特殊要求的建筑物。 复杂地质条件下的坡上建筑物（包括高边坡）。

设计等级	建筑和地基类型
	对原有工程影响较大的新建建筑物。 场地和地基条件复杂的一般建筑物。 位于复杂地质条件及软土地区的二层及二层以上地下室的基坑工程
乙 级	除甲级、丙级以外的工业与民用建筑物
丙 级	场地和地基条件简单，荷载分布均匀的7层及7层以下民用建筑及一般工业建筑。 次要的轻型建筑物

【例 7-1】 如图 7-1 所示，一承受中心荷载的柱下扩展基础，其地基持力层为粉土，因为 $e = 1.1 > 1.0$ 无法查表获得承载力的基本值，所以只能根据土的抗剪强度指数确定承载力。

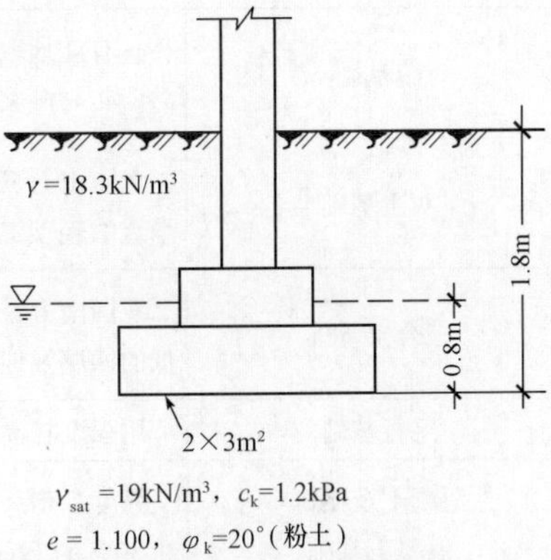

【解】 基底下土位于地下水位以下，故 γ 应取有效重度 γ'

$\gamma' = \gamma_{sat} - \gamma_w = （19 - 9.8）\text{ kN/m}^3 = 9.2\text{kN/m}^3$

此外 $\gamma_0 = （18.3 \times 1 + 9.2 \times 0.8）\text{ kN}/1.8\text{m}^3 = 14.26\text{kN/m}^3$

$b = 2\text{m}$ $d = 1.8\text{m}$ $c_k = 1.2\text{kPa}$

因为 $\theta = 20°$ 查表可得 $M_\gamma = 0.51$ $M_q = 3.06$

$M_c = 5.66$

$f_\gamma = （9.2 \times 2 \times 0.51 + 14.26 \times 1.8 \times 3.06 + 1.2 \times 5.06）\text{ kPa}$
$= （9.384 + 78.544 + 6.072）\text{ kPa} = 94\text{kPa}$

图 7-1 柱下扩展基础

第二节　浅基础设计的类型

设计建筑物的地基基础时，需将地基、基础视为一个整体，按照组合关系，确定地基基础方案。这是受上部结构类型、使用荷载大小、施工设备及技术力量等多种因素制约的。对每一个具体工程，应在满足上部结构要求的条件下，结合工程地质、工程所具备的施工力量以及可能提供的建筑材料等有关情况，综合考虑，通过经济技术比较，确定最佳方案。一般应优先选择天然地基上浅基础。条件不允许时，可以选天然地基上深基础或人工地基上浅基础。如多层民用建筑或轻型厂房，当地基为一般第四纪沉积层时，选择天然地基上浅基础为最理想；但若浅层有软弱土层，则此方案不适宜，可考虑人工地基上浅基础或天然地基上深基础方案。软土层较薄，基础可直接置于下面承载力较高的土层；若软土层较厚，用一般人工处理方法（换土、垫层等）很不经济；而软土层下部即为坚实土层时，可选用桩基础。

地基基础方案确定后，基础类型主要根据地质条件、荷载大小、使用功能和施工条件决定。如砖混结构的墙基础，若荷载较大，选用刚性基础则断面较大，为节约材料可选用扩展式基础；又如多层框架结构，若持力层承载力不够大，采用独立桩基底面积甚大，而柱网间距又不大，为施工方便可以选用十字交叉梁基础或片筏基础。当地基条件不适应上部结构或基础形式时，则应改变上部结构的设计。总之，建筑物的上部结构、地基和基础三者之间相互依存、相互制约，设计者应根据因地制宜、就地取材的原则，周密考虑、精心设计，尤其应重视工程实践经验。目前对地基、基础、上部结构共同工作的理论探讨还处于发展、深化阶段，有许多问题尚不能单纯靠理论解决，因此积累工程实践资料将有助于设计工作的开展。

一、按材料分类

如按材料分，浅基础可以分为砖基础、灰土基础、三合土基础、毛石基础、混凝土及毛石混凝土基础以及钢筋混凝土基础等，见表7-3。

表7-3　浅基础按材料的分类

类　型	内　容
砖基础	具有就地取材、价格较低、施工简便等特点，干燥与温暖地区应用广泛，但强度与抗冻性差。砖与砂浆的强度等级见《砌体结构设计规范》（GB 50003—2011）
灰土基础	灰土由石灰与黏性土混合而成，适用于地下水位低、五层及五层以下的混合结构房屋和墙承重的轻型工业厂房
三合土基础	我国南方常用三合土基础，体积比为1:2:4 或 1:3:6（石灰:砂:骨料），一般多用于水位较低的四层及四层以下的民用建筑工程中
毛石基础	用强度较高而又未风化的岩石制作，每阶梯用三排或以上的毛石
混凝土及毛石混凝土基础	强度、耐久性、抗冻性都很好，混凝土的水泥用量和造价较高，为降低造价可掺入基础体积30%的毛石
钢筋混凝土基础	强度大、抗弯性能好，同条件下基础较薄，适用于大荷载及土质差的地基，注意地下水的侵蚀作用

二、按构造分类

（一）独立基础

独立基础（也称单独基础），是整个或局部结构物下的无筋或配筋的单个基础。通常柱基、烟囱、水塔、高炉、机器设备基础多采用独立基础，如图7-2所示。

独立基础是柱基础中最常用和最经济的形式之一，它所用材料根据荷载的大小而定。现浇钢筋混凝土柱下常采用现浇钢筋混凝土独立基础，基础截面可做成阶梯形，如图7-2a所示，或锥形，如图7-2b所示。预制柱下通常采用杯口基础，如图7-2c所示。砌体柱下常采用刚性基础，如图7-3所示。

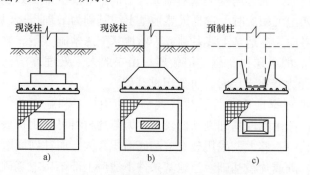

图7-2　钢筋混凝土柱下单独基础
a）阶梯形　b）锥形　c）杯形

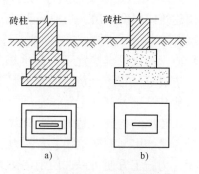

图7-3　砌体柱下刚性基础
a）砖基础　b）混凝土基础

另外，烟囱、水塔、高炉等构筑物下常采用钢筋混凝土圆板或圆环基础及混凝土实体基础，如图7-4所示，有时也可以采用壳基础。

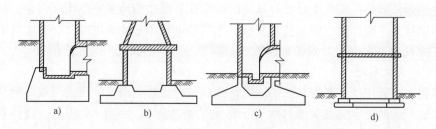

图7-4　烟囱、水塔、高炉基础

a）、b）圆板基础　c）实体基础　d）圆环基础

（二）条形基础

条形基础是指基础长度远远大于其宽度的一种基础形式，按上部结构形式，可分为墙下条形基础和柱下条形基础。

（1）墙下条形基础。墙下条形基础有刚性条形基础和钢筋混凝土条形基础两种。墙下刚性条形基础在砌体结构中得到广泛应用，如图7-5a所示。当上部墙体荷载较大而土质较差时，可考虑采用"宽基浅埋"的墙下钢筋混凝土条形基础，如图7-5b所示。墙下钢筋混凝土条形基础一般做成板式（或称"无肋式"），如图7-6a所示。但当基础延伸方向的墙上荷载及地基土的压缩性不均匀时，为了增强基础的整体性和纵向抗弯能力，减小不均匀沉降，常采用带肋的墙下钢筋混凝土条形基础，如图7-6b所示。

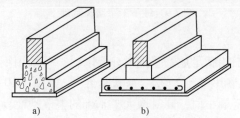

图7-5　墙下刚性条形基础

a）刚性条形基础　b）钢筋混凝土条形基础

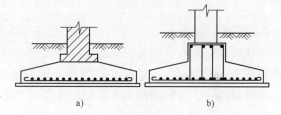

图7-6　墙下钢筋混凝土条形基础

a）板式　b）梁式

（2）柱下钢筋混凝土条形基础。在框架结构中，当地基软弱而荷载较大时，若采用柱下独立基础，可能因基础底面积很大而使基础边缘相互接近甚至重叠；为增强基础的整体性，并方便施工，可将同一排的柱基础连通成为柱下钢筋混凝土条形基础，如图7-7所示。

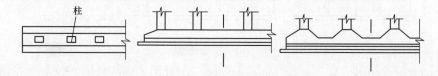

图7-7　柱下钢筋混凝土条形基础

（三）箱形基础

高层建筑由于建筑功能与结构受力等要求，可以采用箱形基础。这种基础是由钢筋混凝土底板、顶板和足够数量的纵横交错的内外墙组成的空间结构，如图7-8所示，如一块巨大的空

心厚板，使箱形基础具有比筏板基础大得多的空间刚度，用于抵抗地基或荷载分布不均匀引起的差异沉降，以及避免上部结构产生过大的次应力。

此外，箱形基础的抗震性能好，且基础的中空部分可作为地下室使用。但是，箱形基础的钢筋、水泥用量大，造价高，施工技术复杂；尤其是进行深基坑开挖时，要考虑坑壁支护和止水（或人工降低地下水位）及对邻近建筑的影响等问题，因此选型时尤需慎重。

（四）十字交叉基础

当荷载很大，采用柱下条形基础不能满足地基基础设计要求时，可采用双向的柱下钢筋混凝土条形基础形成的十字交叉条形基础（又称交叉梁基础），如图7-9所示。这种基础纵横向均具有一定的刚度。当地基软弱且在两个方向的荷载和土质不均匀时，十字交叉条形基础对不均匀沉降具有良好的调整能力。

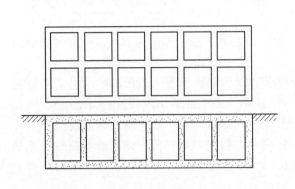

图7-8　箱形基础

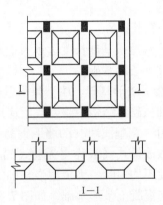

图7-9　柱下十字交叉基础

（五）筏形基础

当地基软弱而荷载很大，采用十字交叉基础也不能满足地基基础设计要求时，可采用筏形基础（或称筏板基础），即用钢筋混凝土做成连续整片基础，俗称"满堂红"，如图7-10所示。筏形基础由于基底面积大，故可减小基底压力至最小值，同时增大了基础的整体刚性。

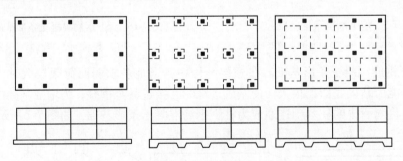

图7-10　筏形基础

筏形基础不仅可用于框架、框剪、剪力墙结构，也可用于砌体结构。我国南方某些城市在多层砌体住宅基础中大量采用，并直接做在地表土上，称为无埋深筏基。筏形基础可以做成厚板式和梁板式。

（六）壳体基础

如图7-11所示，正圆锥形及其组合形式的壳体基础，用于一般工业与民用建筑柱基和筒形的构筑物（如烟囱、水塔、料仓、中小型高炉等）基础。这种基础使径向内力转变为以压应力为主。可比一般梁、板式的钢筋混凝土基础减少混凝土用量 50% 左右，节约钢筋 30% 以上，具有良好的经济效果。但壳体基础施工时，修筑土台的技术难度大，易受气候因素的影响，布置钢筋及浇捣混凝土施工困难，较难实行机械化施工。

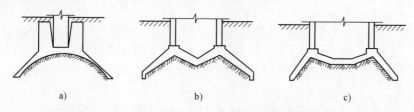

图 7-11　壳体基础的结构形式

a）正圆锥壳　b）M 型组合壳　c）内球外锥组合壳

【例 7-2】　某柱下锥形基础的底面尺寸为 2500mm × 3500mm，上部结构柱荷载 $N = 775$kN，$M = 135$kN·m，柱截面尺寸为 450mm × 450mm，基础采用 C20 混凝土和 HPB235 级钢筋。试确定基础高度并进行基础配筋。

【解】　（1）设计基本数据

根据构造要求，可在基础下设置 100mm 厚的混凝土垫层，强度等级为 C10。

假设基础高度为 $h = 500$mm，则基础有效高度 $h_0 = (0.5 - 0.04)$m $= 0.46$m，可查得 C20 混凝土 $f_t = 1.1 \times 10^3$kPa，HPB235 钢筋 $f_y = 210$MPa。

（2）基底净反力计算

$$p_{j\min}^{\max} = \frac{N}{A} \pm \frac{M}{W} = \left(\frac{775}{2.5 \times 3.5} \pm \frac{135}{\frac{1}{6} \times 2.5 \times 3.5^2} \right) \text{kPa} = \frac{115.02}{62.12} \text{kPa}$$

（3）基础高度验算

基础短边长度 $l = 2.5$，柱截面的宽度和高度 $l_c = b_c = 0.45$m

$l > l_c + 2h_0 = (0.45 + 2 \times 0.46)$m $= 1.37$m　　则

$$A_1 = \left(\frac{b}{2} - \frac{bc}{2} - h_0 \right)l - \left(\frac{l}{2} - \frac{l_1}{2} - h_0 \right)^2$$

$$= \left[\left(\frac{3.5}{2} - \frac{0.45}{2} - 0.46 \right) \times 2.5 - \left(\frac{2.5}{2} - \frac{0.45}{2} - 0.46 \right)^2 \right]\text{m}^2 = 2.34\text{m}^2$$

$A_2 = h_0 (l_c + h_0) = 0.46 \times (0.45 + 0.46)$ m$^2 = 0.42$m^2

$p_{j\max} A_1 = 115.02 \times 2.34$kN $= 269.15$kN

$0.6 f_t A_2 = 0.6 \times 1.1 \times 10^3 \times 0.42$kN $= 277.2$kN

满足 $p_{j\max} A_1 \leqslant 0.6 f_t A_2$ 条件，选用 $h = 500$mm 合适。

（4）内力计算与配筋

设计控制截面在柱地处，此时相应的 l'、b' 和 p_{jl} 值为

$l' = 0.45$m，$b' = 0.45$m，$a_1 = \dfrac{3.5 - 0.45}{2}$m $= 1.53$m

$$p_{jl} = \left[62.12 + (115.02 - 62.12) \times \frac{3.5 - 1.53}{3.5} \right]\text{kPa} = 91.90\text{kPa}$$

长边方向

$$M_I = \frac{1}{12}a_1{}^2 (2l + l')(p_{j\max} + p_{jl})$$

$$= \frac{1}{12} \times 1.53^2 \times （2 \times 2.5 + 0.45）\times （115.02 + 91.90）kN \cdot m = 219.96 kN \cdot m$$

短边方向

$$M_{II} = \frac{1}{48}（l - l'）^2 （2b + b'）（p_{jmax} + p_{jmin}）$$

$$= \frac{1}{48}（2.5 - 0.45）^2 \times （2 \times 3.5 + 0.45）\times （115.02 + 62.12）kN \cdot m = 115.54 kN \cdot m$$

长边方向配筋

$$A_{sI} = \frac{219.96 \times 10^6}{0.9 \times 460 \times 210} mm^2 = 2530 mm^2，选用 11 \phi 16@210 （A_{sI} = 2947 mm^2）$$

短边方向配筋

$$A_{sII} = \frac{115.54 \times 10^6}{0.9 \times （460 - 16）\times 210} mm^2 = 1156 mm^2，选用 15 \phi 10@200 （A_{sII} = 1178 mm^2）$$

第三节　浅基础设计的原则与步骤

一、浅基础设计的一般要求

（1）在长期荷载作用下，地基变形不致造成承重结构的损坏。

（2）在最不利荷载作用下，地基不出现失稳现象。

（3）各类建筑物的地基计算均应满足承载力计算的要求。

（4）设计等级为甲级、乙级的建筑物均应按地基变形设计。

（5）对地下水埋藏较浅，地下室或地下构筑物存在上浮问题的，应进行抗浮验算。

二、浅基础设计的基本原则

为了保证建筑物的安全与正常使用，根据建筑物地基基础设计等级和长期荷载作用下地基变形对上部结构的影响程度，地基基础设计应遵循以下3个基本原则：

（1）地基基础应具有足够的安全度，防止地基土体强度破坏及丧失稳定性。所有建筑物的地基均应进行地基承载力计算，如经常承受水平荷载作用的高层建筑、高耸结构和挡土墙等。对于建造在斜坡上或边坡附近的建筑物和构筑物，尚应验算其稳定性。具有多层地下室的深基坑开挖工程应验算土体的整体稳定性。

（2）应进行必要的地基变形计算，使之不超过规定的地基变形允许值，以免引起基础和上部结构的损坏或影响建筑物的正常使用。

（3）基础的材料形式、构造和尺寸，除应能适应上部结构，符合使用要求，满足上述地基承载力、稳定性和变形要求外，还应满足对基础结构的强度、刚度和耐久性的要求。

三、浅基础设计步骤

（1）充分掌握拟建场地的工程地质条件和地基勘察资料，进行相应的现场勘察和调查。例如：不良地质现象和发震断层的存在及其危害性、地基土层分布的均匀性和软弱下卧层的位置和厚度、各层土的类别及其工程特性指标。地基勘察的详细程度应与工程重要性等级、场地复杂程度等级和地基复杂程度等级相适应。

（2）选择建筑材料和地基处理方法。了解当地的建筑经验、施工条件和就地取材的可能性，并结合实际考虑采用先进的施工技术和经济、可行的地基处理方法。

（3）选择基础的结构类型和持力层，决定合适的基础埋置深度。在研究地基勘察资料的基础上，结合上部结构的类型，荷载的性质、大小和分布，建筑布置和使用要求以及拟建的基础对原有建筑或设施的影响，考虑选择基础类型和平面布置方案，并确定地基持力层和基础埋置深度。

（4）确定基础尺寸，进行地基计算。按地基承载力和作用在基础上的荷载，计算基础底面的初步尺寸。进行包括地基持力层和软弱下卧层（如果存在）的承载力验算以及按规定需要进行的变形验算。根据验算结果修改基础尺寸，以便使地基的承载力能得到充分的保证，使地基的变形不致引起结构损坏、建筑物倾斜与开裂，或影响其使用和外观。

（5）进行基础的结构和构造设计。以简化的或考虑相互作用的计算方法进行基础结构的内力分析和截面设计，并满足相应设计规范的构造要求，以保证基础具有足够的强度、刚度和耐久性。

（6）绘制基础的设计图和施工详图，编制工程预算书和工程设计施工说明书。

以上各方面密切相关、互相制约，不可能一次考虑周详，因此地基基础设计工作往往需要反复进行才能取得满意的结果。对规模较大的基础工程，还宜对若干可能方案作出技术经济比较，然后择优采用。

第四节　基础埋置深度的确定

基础埋置深度是指基础底面至地面（一般指设计地面）的距离。为了保证基础的安全，同时减小基础的尺寸，应尽量把基础放在优良土层上，即选择合适的地基持力层。基础埋置深度的大小对于建筑物的安全和正常使用、基础施工技术措施、施工工期和工程造价等影响很大，因此，合理确定基础埋置深度是基础设计工作中的重要环节。

一、基础埋深的选择原则

选择基础埋深的原则是：在保证建筑物基础安全稳定、耐久适用的前提下，应尽量浅埋，以便节省投资，方便施工。

二、基础埋置深度应考虑的影响因素

（一）工程地质条件

直接支承基础的土层称为持力层，其下的各土层称为下卧层。为了保证建筑物的安全，必须根据荷载的大小和性质给基础选择可靠的持力层。一般当上层土的承载力能满足要求时，就应选择浅埋，以减少造价；若其下有软弱土层时，则应验算软弱下卧层的承载力是否满足要求，并尽可能地增大基底至软弱下卧层的距离。

当上层土的承载力低于下层土时，如果取下层土为持力层，所需的基础底面积较小，但埋深较大；若取上层土为持力层，则情况相反。在工程应用中，应根据施工难易程度、工程造价等进行方案比较而确定。必要时还可考虑采用基础浅埋加地基处理的设计方案。

对墙基础，如地基持力层顶面倾斜，可沿墙长将基础底面分段做成高低不同的台阶状。分段长度不宜小于相邻两段面高差的 1~2 倍，且不宜小于 1 m。对修建于坡高（H）和坡角

（β）不太大的稳定土坡坡顶的基础，如图 7-12 所示，当垂直于坡顶边缘线的基础底面边长 $b \leq 3$ m，且基础底面外边缘线至坡顶的水平距离 $a \geq 2.5$ m 时，如果基础埋置深度 d 满足式（7-5）的要求，则土坡坡面附近由修建基础所引起的附加应力不影响土坡的稳定性。

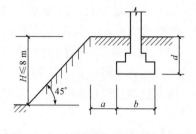

图 7-12　土坡坡顶处基础的最小埋深

$$d \geq (\chi b - a) \tan \beta \qquad (7-5)$$

式中　χ——3.5（对条形基础）或 2.5（对矩形基础）。

若式（7-5）的要求不能满足，则可根据基底平均压力重新确定基础距坡顶边缘的距离和基础埋深。当边坡坡角大于 45°、坡高大于 8 m 时，尚应验算坡体稳定性。

（二）水文地质条件

选择基础埋深时应注意地下水的埋藏条件和动态。对于天然地基上的浅基础，首先应尽量考虑将基础置于地下水位以上，以避免进行施工排水。对底面低于浅水面的基础，除必须考虑基坑排水、坑壁围护以及保护地基土不受扰动等措施外，还应当考虑可能出现的其他施工与设计问题，如出现涌土、流沙的可能性，地下水对基础材料的化学腐蚀作用，地下室防渗，轻型结构物由于地下水顶托的上浮托力，地下水浮托力引起基础底板的内力等。

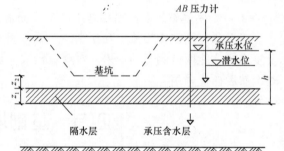

图 7-13　基坑下埋藏有承压含水层的情况

对埋藏有承压含水层的地基，如图 7-13 所示，确定基础埋深时，必须控制基坑开挖深度，防止基坑因挖土减压而隆起开裂。要求基底至承压含水层顶间保留土层厚度（槽底安全厚度）h_0 为

$$h_0 > \frac{\gamma_w h}{\gamma_0 k} \qquad (7-6)$$

$$\gamma_0 = \left(\frac{\gamma_1 z_1 + \gamma_2 z_2}{z_1 + z_2} \right) \qquad (7-7)$$

式中　h——承压水位高度（m）（从承压含水层顶算起）；

　　　γ_0——槽底安全厚度范围内土的加权平均重度，对地下水位以下的土取饱和重度（kN/m³）；

　　　γ_w——承压水的重度（kN/m³）；

　　　k——系数，一般取 1.0，对宽基坑宜取 0.7。

（三）建筑物的功能与结构因素

某些建筑物特定的使用功能要求特定的基础形式，如有些工程要求设置地下室，这时需建造带封闭侧墙的筏板基础或箱形基础；而不同的结构形式及使用条件对基础也有不同的要求，相应的基础埋深也不相同，如多层砖混结构房屋与高层框剪结构对基础埋深的要求是不同的，这些要求常成为其基础埋深选择的先决条件。

结构物荷载大小和性质不同，对地基土的要求也不同，因而会影响基础埋置深度的选择。

浅层某一深度的土层，对荷载小的基础可能是很好的持力层，而对荷载大的基础就可能不宜作为持力层。荷载的性质对基础埋置深度的影响也很明显。对于承受水平荷载的基础，必须有足够的埋置深度来获得土的侧向抗力，以保证基础的稳定性，减少建筑物的整体倾斜，防止倾覆及滑移。例如对高层建筑基础的埋置深度，采用天然地基基础时一般不小于建筑物高度的1/12，采用桩基时一般不小于建筑物高度的1/15（其中桩长不计在埋置深度内）。对于承受上拔力的基础，如输电塔基础，也要求有较大的埋深以提供足够的抗拔阻力。对于承受动荷载的基础，则不宜选择饱和疏松的粉细砂作为持力层，以免这些土层由于振动液化而丧失承载力，造成地基失稳。

三、基础埋置深度的计算

当建筑基础底面允许有一定的冻土层厚度时，可用下式计算基础的最小埋深

$$d_{min} = z_d - h_{max} \tag{7-8}$$

$$z_d = z_0 \psi_{zs} \psi_{zw} \psi_{ze} \tag{7-9}$$

式中 h_{max}——基础底面下允许残留冻土层的最大厚度，按表 7-4 确定；当有充分依据时，基底下允许残留冻土层厚度也可根据当地经验来确定；

z_d——设计冻深（m），若当地有多年实测资料时，也可取 $z_d = h' - \Delta z$，h' 和 Δz 分别为实测冻土层厚度和地表冻胀量；

z_0——标准冻深，是采用在地表平坦、裸露、城市之外的空旷场地中不少于 10 年实测最大冻深的平均值；我国几个主要城市的标准冻深可按如下标准取值：北京 0.7 m，天津 0.5 m，张家口 1.2 m，太原 0.8 m，沈阳 1.2 m，兰州 1.03 m，长春 1.6 m，哈尔滨 2.0 m，牡丹江 1.8 m，齐齐哈尔 2.2 m，满洲里 2.5 m，西安 0.6 m 等；详见《建筑地基基础设计规范》（GB 50007—2011）

ψ_{zs}——土的类别对冻深的影响系数，按表 7-5 取值；

ψ_{zw}——土的冻胀性对冻深的影响系数，按表 7-6 取值；

ψ_{ze}——环境对冻深的影响系数，按表 7-7 取值。

表 7-4 建筑基底下允许残留冻土层厚度 h_{max} （单位：m）

冻胀性	基础形式	采暖情况	基底平均压力/kPa						
			90	110	130	150	170	190	210
弱冻胀土	方形基础	采 暖	—	0.94	0.99	1.04	1.11	1.15	1.20
		不采暖	—	0.78	0.84	0.91	0.97	1.04	1.10
	条形基础	采 暖	—	>2.50	>2.50	>2.50	>2.50	>2.50	>2.50
		不采暖	—	2.20	2.50	>2.50	>2.50	>2.50	>2.50
冻胀土	方形基础	采 暖	—	0.64	0.70	0.75	0.81	0.86	—
		不采暖	—	0.55	0.60	0.65	0.69	0.74	—
	条形基础	采 暖	—	1.55	1.79	2.03	2.26	2.50	—
		不采暖	—	1.15	1.35	1.55	1.75	1.95	—
强冻胀土	方形基础	采 暖	—	0.42	0.47	0.51	0.56	—	—
		不采暖	—	0.36	0.40	0.43	0.47	—	—
	条形基础	采 暖	—	0.74	0.88	1.00	1.13	—	—
		不采暖	—	0.56	0.66	0.75	0.84	—	—

冻胀性	基础形式	采暖情况	基底平均压力/kPa						
			90	110	130	150	170	190	210
特强冻胀土	方形基础	采　暖	0.30	0.34	0.38	0.41	—	—	—
		不采暖	0.24	0.27	0.31	0.34	—	—	—
	条形基础	采　暖	0.43	0.52	0.61	0.70	—	—	—
		不采暖	0.33	0.40	0.47	0.53	—	—	—

注：1. 本表只计算法向冻胀力，如果基侧存在切向冻胀力，应采取防切向力措施。
　　2. 本表不适用于宽度小于 0.6m 的基础，矩形基础可取短边尺寸按方形基础计算。
　　3. 表中数据不适用于淤泥、淤泥质土和欠固结土。
　　4. 表中基底平均压力数值为永久荷载标准值乘以 0.9。

表 7-5　土的类别对冻深的影响系数 ψ_{zs}

土的类别	影响系数 ψ_{zs}	土的类别	影响系数 ψ_{zs}
黏性土	1.00	中、粗、砾砂	1.30
细砂、粉砂、粉土	1.20	碎石土	1.40

表 7-6　土的冻胀性对冻深的影响系数 ψ_{zw}

冻胀性	影响系数 ψ_{zw}	冻胀性	影响系数 ψ_{zw}
不冻胀	1.00	强冻胀	0.85
弱冻胀	0.95	特强冻胀	0.80
冻胀	0.90		

表 7-7　环境对冻深的影响系数 ψ_{ze}

周围环境	影响系数 ψ_{ze}	周围环境	影响系数 ψ_{ze}
村、镇、旷野	1.00	城市市区	0.90
城市近郊	0.95		

注：环境影响系数一项，当城市市区人口为（20～50）万时，按城市近郊取值；当城市市区人口大于 50 万且小于或等
　　于 100 万时，按城市市区取值；当城市市区人口超过 100 万时，按城市市区取值，5km 以内的郊区应按城市近郊
　　取值。

【例 7-3】　某柱基础，作用在设计地面处的柱荷载设计值、基础尺寸、埋深及地基条件如图 7-14 所示，试验算持力层和软弱下卧层的强度。

【解】　（1）持力层承载力验算

图 $b=3.5$，$d=2m$　$e=0.83>0.5$

$I_c=0.73<0.85$　查表得 $\eta_b=0.3$　$\eta_d=1.6$

$$\gamma_0=\frac{17\times1.5+19.2\times0.5}{2}kN/m^3=17.55kN/m^3$$

$f=f_k+\eta_b\gamma\ (b-3)\ +\eta_d\gamma_0\ (d-0.5)$

　$=\ [\ 200+0.3\times\ (19.2-10)\ \times\ (3-3)\ +1.6\times17\ (2$

　$-0.5)\ ]\ kPa=240.8kPa$

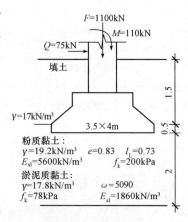

$F=1100kN$
$M=110kN$
$Q=75kN$

填土

1.5

$\gamma=17kN/m^3$

$3.5\times4m$

0.5

粉质黏土：
$\gamma=19.2kN/m^3$　$e=0.83$　$I_L=0.73$
$E_{s1}=5600kN/m^3$　$f_k=200kPa$

淤泥质黏土：
$\gamma=17.8kN/m^3$　$\omega=5090$
$f_k=78kPa$　$E_{s1}=1860kN/m^3$

2

图 7-14　厂房柱基础

基底平均压力

$$p = \frac{F + G}{A} = \frac{1100 + 3.5 \times 4 \times 2 \times 20}{3.5 \times 4} \text{kPa} = 119 \text{kPa} < f$$

基底最大压力

$$\sum M = (110 + 75 \times 2) \text{kN} \cdot \text{m} = 260 \text{kN} \cdot \text{m}$$

$$P_{\text{max}} = \frac{F + G}{A} + \frac{M}{W} = \left[119 + \frac{260}{3.5 \times 4^2 / b}\right] \text{kPa} = 146.86 \text{kPa} < 1.2f$$

（2）软弱下卧层承载力验算

下卧层承载力设计值计算

因为下卧层是淤泥土，且 $f_k = 78 \text{kPa} > 50 \text{kPa}$　所以 $\eta_b = 0$，$\eta_d = 1.1$

下卧层顶面埋深 $d' = d + z = (2 + 2) \text{ m} = 4\text{m}$　土的平均重度 γ_0 为

$$\gamma_0 = \frac{17 \times 1.5 + 19.2 \times 0.5 + 9.2 \times 2}{1.5 + 0.5 + 2} \text{kN/m}^3 = 13.375 \text{kN/m}^3$$

$$f = f_k + \eta_b \gamma (b - 3) + \eta_d \gamma_0 (d - 5)$$
$$= [78 + 0 + 1.1 \times 13.375 \times (4 - 0.5)] \text{kPa} = 129.49 \text{kPa}$$

下卧层顶面处应力

自重应力　$\sigma_c = (17 \times 1.5 + 19.2 \times 0.5 + 9.2 \times 2) \text{kPa} = 53.5 \text{kPa}$

附加应力按扩散角计算，$E_{s1}/E_{s2} = 3$　因为 $0.56\text{m} < 0.5 \times 3.5\text{m} = 1.725\text{m} < z = 2\text{m}$
查表得 $\theta = 23°$

$$\sigma_z = \frac{(p - \sigma_c) bl}{(b + 2z\tan\theta)(l + 2z\tan\theta)} = \frac{[119 - (17 \times 1.5 + 19.2 \times 0.5)] \times 4 \times 3.5}{(3.5 + 2 \times 2 \times \tan 23°)(4 + 2 \times 2 \times \tan 23°)}$$

$$= \frac{1174.6}{5.2 \times 5.7} \text{kPa} = 39.63 \text{kPa}$$

作用在较弱下卧层顶角处的总应力为

$$\sigma_z + \sigma_{cz} = (53.5 + 39.63) \text{kPa} = 93.13 \text{kPa} < f_z = 129.49 \text{kPa}$$

故较弱下卧层地基承载力也满足。

第五节　无筋扩展基础设计

一、无筋扩展基础的特点

无筋扩展基础是最基本的形式，具有施工简单、便于就地取材的优点，适用于多层民用建筑和轻型厂房。无筋扩展基础常用脆性材料砌筑而成，抗压强度高，抗拉、抗剪强度低，因此稍有扭曲变形，基础就容易产生裂缝，进而发生破坏。

二、无筋扩展基础的设计步骤

（1）根据就地取材原则考虑上部结构荷载和地基条件，确定形式与埋深。

（2）根据持力层承载力计算基础底面积并确定形状。

（3）根据允许高宽比设计剖面形状及尺寸。

（4）验算基础顶面及两种材料接触面的抗压强度。

（5）验算软弱下卧层。

（6）进行地基变形验算。

（7）绘制基础施工图。

三、无筋扩展基础设计方法

（一）无筋扩展基础的荷载类型

通常，无筋扩展基础的荷载有以下 3 种情况，如图 7-15 所示：第一种情况基础是中心受压的，称为中心荷载下的基础；第二、三种情况是在基础顶面除了竖向中心荷载的作用外，还有弯矩及水平力。地基的压力是非均布的，属于偏心荷载下的基础。

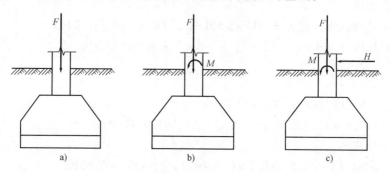

图 7-15　刚性基础的荷载

（二）中心荷载作用下无筋扩展基础设计

当基础类型和埋置深度确定以后，就可以根据地基土层的承载力和作用在基础上的荷载，计算基础的底面积和基础的高度。

工程中一般是先通过承载力要求确定基础底面尺寸，计算中包括持力层土的承载力计算和软弱下卧层的验算；其次，对部分建（构）筑物，仍需考虑地基变形的影响。验算建（构）筑物的变形特征值，并对基础底面尺寸作必要的调整。

对于中心荷载作用的基础，如图 7-16a 所示，基础通常采用对称形式，使荷载作用线通过基底形心。

具体设计步骤如下：

确定基础底面积 A（矩形、条形或正方形），按承载力条件，应满足

$$p_k \leqslant f_a \tag{7-10}$$

式中　p_k——相应于荷载效应标准组合时，基础底面处的平均压力值（kPa）；

f_a——修正后的地基承载力特征值（kPa）。

式（7-10）中基础底面处的平均压力值 p_k，按下式计算

$$p_k = \frac{F_k + G_k}{A} \tag{7-11}$$

式中　F_k——相应于荷载效应标准组合时，上部结构传至基础顶面的竖向力值（kN）；

G_k——基础自重设计值加基础上的土重标准值（kN），对一般实体基础，可近似地取 $G_k = \gamma_G A d$（γ_G 为基础及回填土的平均重力密度，可取 $\gamma_G = 20 \ kN/m^3$），但在地下水位以下部分应扣去浮托力；

A——基础底面面积（m²）。

整理后，即可得中心荷载作用下的基础底面积 A 的计算公式

$$A \geqslant \frac{F_k}{f_a - \gamma_G d} \tag{7-12}$$

式中　d——基础平均埋深（m）；

其他符号意义同前。

对于矩形单独基础，按式（7-12）计算出 A 后，先选定 b 或 l，再计算另一边长，使 $A = lb$，一般取 $l/b = 1.0 \sim 2.0$。

对于条形基础，取 1 m 长计算，底面积 $A = 1 \times b$，故式（7-12）可改写为

$$b \geqslant \frac{F_k}{f_a - \gamma_G d} \tag{7-13}$$

若荷载较小而地基的承载力又较大时，可能计算的基础需要的宽度较小。但为了保证安全和便于施工，承重墙下的基础宽度不得小于 $600 \sim 700$ mm，非承重墙下的宽度不得小于 500 mm。

对于正方形基础，底面积 $A = b \times b$，则式（7-12）可改写为

$$b \geqslant \sqrt{\frac{F_k}{f_a - \gamma_G d}} \tag{7-14}$$

必须指出，在按式（7-12）计算 A 时，需要先确定地基承载力特征值 f_a，但 f_a 值又与基础底面尺寸 A 有关，因此，可能要通过反复试算确定。计算时，可先对地基承载力进行深度修正，计算 f_a；然后按式（7-12）计算所得的 A 确定基础底面尺寸。当计算得到的基础宽度 $b > 3$m 时，再进行宽度修正，使得 A、f_a 间相互协调一致。

（三）偏心荷载作用下无筋扩展基础设计

偏心荷载作用下的基础底面尺寸计算时，通常可按逐次渐近试算法进行，计算步骤如下：

（1）先按中心荷载作用下的基础底面积计算公式，即式（7-12），计算基础底面积 A_0。

（2）考虑偏心影响，加大 A_0。一般可根据偏心距的大小增大 $10\% \sim 40\%$，作为偏心荷载作用下基础底面积的第一次近似值，即 $A = (1.1 \sim 1.4) A_0$。对矩形底面的基础，按 A 初步选择相应的基础底面长度 l 和宽度 b，一般 $l/b = 1.2 \sim 2.0$。

（3）按上述计算的基础底面积 A，用下式计算基底的最大和最小的边缘压力 p_{kmax}、p_{kmin}

$$p_{kmin}^{kmax} = \frac{F_k + G_k}{A} \pm \frac{M_k}{W} \tag{7-15}$$

当 $e > \dfrac{b}{6}$ 时（图 7-16）

$$p_{kmax} = \frac{2 + (F_k + G_k)}{3la} \tag{7-16}$$

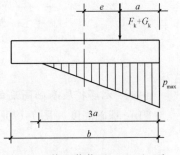

式中　M_k——相应于荷载效应标准组合时，作用于基础底面的力矩值（kN·m）；

　　　W——基础截面抵抗矩（m³）；

　　p_{kmax}——相应于荷载效应标准组合时，基础底面边缘的最大压力值（kPa）；

　　p_{kmin}——相应于荷载效应标准组合时，基础底面边缘的最小压力值（kPa）；

　　　l——垂直于力矩作用方向的基础底面边长（m）；

图 7-16　偏心荷载（$e > b/6$）下基底压力计算示意

b—力矩作用方向基础底面边长

a——合力作用点至基础底面最大压力边缘的距离（m）。

对于矩形基础，$W = lb^2/6$；对于条形基础，取 1 m 长计算，$W = b^2/6$。

再按照《建筑地基基础设计规范》（GB 50007—2011）检查基底应力是否满足要求

$$\frac{1}{2}(p_{kmax} + p_{kmin}) \leq f_a \tag{7-17}$$

$$p_{kmax} \leq 1.2f_a \tag{7-18}$$

式中符号意义同前。

如不合适（应力过大不安全，应力过小地基承载力不能充分发挥），应调整基底尺寸再验算，如此反复，直至满足。偏心荷载作用下的刚性基础高度的确定方法与中心荷载作用时相同。

对于混凝土基础，当基础底面处的平均压力超过 300 kPa 时，尚应按照式（7-19）进行抗剪验算

$$V \leq 0.07f_c A \tag{7-19}$$

式中 V——剪力设计值（kN）；

f_c——混凝土轴心抗压强度设计值（kPa）；

A——台阶高度变化处的剪切断面面积（m²）。

若地基中有软弱下卧层时，应进行下卧层的承载力验算。若建筑物属于必须进行变形验算的范围，应按要求进行变形验算。必要时还要对尺寸进行调整，并重新进行各项验算。

对于图 7-15c 的情况，基础的设计方法基本相同。但计算中还应该考虑：

（1）水平力 H 在基底引起的力矩 M'_k，并相应改变基底应力 p 的分布。

（2）水平力 H 一般假定均匀分布于基底全面积，在沉降分析时要计算基底水平荷载所引起的影响。

（3）当水平力 H 较大时，要校核基础埋深是否足以保证地基的稳定。

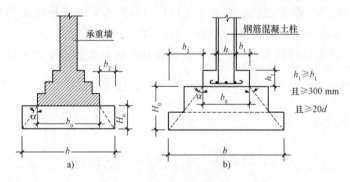

图 7-17　无筋扩展基础构造示意

d—柱中纵向钢筋直径

（四）无筋扩展基础高度的确定

（1）基础高度（图 7-17）应符合下式要求

$$H_0 \geq \frac{b - b_0}{2\tan\alpha} \tag{7-20}$$

式中 b——基础底面宽度（mm）；

b_0——基础顶面的墙体宽度或柱脚宽度（mm）；

H_0——基础台阶高度（mm）；

b_2——基础台阶宽度（mm）；

$\tan\alpha$——基础台阶宽高比 b_2：H_0，其允许值可按表7-8选用。

表7-8 刚性基础台阶宽高比的允许值

基础材料	质量要求	台阶宽高比的允许值		
		$p_k \leqslant 100$	$100 < p_k \leqslant 200$	$200 < p_k \leqslant 300$
混凝土基础	C15 混凝土	1:1.00	1:1.00	1:1.25
毛石混凝土基础	C15 混凝土	1:1.00	1:1.25	1:1.50
砖基础	砖不低于 MU10，砂浆不低于 M5	1:1.50	1:1.50	1:1.50
毛石基础	砂浆不低于 M5	1:1.25	1:1.50	—
灰土基础	体积比为 3:7 或 2:8 的灰土，其最小密度： 粉土 1.55 t/m³； 粉质黏土 1.50 t/m³； 黏土 1.45 t/m³	1:1.25	1:1.50	—
三合土基础	体积比 1:2:4 ~ 1:3:6 （石灰:砂:骨料），每层约虚铺 220mm，夯至 150mm	1:1.50	1:2.00	—

注：1 p_k 为荷载效应标准组合时基础底面处的平均压力值（kPa）。

2. 阶梯形毛石基础的每阶伸出宽度，不宜大于 200 mm。

3. 当基础由不同材料叠合组成时，应对接触部分作抗压验算。

4. 基础底面处的平均压力值超过 300 kPa 的混凝土基础，尚应进行抗剪验算。

5. 为了保护基础不受外力的破坏，基础的顶面必须埋在设计地面以下 100~150 mm，所以基础的埋置深度 d 必须大于基础的高度 h 加上保护层的厚度。不满足这项要求时，必须加大基础的埋深或采取其他措施。

（2）采用无筋扩展基础的钢筋混凝土柱，其柱脚高度 h_1 不得小于 b_1，如图 7-17 所示，并不应小于 300 mm 且不小于 $20d$（d 为柱中的纵向受力钢筋的最大直径）。当柱纵向钢筋在柱脚内的竖向锚固长度不满足锚固要求时，可沿水平方向弯折，弯折后的水平锚固长度不应小于 $10d$，也不应大于 $20d$。

【例 7-4】 某厂房采用钢筋混凝土条形基础，墙厚 370mm，上部结构传至基础顶部的轴的荷载 $N = 325$ kN/m，弯矩 $M = 30$kN·m/m，条形基础底面宽度 b 已由地基承载力确定为 2m，试设计此基础的高度并进行底板配筋。

【解】 （1）选用混凝土的强度等级为 C15，查得 $f_c = 7.5$MPa，采用 HPB235 钢筋，查得 $f_y = 210$MPa。

（2）基础边缘处的最大和最小地基净反力

$$p_{j\min}^{\max} = \frac{N}{b} \pm \frac{6M}{b^2} = \frac{325}{2} \pm \frac{6 \times 30}{2^2} \text{kPa} = \frac{207.5}{117.5} \text{kPa}$$

（3）验算截面 I 距基础边缘的距离

$$b_I = \frac{1}{2} \times (2 - 0.37) \text{ m} = 0.815\text{m}$$

（4）验算截面的剪力设计值

$$V_I = \frac{b_I}{2b}\left[\left(2b - b_I\right)p_{j\max} + b_I p_{j\min}\right]$$

$$= \frac{0.815}{2\times2}\times\left[\left(2\times2 - 0.815\right)\times207.5 + 0.815\times117.5\right]kN/m = 151.3kN/m$$

（5）基础的计算有效高度

$$h_0 \geqslant \frac{V_I}{0.07f_c} = \frac{151.3}{0.07\times7.5}mm = 288.2mm$$

基础边缘高度取200mm，基础高度h取350mm，有效高度$h_0 = \left(350 - 35\right)$ mm = 315mm >288.2mm，合适。

（6）基础验算截面的弯矩设计值

$$M_I = \frac{1}{2}V_I b_I = \frac{1}{2}\times151.3\times0.815kN\cdot m = 61.7kN\cdot m$$

（7）配筋

$$A_s = \frac{M_I}{0.9f_3h_0} = \frac{61.7\times10^6}{0.9\times210\times315}mm^2 = 1037mm^2$$

【例7-5】 已知某厂房作用于基础上的柱荷载如图7-18所示，地基土为粉质土，$\gamma = 20kN/m^3$，地基承载力标准值$f_k = 230kPa$，试设计矩形基础底面尺寸。

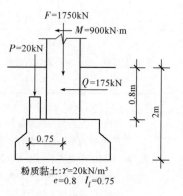

图7-18 柱荷载

【解】 （1）按轴心荷载初步确定基础底面积

$$A_0 \geqslant \frac{F}{f_k - \gamma_G d} = \frac{1750 + 200}{230 - 20\times2}m^2 = 10.3m^2$$

考虑偏心荷载的影响，将A_0增大30%。

$$A = 1.3A_0 = 13.4m^2$$

设长宽比$n = \frac{1}{b} = 2$，则$A = lb = 2b^2$

$$b = \sqrt{\frac{A}{n}} = \sqrt{\frac{13.4}{2}}m = 2.6m$$

$$l = 2b = 5.2m$$

（2）计算基底最大压力$p_{\max}$

基础及回填土重 $G = \gamma_G A_d = 20\times2.6\times5.2\times2kN = 540.8kN$

基底处竖向力合力 $\sum F = \left(1750 + 200 + 540.8\right)$ kN = 2490.8kN

基底处总力矩 $\sum M = \left(900 + 200\times0.75 + 175\times1.2\right)$ kN·m = 1260kN·m

偏心距 $e = \frac{\sum M}{\sum F} = \frac{1260}{2490.8}m = 0.5m < \frac{l}{6} = 0.87m$

所以偏心力作用点在基础截面内。

基底最大压力

$$p_{\max} = \frac{\sum F}{lb}\left(1 + \frac{6e}{l}\right) = \frac{2490.8}{5.2\times2.6}\times\left(1 + \frac{6\times0.5}{5.2}\right)kPa = 291.1kPa$$

（3）地基承载力设计值及地基承载力验算

根据 $e = 0.80$ $I_l = 0.75$ 得 $\eta_b = 0.3$ $\eta_d = 1.6$

$$f = f_k + \eta_b r\left(b - 3\right) + \eta_d\gamma_0\left(d - 0.5\right) = \left[230 + 0 + 1.6\times20\times\left(2 - 0.5\right)\right]kPa = 278kPa$$

$$p_{max} = 291.1\text{kPa} < 1.2f = 1.2 \times 278\text{kPa} = 333.6\text{kPa} \text{（满足）}$$

$$p = \frac{\sum F}{lb} = \frac{2490.8}{5.2 \times 2.6}\text{kPa} = 184.2\text{kPa} < f = 278\text{kPa} \text{（满足）}$$

第六节　扩展基础设计

扩展基础是指墙下钢筋混凝土条形基础和柱下钢筋混凝土独立基础，通常能在较小的埋深内，把基础底面扩大到所需的面积，因而是最常用的基础形式之一。为使扩展基础具有一定的刚度，要求基础台阶的宽高比不大于2.5。从基础受力特点分析，扩展基础仍为一板式基础，基础底板的厚度应满足抗冲切的要求，并按板的受力分析进行抗剪及抗剪强度计算。

一、扩展基础的类型与结构形式

（1）柱下钢筋混凝土独立基础按其截面的不同形式有阶梯形、锥形和杯口形基础。
（2）墙下钢筋混凝土条形基础一般做成无肋的板，有时也做成有肋的板。

二、墙下钢筋混凝土条形基础设计

（一）构造要求

1. 基础的外形尺寸

（1）墙下钢筋混凝土条形基础按外形不同可分为无纵肋的板式条形基础和有纵肋的板式条形基础，如图7-19所示。

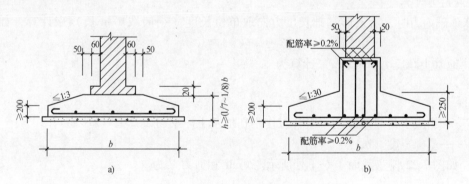

图7-19　墙下条形基础构造
a）无纵肋　b）有纵肋

（2）墙下条形基础的高度 h 应按受冲切计算确定。构造要求一般为 $h \geqslant (1/8 \sim 1/7) \, b$，且 $h \geqslant 300 \, \text{mm}$，式中 b 为基础宽度。当悬挑长度 $b/2 \leqslant 750\text{mm}$ 时，基础高度可做成等厚度；当 $b/2 > 750 \, \text{mm}$ 时，可做成变厚度，且板的边缘厚度应大于或等于 $200 \, \text{mm}$，坡度 $i \leqslant 1{:}3$ ［图7-19a］。

（3）当墙下的地基土质不均匀或沿地基纵向荷载分布不均匀时，为了抵抗不均匀沉降和加强条形基础的纵向抗弯能力，可做成有纵肋板式条形基础。纵肋的宽度为墙厚加100 mm。翼板厚度宜以不配箍筋或弯起钢筋的条件按受弯承载力计算确定。当悬挑长度小于或等于750 mm时，基础的翼板可做成等厚度；当悬挑长度大于750 mm 或翼板厚度大于250 mm 时可做成变厚度，此时翼板边缘厚度不应小于200 mm，且坡度 $i \leqslant 1{:}3$，如图7-19b所示。

2. 基础的配筋

（1）墙下条形基础的横向受力钢筋：当混凝土强度等级为 C20 时，采用 φ8～φ16 钢筋；当为 C20 以上时，采用配筋率不应小于 0.15%。墙下条形基础的纵向钢筋一般按构造配置，宜采用 φ8～φ10 钢筋，间距不大于 250 mm。当基础下的地基局部软弱时，可在底板内设置暗梁局部加强，如图 7-20 所示。

（2）有纵肋的板式条形基础，当肋宽大于 350 mm 时，肋内应配置四肢箍筋；当肋宽大于 800mm 时，应配置六肢箍筋。箍筋一般为 φ6～φ8，间距为 200～400 mm。纵肋内的纵向受力钢筋，按构造要求配置上下相间的双筋，其配筋率应满足受弯构件最小配筋率的要求。

（3）当底板宽度 $b \geqslant 2\,500$mm 时，底板的横向受力钢筋长度 l 可按 0.9（$b - 50$）交错布置（图 7-21），并应满足关于截断钢筋对延伸长度的要求。

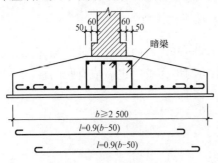

图 7-20　底板横向钢筋交错布置

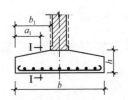

图 7-21　墙下条形基础
的计算示意

（二）内力计算

计算基础内力时，沿条形基础长度方向取单位长度（一般取 1 m 长）来计算，如图7-22所示。

（1）地基土净反力 p_j（kPa）计算为

$$p_j = \frac{F}{b} \tag{7-21}$$

式中　F——相应于荷载效应基本组合对作用在地基土净反力设计值（kN/m）；

　　　b——基础宽度（m）。

（2）如图 7-22 任意截面Ⅰ—Ⅰ处所示弯矩 M 和剪力 V 为

$$M = \frac{1}{2} p_j a_1^2 \tag{7-22}$$

$$V = p_j a_1 \tag{7-23}$$

其最大弯矩截面的位置：

当墙体为混凝土时，$a_1 = b_1$；

如为砖墙且放脚不大于 1/4 砖长时，$a_1 = b_1 + 1/4$ 砖长。

条形基础高度的确定，根据经验，一般约为基础宽度 b 的 1/8。

（3）根据剪力 V 值进行抗剪验算，条形基础的截面有效高度 h_0 应满足下式

$$h_0 \geqslant \frac{V}{0.07\beta_{hs}bf_c} \tag{7-24}$$

式中　b——通常取 1 m；

　　　f_c——混凝土轴心抗压强度设计值（kPa）；

β_{hs}——受剪承载力截面高度影响系数，$\beta_{hs} = (800/h_0)^{1/4}$，$h_0 < 800$ mm 时取 800 mm，$h_0 > 2\,000$ mm 时取 2 000mm。

三、柱下钢筋混凝土单独基础设计

（一）设计要求

基础高度及变阶处的高度，应根据抗剪及抗冲切的公式计算确定。对钢筋混凝土单独基础而言，其抗剪验算一般均能满足要求，故基础高度主要根据抗冲切要求确定，必要时才进行抗剪验算。

当基础承受柱子传来的荷载时，若在柱子周边处基础的高度不够，就会发生如图 7-22 所示的冲切破坏，即从柱子周边起，沿着 45° 斜面拉裂，而形成图 7-23 中虚线所示的冲切角锥体。

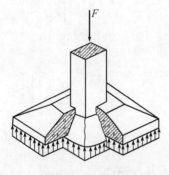
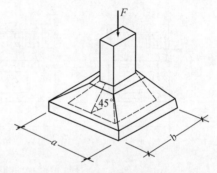

图 7-22　冲切破坏　　　　　　图 7-23　冲切角锥体

为了保证基础不发生冲切破坏，在基础冲切角锥体以外，由地基反力产生的冲切荷载 F_l 应小于基础冲切面上的抗冲切强度。根据混凝土结构设计规范，对矩形截面柱的矩形基础，在柱与基础交接处以及基础变阶处的冲切强度可按式（7-25）～式（7-27）计算。

扩展基础的计算，应符合下列要求：

（1）基础底面积。可参阅本章前述的有关部分。在墙下条形基础相交处，不应重复计入基础面积。

（2）对矩形截面柱的矩形基础，应验算柱与基础交接处以及基础变阶处的受冲切承载力。受冲切承载力应按下列公式验算

$$F_l \leqslant 0.7\beta_{hp}f_t a_m h_0 \tag{7-25}$$
$$a_m = (a_t + a_b)/2 \tag{7-26}$$
$$F_l = p_j A_l \tag{7-27}$$

式中　β_{hp}——受冲切承载力截面高度影响系数，当 $h \leqslant 800$ mm 时，β_{hp} 取 1.0；当 $h \geqslant 2\,000$ mm 时，β_{hp} 取 0.9，其间值按线性内插法取用；

f_t——混凝土轴心抗拉强度设计值（kPa）；

h_0——基础冲切破坏锥体的有效高度（m）；

a_m——冲切破坏锥体最不利一侧的计算长度（m）；

a_t——冲切破坏锥体最不利一侧斜截面的上边长（m），当计算柱与基础交接处的受冲切承载力时，取柱宽；当计算基础变阶处的受冲切承载力时，取上阶宽；

a_b——冲切破坏锥体最不利一侧斜截面在基础底面积范围内的下边长（m），当冲切破

坏锥体的底面落在基础底面以内，计算柱与基础交接处的受冲切承载力时，取柱宽加2倍基础有效高度；当计算基础变阶处的受冲切承载力时，取上阶宽加2倍该处的基础有效高度。当冲切破坏锥体的底面在 l 方向落在基础底面以外，即 $a + 2h_0 \geqslant l$ 时，$a_b = l$；

p_j——扣除基础自重及其上土重后相应于荷载效应基本组合时的地基土单位面积净反力，对偏心受压基础可取基础边缘处最大地基土单位面积净反力；

A_l——冲切验算时取用的部分基底面积（图7-24a、b 中的阴影面积 $ABCDEF$，或图7-24c中的阴影面积 $ABCD$）（m^2）；

F_l——相应于荷载效应基本组合时作用在 A_l 上的地基土净反力设计值（kN）。

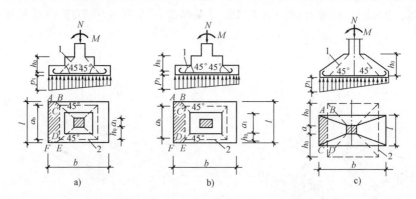

图 7-24　计算矩形基础的受冲切承载力截面位置
1—冲切破坏锥体最不利一侧的斜截面　2—冲切破坏锥体的底面线

（二）基础底板内力及配筋计算

柱下钢筋混凝土单独基础承受荷载后，基础底板沿着柱子四周产生弯曲，当弯曲应力超过基础抗弯强度时，基础底板将发生弯曲破坏。一般单独基础的长宽尺寸较为接近，故基础底板为双向弯曲板，其内力计算常采用简化计算方法。将单独基础的底板看作固定在柱子周边的四面挑出的悬臂板，近似地将基底面积按对角线划分成4个梯形面积，沿基础长宽两个方向的弯矩，等于梯形基底面积上地基土净反力所产生的力矩。当矩形基础在轴心或单向偏心荷载作用下，基础台阶的高宽比 $\tan\alpha \leqslant 2.5$ 和偏心距 $e \leqslant \dfrac{a}{6}$ 时，基板任意截面 I－I 及 II－II（图7-25）的弯矩可按下列公式计算

中心受压基础（图7-25a）

$$M_{\text{I}} = \frac{1}{6}a_1^2(2b + b')p_j \tag{7-28}$$

$$M_{\text{II}} = \frac{1}{24}(b - b')^2(2a + a')p_j \tag{7-29}$$

偏心受压基础（图7-22b）

$$M_{\text{I}} = \frac{1}{12}a_1^2\Big[(2l + a')\Big(p_{\max} + p - \frac{2G}{A}\Big) + (p_{\max} - p)l\Big] \tag{7-30}$$

$$M_{\text{II}} = \frac{1}{48}(l - a')^2(2b + b')\Big(p_{\max} + p_{\min} - \frac{2G}{A}\Big) \tag{7-31}$$

式中 M_{I}、M_{II}——任意截面 I - I、II - II 处相应于荷载效应基本组合时的弯矩设计值（kN·m）；

a_1——任意截面 I - I 至基底边缘最大反力处的距离（m）；

l、b——基础底面的边长（m）；

$p_{\max}$、$p_{\min}$——相应于荷载效应基本组合时的基础底面边缘最大和最小地基反力设计值（kPa）；

p——相应于荷载效应基本组合时在任意截面 I - I 处基础底面地基反力设计值（kPa）；

G——考虑荷载分项系数的基础自重及其上的土自重（kN）。当组合值由永久荷载控制时，$G = 1.35 G_k$，G_k 为基础及其上土的标准自重。

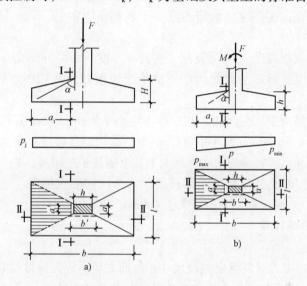

图 7-25 矩形基础底板的计算图式

a) 中心受压 b) 偏心受压

基础底板配筋计算，根据底板内力，各计算截面所需的钢筋截面积 A_s 为

$$A_s = \frac{M}{0.9 h_0 f_y} \qquad (7\text{-}32)$$

式中 M——计算配筋截面处的设计弯矩（N·mm）；

f_y——钢筋的抗拉强度设计值（MPa）；

h_0——基础有效高度（mm），应注意双向配筋时有效高度的取值，通常沿基础长向的钢筋设置于下层。

对于阶梯形基础，除进行柱边截面的强度计算外，尚应在变阶处进行验算，根据变阶处的截面位置，按式（7-28）至式（7-31）计算。

双向偏心的单独基础，可按叠加原理进行计算。

四、柱下条形基础设计

（一）柱下条形基础构造要求

柱下条形基础的构造，除应满足前述扩展基础的要求外，尚应符合下列规定：

（1）柱下条形基础梁的高度宜为柱距的 1/8～1/4。翼板厚度不应小于 200 mm。当翼板厚度大于 250 mm 时，宜采用变厚度翼板，其坡度宜小于或等于 1:3。

（2）条形基础的端部宜向外伸出，其长度宜为第一跨距的 0.25 倍。

（3）现浇柱与条形基础梁的交接处，其平面尺寸不应小于图 7-26 的规定。

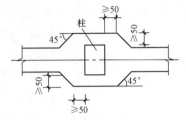

图 7-26　现浇柱与条形基础梁
交接处平面尺寸

（4）基础梁端部的基底压力一般较大，有可能大于修正后的地基承载力特征值，在基础平面布置允许的情况下，条形基础的端部宜向外伸出，其长度宜为第一跨距的 0.25 倍。

（5）条形基础梁顶部和底部的纵向受力钢筋除满足计算要求外，考虑到整体弯曲以及温度和混凝土收缩的影响，顶部钢筋按计算配筋全部贯通，底部通长钢筋不应少于底部受力钢筋截面总面积的 1/3。

（6）当基础梁的腹板高度 h_w（梁高减去底翼板厚度）≥450mm 时，基础梁的两侧应配置构造钢筋，每侧纵向构造钢筋的截面面积不应小于腹板截面面积 bh_w 的 0.1%，其间距不大于 200mm。

（7）基础梁的箍筋应采用封闭式，其直径不应小于 8mm。梁宽小于或等于 350mm 时，可采用双肢箍筋；梁宽大于 350mm 且小于 800mm 时，采用四肢箍筋；梁宽大于 800mm 时，采用六肢箍筋。一般情况下，基础梁的刚度都远大于其上的柱子的刚度，地震发生时，塑性铰只可能出现在柱子的根部，因此基础梁的端部箍筋无需按抗震要求加密，箍筋间距除满足承载力（含沉降差引起的剪力）要求外，尚不应大于 400mm。

（二）柱下条形基础计算

1. 底面尺寸确定

在计算条形基础内力、最终确定截面尺寸并配筋之前，应先按常规方法选定基础底面的长度 l 和宽度 b。将条形基础视为一狭长的矩形基础，长度 l 由构造要求决定（只要决定伸出边柱的长度），然后根据地基的承载力计算所需的宽度 b，如果荷载的合力是偏心的，则可像对待偏心荷载下的矩形基础那样，先初步选定宽度，再用边缘最大压力验算地基。

2. 内力分析

实践中常用下列两种简化方法计算条形基础的内力。

（1）静定分析法。首先，按偏心受压公式根据柱子传至梁上的荷载，利用静力平衡条件，求得梁下地基反力的分布，如图 7-27 所示。

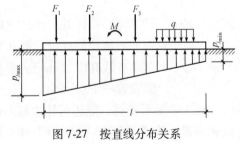

$$\begin{matrix} p_{j\max} \\ p_{j\min} \end{matrix} = \frac{\sum F_i}{bl} \pm \frac{6\sum M_i}{bl^2} \qquad (7\text{-}33)$$

图 7-27　按直线分布关系
求基础梁地基反力

式中　$\sum F_i$——上部建筑物作用在基础梁上的各垂直荷载（包括均布荷载 q 在内）的总和（kN）；

$\sum M_i$——各外荷载对基础梁中点的力矩代数和（kN·m）；

b——基础梁的宽度（m）；

l——基础梁的长度（m）；

$p_{j\max}$——基础梁边缘处最大地基反力（kPa）;

$p_{j\min}$——基础梁边缘处最小地基反力（kPa）。

当 $p_{j\max}$ 与 $p_{j\min}$ 相差不大时，可近似地取其平均值作为梁下均布的地基反力，这样计算时将更为方便。

因为基础（包括覆土）的自重不引起内力，故可根据基底的净反力来作内力分析。式（7-33）中的 $\sum F_i$ 不包括自重，所得的结果即为净反力。求出净反力分布后，基础上所有的作用力都已确定，便可按静力平衡条件计算出任一 i 截面上的弯矩 M_i 和剪力 V_i，如图 7-28 所示，选取若干截面进行计算，然后绘制弯矩、剪力图。

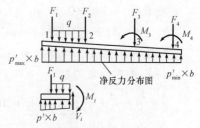

图 7-28　按静力平衡条件计算条形基础的内力

静定分析法不考虑梁与上部结构的相互作用，因而在荷载和直线分布的基底反力作用下产生整体弯曲。与其他方法比较，这样计算所得的基础不利截面上弯矩绝对值一般较大。此法只适用于上部为柔性结构且自身刚度较大的条形基础以及联合基础。

（2）倒梁法。这种方法将地基反力视为作用在基础梁上的荷载，将柱子视为基础梁的支座，这样就可将基础梁作为一倒置的连续梁进行计算，故称为倒梁法，如图 7-29 所示。

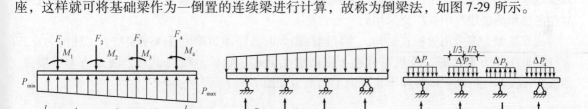

图 7-29　倒梁法计算简图

a）按直线分布的基底反力　b）倒置的梁　c）调整的荷载

由于未考虑基础梁挠度与地基变形协调条件且采用了地基反力直线分布假定，即反力不平衡，因此，需要进行反力调整，即将柱荷载 F_i 和相应支座反力 R_i 的差值均匀地分配在该支座两侧各 $1/3$ 跨度范围内，再解此连续梁的内力，并将计算结果进行叠加。重复上述步骤，直至满意为止。一般经过一次调整，就能满足设计精度的要求（不平衡力不超过荷载的 20%）。

倒梁法把柱子看作基础梁的不动支座，即认为上部结构是绝对刚性的。由于计算中不涉及变形，不能满足变形协调条件，因此，计算结果存在一定的误差。经验表明，倒梁法较适合于地基比较均匀，上部结构刚度较好，荷载分布较均匀，且条形基础梁的高度大于 $1/6$ 柱距的情况。由于实际建筑物多半发生盆形沉降，导致柱荷载和地基反力重新分布，研究表明，端柱和端部地基反力均会增大，为此，宜在端跨适当增加受力钢筋，并且上下均匀配筋。

【例 7-6】　一厂房墙基上部轴心荷载 $F = 200\mathrm{kN/m}$，基础埋深 1.5m，地基为粉质黏土，$\gamma = 19\mathrm{kN/m^3}$，$e = 0.83$，$I_c = 0.73$，地面以下砖台墙厚 37cm，基础用砖砌体，试确定所需基础宽度和高度。

解：（1）先求地基、承载力标准值

根据 $e = 0.83$　$I_c = 0.73$　得 $f_0 = 200\mathrm{kPa}$

（2）用地基承载力标准值设计基础底面尺寸，墙基是条形基础得

$$b \geqslant \frac{F}{f - \gamma_G d} = \frac{200}{200 - 20 \times 1.5} = 1.18\text{m} \quad \text{取} \ b = 1.2\text{m}$$

（3）计算地基承载力设计值

查表得：$\quad \eta_b = 0.3 \quad \eta_d = 1.6$

$b < 3\text{m} \quad$ 取 $b = 3$ 计算，所以

$$f = f_k + \eta_b \gamma_0 (d - 0.5) = [200 + 0 + 1.6 \times 19 \times (1.5 - 0.5)]\ \text{kPa} = 230.4\text{kPa}$$

（4）地基承载力验算

$$p = \frac{F}{A} + \gamma_G d = \left(\frac{200}{1.2 \times 1.2} + 20 \times 1.5\right)\text{kPa} = 168.89\text{kPa} < 230.4\text{kPa}$$

第七节　高层建筑筏形基础设计

上部结构荷载较大，地基承载力较低，采用一般基础不能满足要求时，可将基础扩大成支承整个建筑物结构的大钢筋混凝土板，即成为筏形基础（或称为筏板基础）。筏形基础不仅能减少地基土的单位面积压力，提高地基承载力，还能增强基础的整体刚性，调整不均匀沉降，故在多层和高层建筑中被广泛采用。

筏板基础大多采用梁板式结构，当柱网间距大时，可加肋梁使基础刚度增大。柱网为正方形（或近于正方形）时，筏板基础也可以做成无梁式基础板，相当于一个倒置的无梁楼盖。梁板式筏板基础的肋梁既可向下也可向上凸出，如图 7-30 所示。

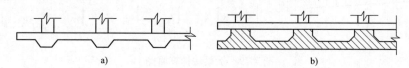

图 7-30　梁板式筏片基础
a）肋梁向下凸出　b）肋梁向上凸出

一、高层建筑筏形基础构造

（一）地下室构造

（1）采用筏形基础的地下室，在沿地下室四周布置钢筋混凝土外墙时，外墙厚度不应小于 250mm，内墙厚度不应小于 200mm。墙的截面设计除满足承载力要求外，尚应考虑变形、抗裂及防渗等要求。墙体内应设置双排钢筋，竖向和水平钢筋的直径不应小于 12mm，间距不应大于 300mm。

（2）地下室底层柱、剪力墙与梁板式筏基的基础梁连接的构造要求，如图 7-31 所示，柱、墙的边缘至基础梁边缘的距离不应小于 50mm：

1）当交叉基础梁的宽度小于柱截面的边长时，交叉基础梁连接处应设置八字角，柱角和八字角之间的净距不宜小于 50mm，见图 7-31a；

2）单向基础梁与柱的连接，可按图 7-31b、c 设计；

3）基础梁与剪力墙的连接，可按图 7-31d 设计。

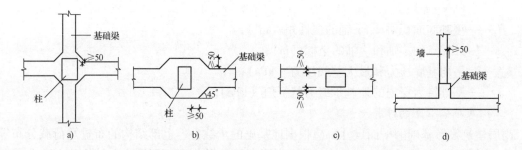

图 7-31　地下室底层柱或剪力墙与基础梁连接的构造要求

（二）筏基底板

梁板式筏基底板除计算正截面受弯承载力外，其厚度尚应满足受冲切承载力、受剪切承载力的要求。对 12 层以上建筑的梁板式筏基，其底板厚度与最大双向板格的短边净跨之比不应小于 1/14，且板厚不应小于 400mm。

（三）连接要求

（1）筏板与地下室外墙的接缝、地下室外墙沿高度处的水平接缝应严格按施工缝要求施工，必要时可设通长止水带。

（2）高层建筑筏形基础与裙房基础之间的构造应符合下列要求：

1）当高层建筑与相连的裙房之间设置沉降缝时，高层建筑的基础埋深应大于裙房基础的埋深至少 2m。当不满足要求时必须采取有效措施。沉降缝地面以下应用粗砂填实，如图 7-32 所示。

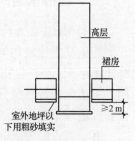

图 7-32　高层建筑与裙房间的沉降缝处理

2）当高层建筑与相连的裙房之间不设置沉降缝时，宜在裙房一侧设置后浇带，后浇带的位置宜设在距主楼边柱的第二跨内。后浇带混凝土宜根据实测沉降值并计算后期沉降差能满足设计要求后方可进行浇筑。

3）当高层建筑与相连的裙房之间不允许设置沉降缝和后浇带时，应进行地基变形验算，验算时需考虑地基与结构变形的相互影响并采取相应的有效措施。

（3）筏形基础地下室施工完毕后，应及时进行基坑回填工作。回填基坑时，应先清除基坑中的杂物，并应在相对的两侧或四周同时回填并分层夯实。

二、筏形基础地基的计算

（一）基础底面积的确定

筏形基础底面积应满足地基承载力要求

$$p(x,y) = \frac{F+G}{A} \pm \frac{M_x y}{I_x} + \frac{M_y x}{I_y} \tag{7-34}$$

$$p \leqslant f_a \tag{7-35}$$

$$p_{max} \leqslant 1.2 f_a \tag{7-36}$$

式中　F——相应于荷载效应标准组合时，筏形基础上由墙或柱传来的竖向荷载总和（kN）；

G——筏形基础自重（kN）；

A——筏形基础底面积（m^2）；

M_x，M_y——相应于荷载效应标准组合时，竖向荷载 F 对通过筏基底面形心的 x 和 y 轴的力矩（kN·m）；

I_x，I_y——筏基底面积对 x、y 轴的惯性矩（m⁴）；

x，y——计算点的 x 轴和 y 轴的坐标（m）；

p，p_{max}——平均基底压力和最大基底压力（kPa）；

f_a——基础持力层土的地基承载力特征值（kPa）。

（二）基础偏心距的计算

高层建筑筏形基础的平面尺寸，应根据地基土的承载力、上部结构的布置及荷载分布等因素确定。对单幢建筑物，在地基土比较均匀的条件下，基底平面形心宜与结构竖向永久荷载重心重合。当不能重合时，在荷载效应准永久组合下，偏心距 e 应符合下式要求

$$e \leqslant 0.1 \frac{W}{A} \tag{7-37}$$

式中　W——与偏心距方向一致的基础底面边缘抵抗矩（m³）；

A——基础底面积（m²）。

（三）基础沉降量的计算

筏形基础的沉降量可用分层总和法计算。

三、筏形基础的内力计算

（一）地基反力计算

当地基土比较均匀、上部结构刚度比较好、梁板式筏基中梁的高跨比或平板式筏基板的厚跨比不小于 1/6，且相邻柱荷载及柱间距的变化不超过 20% 时，筏形基础可仅考虑局部弯曲作用，采用反力按直线分布的假设，按式（7-34）计算反力。当不满足上述要求时，筏基内力应按弹性地基梁板方法进行分析计算。

有抗震设防要求时，对无地下室且抗震等级为一、二级的框架结构，基础梁除满足抗震构造要求外，计算时应将弯矩设计值分别乘以 1.5 和 1.25 的增大系数。

（二）基础内力计算

梁板式筏形基础与平板筏形基础的内力计算如图 7-33 所示。

（三）筏形基础的抗冲切验算

1. 梁板式筏基

底板除计算正截面受弯承载力外，其厚度尚应满足受冲切承载力、受剪切承载力的要求。对 12 层以上建筑的梁板式筏基，其底板厚度与最大双向板格的短边净跨之比不应小于 1/14，且板厚不应小于 400mm。

（1）底板受冲切承载力按下式计算

$$F_l \leqslant 0.7\beta_{hp}f_t u_m h_0 \tag{7-38}$$

式中　F_l——作用在图 7-37a 中阴影部分面积上的地基土平均净反力设计值（kN）；

β_{hp}——受冲切承载力截面高度影响系数，当 $h \leqslant 800\text{mm}$ 时 β_{hp} 取 1.0，当 $h \geqslant 2000\text{mm}$ 时，β_{hp} 取 0.9，其间值按内插法取用；

f_t——混凝土轴心抗拉强度（kPa）；

u_m——距基础梁边 $h_0/2$ 处冲切临界截面的周长（m），如图 7-37a 所示。

梁板式筏形基础与平板式筏形基础的内力计算

梁板式筏形基础的计算

梁板式筏形基础的计算，按基底反力直线分布的梁板式筏基，其基础梁内力可按连续梁分析，边跨跨中以及第一内支座的弯矩值宜乘以 1.2 的系数。

图 7-34 所示的筏形基础，其柱网尺寸接近于方形，且在柱网单元内不布置次肋。这时作用在筏基底板上的地基反力，可按 45° 线所划分的范围，分别传到纵向肋及横向肋上去。这样，筏基底板可按多跨连续双向板计算。纵向肋及横向肋都可按多跨连续梁计算。

图 7-35 所示的筏形基础，在柱网单元中布置了次肋，次肋的间距也比较小。这时筏基梁板的内力计算可采用平面肋形楼盖的算法。筏基底板按单向多跨连续板计算。次肋作为次梁，按多跨连续梁计算。纵向肋作为主梁按多跨连续梁计算。柱间次肋也可作为次梁按多跨连续梁计算，但梁的刚度应比次肋大，以增强筏基横向的刚度

平板式筏形基础的计算

平板式筏形基础的计算，当基础板设计成平板式筏板基础时，如果柱子间距并不很大，可近似地当作倒无梁楼盖来计算。地基反力假定为均匀分布。

计算时，将基础板在每一方向上分为两种区格 —— 柱上板带及跨中板带，如图 7-36 所示，每一种板带的宽度均为半跨度。

柱下板带中，柱宽及其两侧各 0.5 倍板厚且不大于 1/4 板跨的有效宽度范围内，其钢筋配置量不应小于柱下板带钢筋数量的 1/2，且应能承受部分不平衡弯矩 $\alpha_m M_{unb}$。M_{unb} 为作用在冲切临界截面重心上的不平衡弯矩，α_m 按下式计算

$$\alpha_m = 1 - \alpha_s$$

式中 α_m —— 不平衡弯矩通过弯曲来传递的分配系数；

α_s —— 不平衡弯矩通过冲切临界截面上的偏心剪力来传递的分配系数，按式(7-44) 计算

图 7-33 梁板式筏形基础与平板式筏形基础的内力计算

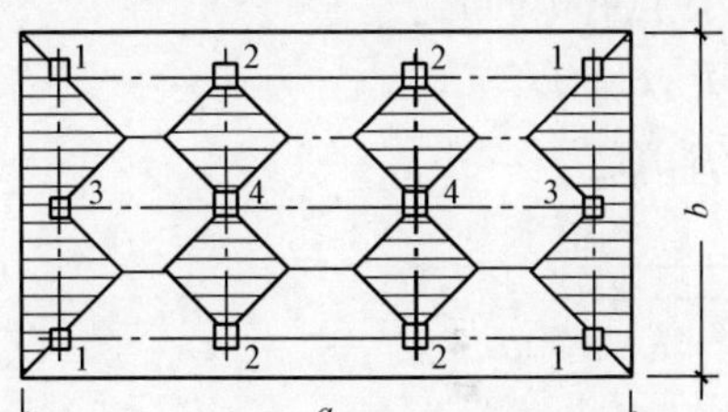

图 7-34 筏形基础肋梁上荷载的分布

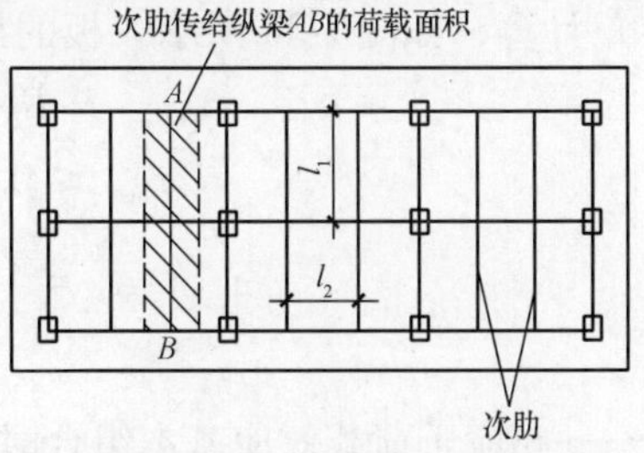

图 7-35 设置次肋时筏形基础上荷载的分布

（2）当底板区格为矩形双向板时，底板受冲切所需的厚度 h_0 按下式计算

$$h_0 = \frac{(l_{n1} + l_{n2}) - \sqrt{(l_{n1} + l_{n2}) - \dfrac{4pl_{n1}l_{n2}}{p + 0.7\beta_{hp}f_t}}}{4} \qquad (7\text{-}39)$$

式中 l_{n1}、l_{n2}——计算板格的短边和长边的净长度（m）；

$\quad\quad\quad p$——相应于荷载效应基本组合的地基土平均净反力设计值（kPa）。

（3）底板斜截面受剪承载力应符合下式要求

$$V_s \leqslant 0.7\beta_{hs}f_t(l_{n2} - 2h_0)h_0 \tag{7-40}$$

$$\beta_{hs} = (800/h_0)^{1/4} \tag{7-41}$$

式中 V_s——距梁边缘 h_0 处，作用在图 7-37b 中阴影部分面积上的地基土平均净反力设计值（kPa）；

$\quad\quad\beta_{hs}$——受剪切承载力截面高度影响系数，当按式（7-41）计算时，板的有效高度 $h_0 <$ 800mm 时，h_0 取 800mm；$h_0 > 2\,000$mm 时，h_0 取 $2\,000$mm。

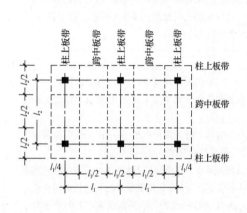

图 7-36 无梁式筏形基础　　　　图 7-37 底板剪切计算示意

（4）梁板式筏基的基础梁除满足正截面受弯及斜截面受剪承载力外，尚应按《混凝土结构设计规范》（GB 50010—2010）验算底层柱下基础梁顶面的局部受压承载力。

2. 平板式筏基

平板式筏基的板厚应满足受冲切承载力的要求。计算时应考虑作用在冲切临界面重心上的不平衡弯矩产生的附加剪力。距柱边 $h_0/2$ 处冲切临界截面的最大剪应力 τ_{max} 应按式（7-42）~式（7-44）计算，如图 7-38 所示。板的最小厚度不应小于 400 mm。

$$\tau_{max} = F_l/(u_m h_0) + \alpha_s M_{unb} c_{AB}/I_s \tag{7-42}$$

$$\tau_{max} \leqslant 0.7(0.4 + 1.2/\beta_s)\beta_{hp}f_t \tag{7-43}$$

$$\alpha_s = 1 - \cfrac{1}{1 + \cfrac{2}{3}\sqrt{(c_1/c_2)}} \tag{7-44}$$

式中 F_l——相应于荷载效应基本组合时的集中力设计值（kN），对内柱取轴力设计值减去筏板冲切破坏锥体内的地基反力设计值；对边柱和角柱，取轴力设计值减去筏板冲切临界截面范围内的地基反力设计值；地基反力值应扣除底板自重；

$\quad\quad u_m$——距柱边 $h_0/2$ 处冲切临界截面的周长（m）；

$\quad\quad h_0$——筏板的有效高度（m）；

$\quad\quad M_{unb}$——作用在冲切临界截面重心上的不平衡弯矩设计值（kN·m）；

$\quad\quad c_{AB}$——沿弯矩作用方向，冲切临界截面重心至冲切临界截面最大剪应力点的距离（m）；

I_s——冲切临界截面对其重心的极惯性矩（m⁴）;

β_s——柱截面长边与短边的比值，当 $\beta_s < 2$ 时，β_s 取 2，当 $\beta_s > 4$ 时，β_s 取 4；

c_1——与弯矩作用方向一致的冲切临界截面的边长（m）;

c_2——垂直于 c_1 的冲切临界截面的边长（m）;

α_s——不平衡弯矩通过冲切临界截面上的偏心剪力来传递的分配系数。

当柱荷载较大，等厚度筏板的受冲切承载力不能满足要求时，可在筏板上增设柱墩或在筏板下局部增加板厚或采用抗冲切箍筋来提高受冲切承载能力。

平板式筏基内筒下的板厚应满足受冲切承载力的要求，其受冲切承载力按下式计算

$$F_l/(u_m h_0) \leq 0.7\beta_{hp} f_t/\eta \tag{7-45}$$

式中 F_l——相应于荷载效应基本组合时的内筒所受的轴力设计值减去筏板冲切破坏锥体内的地基反力设计值，地基反力值应扣除板的自重（kN）;

u_m——距内筒外表面 $h_0/2$ 处冲切临界截面的周长（m），如图 7-39 所示；

h_0——距内筒外表面 $h_0/2$ 处筏板的截面有效高度（m）;

η——内筒冲切临界截面周长影响系数，取 1.25。

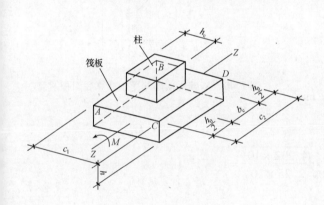

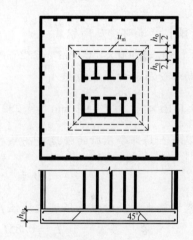

图 7-38 内柱冲切临界截面　　　图 7-39 筏板受内筒冲切的临界截面位置

当需要考虑内筒根部弯矩的影响时，距内筒外表面 $h_0/2$ 处冲切临界截面的最大剪应力可按式（7-42）计算，此时 $\tau_{max} \leq 0.7\beta_{hp} f_t/\eta$。

平板式筏板除应满足受冲切承载力外，尚应验算距内筒边缘或柱边缘 h_0 处筏板的受剪承载力。

受剪承载力应按下式验算

$$V_s \leq 0.7\beta_{hs} f_t b_w h_0 \tag{7-46}$$

式中 V_s——荷载效应基本组合下，地基土净反力平均值产生的距内筒或柱边缘 h_0 处筏板单位宽度的剪力设计值（kN）;

b_w——筏板计算截面单位宽度（m）;

h_0——距内筒或柱边缘 h_0 处筏板的截面有效高度（m）。

（四）筏板基础配筋

（1）平板式筏基柱下板带和跨中板带的底部钢筋应有 1/3 ~ 1/2 贯通全跨，且配筋率不应小于 0.15%；顶部钢筋应按计算配筋全部连通。

（2）对有抗震设防要求的无地下室或单层地下室平板式筏基，计算柱下板带截面受弯承载力时，柱内力应按地震作用不利组合计算。

（3）按基底反力直线分布计算的梁板式筏基，其基础梁的内力可按连续梁分析，边跨跨中弯矩以及第一内支座的弯矩值宜乘以 1.2 的系数。梁板式筏基的底板和基础梁的配筋除满足计算要求外，纵横方向的底部钢筋尚应有 1/3～1/2 贯通全跨，且其配筋率不应小于 0.15%，顶部钢筋按计算配筋全部连通。

【例 7-7】 例图 7-40 为一高层建筑的钢筋混凝土内柱，其横截面为 1500mm × 1500mm，柱的混凝土强度等级为 C60，柱的轴力设计值为 41000kN，柱网尺寸为 8.5m × 8.5m，柱下四面有基础梁，梁宽为 500mm，基础梁混凝土强度等级为 C35，荷载标准组合地基净反力为 450kPa。试验算柱下基础梁顶面的局部受压承载力，以及梁板式筏形基础底板受剪和受冲切承载力。

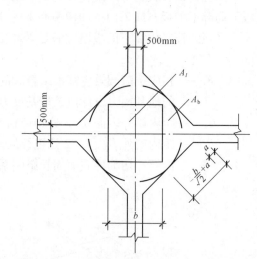

图 7-40　基础梁顶局部受压计算底面积示意

【解】 局部受压面积 A_l

$$A_l = 1500 \times 1500 \, \text{mm}^2 = 2.25 \, \text{m}^2$$

局部受压时计算底面积 A_b

$$A_b = 3.1416 \times \left(\frac{1500}{\sqrt{2}} + 100 \right)^2 \text{mm}^2 = 4.232 \times 10^6 \text{mm}^2$$

混凝土局部受压时的强度提高系数 β_l

$$\beta_l = \sqrt{\frac{A_b}{A_l}} = \sqrt{\frac{4.232 \times 10^6}{2.25 \times 10^6}} = 1.371$$

素混凝土的轴心抗压强度设计值 f_{cc}

$$f_{cc} = 0.85 f_c = 0.85 \times 16.7 \text{MPa} = 14.2 \text{MPa}$$

基础梁顶面局部受压承载力

$$\omega \beta_l f_{cc} A_l = 1.371 \times 14.2 \times 2.25 \times 10^6 \text{N} = 43803450 \text{N} > 41000 \text{kN}$$

验算基础底板受冲切承载力

$$\beta_{hp} = 1 - \frac{1500 - 800}{2000 - 800} \times 0.1 = 0.942$$

$$h_0 = \frac{(l_{n1} + l_{n2}) - \sqrt{(l_{n1} + l_{n2})^2 - \dfrac{4p l_{n1} l_{n2}}{p + 0.7 \beta_{hp} f_t}}}{4} = 0.8875 \text{m}$$

验算基础底板斜截面受剪承载力

$$p_{hs} = \left(\frac{800}{1430} \right)^{0.25} = 0.865$$

$$V_s = 1.35 \times 500 \times \frac{1}{2} (8 - 1.43 \times 2) \times (4 - 1.43) \, \text{kN} = 6193 \text{kN}$$

$$0.7 \beta_{hs} f_t (l_{n2} - 2h_0) h_0 = 0.7 \times 0.865 \times 1570 \times (8 - 2 \times 1.43) \times 1.43 \text{kN} = 6987 \text{kN} > 6193 \text{kN}$$

故基础底板受冲切承载力满足要求。

【例 7-8】 某钢筋混凝土桩基，如图 7-41 所示。已知柱子传来的荷载：$F = 2500\text{kN}$，$M = 500\text{kN/m}$，$H = 55\text{kN}$。地质剖面及各项土性指标如例图 7-41 所示，采用断面为 $45\text{cm} \times 45\text{cm}$ 的钢筋混凝土预制柱，桩位布置如图 7-42 所示，工程桩数 5 根，承台的平面尺寸为 $3.2\text{m} \times 3.2\text{m}$，入土深度 20m，承台埋深 2.5m。要求进行单桩承载力验算。

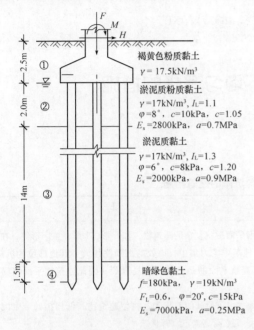

图 7-41 钢筋混凝土桩基   图 7-42 桩位布置

【解】 查表得，①层土，$q_{pk} = 2200\text{kPa}$；②层土，$q_{sk} = 24\text{kPa}$；③层土，$q_{sk} = 20\text{kPa}$；④层土，$q_{sk} = 58\text{kPa}$。

（1）单桩极限承载力标准值为

$$Q_{uk} = Q_{sk} + Q_{pk} = [4 \times 0.45 \times (24 \times 2 + 20 \times 14 + 58 \times 1.5) + 2200 \times 0.45^2]\text{kN}$$
$$= (747 + 445.5)\text{kN} = 1192.5\text{kN}$$

（2）5 根桩的群桩距径比为

$$S_a/d = 0.886\sqrt{A_e}/(\sqrt{n}b) = 2.82 \approx 3$$

根据 $\beta_c/l = 3.2/17.5 = 0.18$ 查表得 $\eta_s = 0.8$，$\eta_p = 1.64$

（3）承台地面下的土为淤泥质软土，不考虑承台效应，于是考虑群桩效应后的基桩承载力设计值为

$$R = \frac{\eta_s Q_{sk}}{\gamma_s} + \frac{\eta_p Q_{sk}}{\gamma_p} = \frac{0.8 \times 747 + 1.64 \times 445.5}{1.65}\text{kN} = 804.98\text{kN}$$

（4）承台自重为 $G = \gamma_G DA = 20 \times 2.5 \times 3.2^2\text{kN} = 512\text{kN}$

（5）群桩中单桩的平均受力为

$$Q = \frac{F + G}{n} = \frac{2500 + 512}{5}\text{kN} = 602.4\text{kN} < R$$

（6）群桩中单桩最大受力为

$$Q_{max} = \frac{F + G}{n} + \frac{M_y x_{max}}{\sum x_i^2}$$

$$= \left[602.4 + \frac{(500 + 55 \times 2) \times 1.1}{4 \times 1.1^2} \right] kN = 741.1 kN < 1.2R$$

$$= 965.98 kN$$

（7）群桩中单桩最小受力为

$$Q_{min} = \frac{F + G}{n} - \frac{M_y x_{max}}{\sum x_i^2} = 463.7 kN > 0$$

故均满足设计要求。

第八节　减少基础不均匀沉降的措施

一、建筑措施

减少基础不均匀沉降的建筑措施见表7-9。

表7-9　减少基础不均匀沉降的建筑措施

措　　施	内　　容
建筑体型力求简单	（1）建筑平面应少转折。因平面形状复杂的建筑物，如L形、T形、工字形等，在其纵横单元相交处，基础密集，地基中应力集中，该处的沉降往往大于其他部位的沉降，使附近墙体出现裂缝。尤其在建筑平面的凸出部位更易开裂，因此建筑物平面以简单为宜。 （2）若建筑立面有较大高差，由于荷载的差异大，将使建筑物高低相接处产生沉降差而导致轻低部分损坏，所以建筑立面高差不宜有悬殊
控制建筑物标高	建筑物各组成部分的标高，应根据可能产生的不均匀沉降，采取下列相应措施： （1）建筑物与设备之间，应留有足够的净空。建筑物有管道穿过时，应预留孔洞，或采用柔性的管道接头等； （2）室内地坪和地下设施的标高，应根据预估沉降量予以提高。建筑物各部分（或设备）有联系时，可将沉降较大者标高提高
相邻建筑物基础间保留一定的净距	如果相邻建筑物距离太近，由于地基附加应力的扩散作用，会引起相邻建筑物产生附加沉降。在一般情况下，相邻建筑物基础的影响与被影响之间的关系为：较高建筑物基础影响轻低建筑物基础；新建筑物基础影响旧建筑物基础。所以，相邻建筑物基础之间（尤其是在软弱地基上）应保留一定的净距
设置沉降缝	建筑物的下列部位，宜设置沉降缝： （1）建筑平面的转折部位； （2）高度差异或荷载差异较大处； （3）长高比过大的砌体承重结构或钢筋混凝土框架结构的适当部位； （4）地基土的压缩性有显著差异处； （5）建筑结构或基础类型不同处； （6）分期建造房屋的交界处。 沉降缝应从屋面至基础底面将房屋垂直断开，分割成若干独立的刚度较好的单元，形成各自的沉降体系。沉降缝应有足够的宽度，以防止基础不均匀沉降引起房屋碰撞。 基础沉降缝做法根据房屋结构类型及基础类型不同，一般采用悬挑式、跨越式、平行式等

二、结构措施

减少基础不均匀沉降的结构措施，如图 7-43 所示。

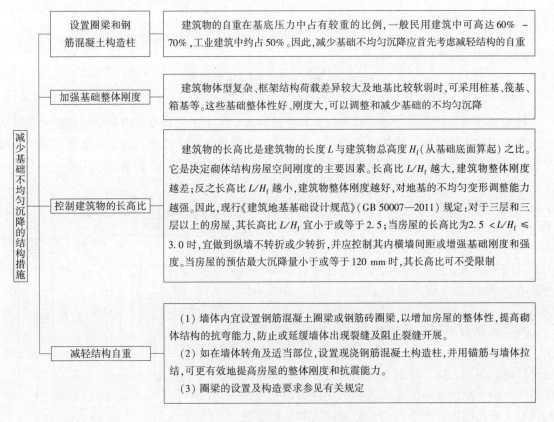

减少基础不均匀沉降的结构措施

设置圈梁和钢筋混凝土构造柱	建筑物的自重在基底压力中占有较重的比例，一般民用建筑中可高达 60%～70%，工业建筑中约占 50%。因此，减少基础不均匀沉降应首先考虑减轻结构的自重	
加强基础整体刚度	建筑物体型复杂、框架结构荷载差异较大及地基比较软弱时，可采用桩基、筏基、箱基等。这些基础整体性好、刚度大，可以调整和减少基础的不均匀沉降	
控制建筑物的长高比	建筑物的长高比是建筑物的长度 L 与建筑物总高度 H_f（从基础底面算起）之比。它是决定砌体结构房屋空间刚度的主要因素。长高比 L/H_f 越大，建筑物整体刚度越差；反之长高比 L/H_f 越小，建筑物整体刚度越好，对地基的不均匀变形调整能力越强。因此，现行《建筑地基基础设计规范》（GB 50007—2011）规定：对于三层和三层以上的房屋，其长高比 L/H_f 宜小于或等于 2.5；当房屋的长高比为 2.5＜L/H_f≤3.0 时，宜做到纵墙不转折或少转折，并应控制其内横墙间距或增强基础刚度和强度。当房屋的预估最大沉降量小于或等于 120 mm 时，其长高比可不受限制	
减轻结构自重	（1）墙体内宜设置钢筋混凝土圈梁或钢筋砖圈梁，以增加房屋的整体性，提高砌体结构的抗弯能力，防止或延缓墙体出现裂缝及阻止裂缝开展。 （2）如在墙体转角及适当部位，设置现浇钢筋混凝土构造柱，并用锚筋与墙体拉结，可更有效地提高房屋的整体刚度和抗震能力。 （3）圈梁的设置及构造要求参见有关规定	

图 7-43　减少基础不均匀沉降的结构措施

三、施工措施

（1）应尽量避免在新建基础及新建筑物侧边堆放大量土方、建筑材料等地面堆载，应根据使用要求、堆载特点、结构类型、地质条件确定允许堆载量和范围，堆载量不应超过地基承载力特征值。如有大面积填土，宜在基础施工前 3 个月完成，以减少地基的不均匀变形。

（2）在软弱地基上开挖基槽和砌筑基础时，如果建筑物各部分荷载差异较大，则应合理地安排施工顺序。即先施工重、高建筑物，后施工轻、低建筑物；或先施工主体部分，再施工附属部分，可调整一部分沉降差。

（3）淤泥及淤泥质土，其强度低，渗透性差，压缩性高。因而施工时应注意不要扰动其原状土。在开挖基槽时，可以暂不挖至基底标高，通常在基底保留 200 mm 厚的土层，待基础施工时再挖除。如发现槽底土已被扰动，应将扰动的土挖掉，并用砂、石回填并分层夯实至要求的标高。一般先铺一层中粗砂，然后用碎砖、碎石等进行处理。

第八章 桩 基 础

第一节 桩基础概述

随着近代科学技术的发展，桩的种类和桩基形式、施工工艺和设备以及桩基理论和设计方法，都有了很大的发展。桩基已成为在土质不良地区修建各种建筑物，特别是高层建筑、重型厂房、桥梁、码头和具有特殊要求的建筑物、构筑物所采用的最广泛的基础形式之一。

桩基础按承台位置可以分为高桩承台基础和低桩承台基础（简称高桩承台和低桩承台）。低桩承台的承台底面位于地面（或冲刷线）以下，如图8-1a所示；高桩承台的承台底面位于地面（或冲刷线）以上，其结构特点是基桩部分桩身沉入土中，部分桩身外露在地面以上（成为桩的自由长度），如图8-1b所示。

高桩承台由于承台位置较高或设在施工水位以上，可避免或减少墩台的水下作业，施工较为方便，且更经济。然而，高桩承台基础刚度较小，在水平力作用下，由于承台及基桩露出地面的一段自由长度周围没有土来共同承受水平外力，桩身内力和位移都将大于在同样水平外力作用下的低桩承台，在稳定性方面低桩承台也较高桩承台好。

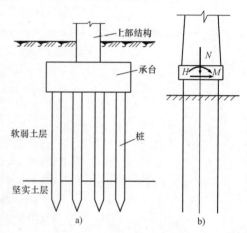

图 8-1 桩基础示意图
a) 低桩承台基础 b) 高桩承台基础

一、桩基础的类型

（一）按承载性状分类

（1）摩擦型桩。摩擦型桩包括摩擦桩和端承摩擦桩两种。

1）摩擦桩。它是指桩端没有良好持力层的纯摩擦桩，在极限承载力状态下，桩顶竖向荷载由桩侧阻力承受，桩端阻力小到可忽略不计。

2）端承摩擦桩。它是指桩端具有比较好的持力层，有一些端阻力，但在极限承载力状态下，桩顶竖向荷载仍主要由桩侧阻力承受。

（2）端承型桩。端承型桩包括端承桩和摩擦端承桩两种。

1）端承桩。它是指桩端有非常坚硬的持力层，且桩长不长的情况，在极限承载力状态下，桩顶竖向荷载由桩端阻力承受，桩侧阻力小到可忽略不计。

2）摩擦端承桩。在极限承载力状态下，桩端竖向荷载主要由桩端阻力承受。

（二）按成桩方法分类

（1）挤土桩。它是指打入或压入土中的实体预制桩和闭口管桩（钢管桩或预应力管桩）、沉管灌注桩。这类桩在沉桩过程中，或沉入钢套管的过程中，周围土体受到桩体的挤压作用，土中超孔隙水压力增长，土体发生隆起，对周围环境造成严重的损害，如相邻建筑物的变形开裂，市政管线断裂造成水或煤气的泄漏，在大中城市的建成区已严格限制挤土桩的施工。

（2）部分挤土桩。它是指预钻孔打入式预制桩、打入式敞口桩。打入敞口桩管时，土可以进入桩管形成土塞，从而减少了挤土的作用，但在土塞的长度不再增加时，也会犹如闭口桩一样产生挤土的作用。打入实体桩时，为了减少挤土作用，可以采取预钻孔的措施，将部分土体取走，这也属于部分挤土桩。

（3）非挤土桩。它是指采用干作业法、泥浆护壁法、套管护壁法的钻（挖）孔灌注桩。非挤土桩在成孔与成桩的过程中对周围的桩间土没有挤压的作用，不会引起土体中超孔隙水压力的增长，因而桩的施工不会危及周围相邻建筑物的安全。

（三）按桩身材料分类

（1）混凝土桩。它是指由素混凝土、钢筋混凝土或预应力钢筋混凝土制成的桩，这种桩的价格比较便宜，截面刚度大，且易于制成各种尺寸，但桩身强度受到材料性能与施工条件的限制，用于超长桩时不能充分发挥地基土对桩的支承能力。

（2）钢桩。它是指采用钢材制成的管桩和型钢桩，由于钢材的强度高，可以用于超长桩，钢桩还能承受比较大的锤击应力，可以进入比较密实或坚硬的持力层，获得很高的承载力，但钢桩的价格比较昂贵。

（3）组合材料桩。它是指由两种材料组合而成的桩型，以发挥各种材料的特点，获得最佳的技术经济效果，如钢管混凝土桩就是一种组合材料桩。

（四）按使用功能分类

（1）竖向抗压桩。建筑物的荷载以竖向荷载为主，桩在轴向受压，由桩端阻力和桩侧摩阻力共同承受竖向荷载，工作时的桩身强度需验算轴心抗压强度。

（2）竖向抗拔桩。当地下室深度较深，地面建筑层数不多时，验算抗浮可能会无法满足要求，此时需设置承受上拔力的桩；自重不大的高耸结构物在水平荷载作用下，在基础的一侧会出现拉力，也需验算桩的抗拔力；承受上拔力的桩，基桩侧摩阻力的方向相反，单位面积的摩阻力小于抗压桩，钢筋应通长配置以抵抗上拔力。

（3）水平受荷桩。以承受水平荷载为主的建筑物桩基础，或用于防止土体或岩体滑动的抗滑桩，桩的作用主要是抵抗水平力。水平受荷桩的承载力和桩基设计原则都不同于竖向承压桩，桩和桩侧土体共同承受水平荷载，桩的水平承载力与桩的水平刚度及土体的水平抗力有关。

（4）复合受荷桩。当建筑物传给桩基础的竖向荷载和水平荷载都较大时，桩的设计应同时验算竖向和水平两个方向的承载力，同时应抵抗竖向荷载和水平荷载之间的相互影响。

（五）按制作方法分类

（1）预制桩。这里所指的预制桩是钢筋混凝土预制桩。桩的断面主要有方形和圆形两种。实心截面的桩由于具有制模浇筑方便、质量易保证的优点，在我国是一种应用较广的常用桩，其截面边长一般为 250～550 mm。限于运输条件和起吊能力，目前工厂预制桩的桩长一般不超过 12 m。现场预制桩的长度可以大些，但限于桩架高度，一般在 25～30 m。当桩长度不够时，需在沉桩过程中接长。

截面尺寸大的实心方桩存在自重大、用钢量大的缺点，所以当方桩的断面大于450 mm×450 mm 时，为了减轻自重、节约钢材，可做成空心桩；还可在工厂用离心旋转法制成预应力钢筋混凝土管桩。目前，我国预应力钢筋混凝土管桩直径有 400 mm 和 550 mm 两种，每节长 8 m 或 10 m，其技术性能比普通钢筋混凝土桩好，用钢量少，容许承载力大。

（2）灌注桩。灌注桩是直接在所设计桩位处开孔，然后在孔内加放钢筋笼（也有省去钢筋笼的），再浇灌混凝土而成。与钢筋混凝土预制桩比较，灌注桩一般只根据使用期可能出现的内力配置钢筋，用钢量较省。当持力层顶面起伏不平时，桩长可在施工过程中根据要求在某一范围内取用。灌注桩的截面呈圆形，可以做成大直径和扩底桩。保证灌注桩承载力的关键在于施工时桩身的成形和混凝土质量。

灌注桩有几十个品种，大体可归纳为沉管灌注桩和钻（冲、磨、挖）孔灌注桩两大类。同一类桩可按施工机械和施工方法以及直径的不同予以细分。

（六）按桩身设计直径的大小分类

根据桩身设计直径 d 的大小可将桩分为小桩、中等直径桩和大直径桩。

（1）小桩，是指 $d \leqslant 250$ mm 的桩。

（2）中等直径桩，是指 250 mm $< d < 800$ mm 的桩。

（3）大直径桩，是指 $d \geqslant 800$ mm 的桩。

二、桩基础的设计要求

（一）桩基础的适用条件

通常在下列情况下，可以采用桩基础：

（1）当建筑物荷载较大，地基软弱，采用天然地基时沉降量过大，或是建筑物较为重要，不容许有过大的沉降时，可采用桩基。

（2）当建筑物的地面荷载过大时，将使软弱地基产生过量的变形，造成对建筑物的危害，采用桩基可收到较好效果。

（3）高耸建筑物或构筑物对限制倾斜有特殊要求时，往往需要采用桩基。

（4）因基础沉降对邻近建筑物产生影响时，需要采用桩基。

（5）设有大吨位的重级工作制吊车的重型单层工业厂房，吊车载重量大，使用频繁，车间内设备平台多，基础密集，且一般均有地面荷载，因而地基变形大，这时可采用桩基。

（6）设备基础。一种是精密设备基础，安装和使用过程中对地基沉降及沉降速率有严格要求；另一种是动力机械基础，对容许振幅有一定要求。采用桩基础常常是一种有效的解决办法。

（7）地震区，在可液化地基中，采用桩基穿越可液化土层并伸入下部密实稳定土层，可消除或减轻液化对建筑物的危害。

（二）桩基础的设计要求

一般来说，所设计的桩基应能满足如下要求：

（1）保证与上层结构的可靠连接，在上部结构传来的荷载作用下其容许承载力和沉降能满足设计要求。

（2）桩基设计考虑了成桩过程及桩基使用过程中各种因素的变化及其可能产生的后果。

（3）对所设计的桩基赋予一定的安全储备。

（4）经济上节约。

（5）给出施工控制标准及监测手段，以保证桩基满足上述要求。

简单地说，桩基的设计应最大限度地发挥桩、土、上部结构以及经济上的潜力，以使所设计的桩基较为完美。

（三）桩基承载能力极限状态的要求

桩基承载能力极限状态的计算，应采用作用效应的基本组合和地震效应组合。

当进行桩基的抗震承载能力计算时，荷载设计值应符合现行《建筑抗震设计规范》（GB 50011—2010）的规定。

按正常使用极限状态，验算桩基沉降时，应采用荷载的长期效应组合，验算桩基的水平变位、抗裂。出现裂缝时，根据使用要求和裂缝控制等级应分别采用作用效应的短期效应组合或短期效应组合考虑了长期荷载影响。

第二节　单桩竖向承载力的确定

一、一般规定

（1）单桩极限承载力通常是指桩周土对桩的最大支承力，即在桩周土整体达到剪切破坏的强度极限状态时桩的承载力。设计采用的单桩竖向极限承载力标准值应符合下列规定：

1）设计等级为甲级的建筑桩基，应通过单桩静载试验确定。

2）设计等级为乙级的建筑桩基，当地质条件简单时，可参照地质条件相同的试桩资料，结合静力触探等原位测试和经验参数综合确定；其余均应通过单桩静载试验确定。

3）设计等级为丙级的建筑桩基，可根据原位测试和经验参数确定。

（2）单桩竖向承载力特征值。

单桩竖向承载力特征值 R_a 应按下式确定

$$R_a = \frac{1}{K} Q_{uk} \tag{8-1}$$

式中　Q_{uk}——单桩竖向极限承载力标准值；

　　　K——安全系数，取 $K = 2$。

二、桩的负摩阻力的计算

研究结果表明，负摩阻力主要发生在下列情况：

（1）桩穿过欠压密的软黏土或新填土，而支承于坚硬土层（硬黏性土、中密以上砂土、卵石层或岩层）时。

（2）在桩周地面有大面积堆载或超填土时。

（3）由于抽取地下水或桩周地下水位下降，使桩周土下沉时。

（4）挤土桩群施工结束后，孔隙水消散，隆起的或扰动的土体逐渐固结下沉时。

（5）自重湿陷性黄土浸水下沉或冻土融化下沉时。

如图 8-2a 所示，桩周有两种土层，下层（即持力层）较坚实，而厚度为 h_0 的上层由于某种原因发生沉降且未稳定。图 8-2b 所示为桩身轴向位移 s 和桩侧土沉降 s' 随深度 y 的变化，当 $y < h_n$ 时，$s < s'$，因而在该深度内桩侧摩阻力为负；当 $y > h_n$ 时，$s > s'$，侧摩阻力为正，如图 8-2c 所示。

在深度为 h_n 的 n 点处，桩土间的相对位移为零，因而无摩阻力；在其上下分别为负摩阻力和正摩阻力，即该点为正负摩阻力的分界点，通常称为中性点。一般来讲，在桩土体系受力

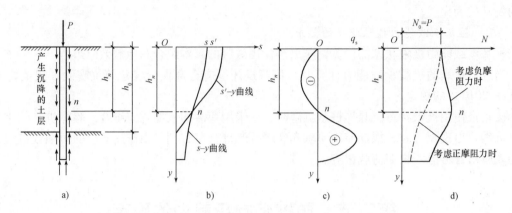

图 8-2 桩的负摩阻力

a）桩及桩周土受力、沉降示意　b）各断面深度的桩、土沉降及相对位移　c）摩阻力分布及中性点　d）桩身轴力

初期，中性点的位置随桩的沉降加大而稍有上升，随着桩的沉降趋于稳定，中性点也逐渐固定下来。工程实测表明，其深度 h_n 随桩端持力层土的强度和刚度增大而增加；h_n 与桩侧产生沉降的土层的厚度 h_0 之比称为中性点深度比，设计时 h_n 可按 $s = s'$ 的条件通过计算确定，也可参照表8-1中的中性点深度比确定。

表 8-1　中性点深度 l_n

持力层性质	黏性土、粉土	中密以上砂	砾石、卵石	基岩
中性点深度比 l_n/l_0	0.5 ~ 0.6	0.7 ~ 0.8	0.9	1.0

注：1. l_n、l_0 分别为自桩顶算起的中性点深度和桩周软弱土层下限深度。

2. 桩穿过自重湿陷性黄土层时，l_n 可按表列值增大 10%（持力层为基岩除外）。

3. 当桩周土层固结与桩基固结沉降同时完成时，取 $l_n = 0$。

4. 当桩周土层计算沉降量小于 20 mm 时，l_n 应按表列值乘以 0.4 ~ 0.8 折减。

负摩阻力引起的下拉力如同作用于桩的轴向压力，使桩身轴向力增大，其最大值在中性点 n 处，如图 8-2d 所示。

因而负摩阻力对桩基而言是一种不利因素。工程中，因负摩阻力引起的不均匀沉降造成建筑物开裂、倾斜或因沉降过大而影响使用的现象屡有发生，不得不花费大量资金进行加固，有的甚至无法继续使用而拆除。

《建筑桩基技术规范》（JGJ 94—2008）规定，符合下列条件之一的桩基，当桩周土层产生的沉降超过基桩的沉降时，在计算基桩承载力时应计入桩侧负摩阻力。

（1）桩穿越较厚松散填土、自重湿陷性黄土、欠固结土、液化土层进入相对较硬土层时。

（2）桩周存在软弱土层，邻近桩侧地面承受局部较大的长期荷载，或地面大面积堆载（包括填土）时。

（3）由于降低地下水位，使桩周土有效应力增大，并产生显著压缩沉降时。

当桩周土沉降可能引起桩侧负摩阻力时，设计时应根据工程具体情况考虑负摩阻力对桩基承载力和沉降的影响；当缺乏可参照的工程经验时，可按下列规定验算：

（1）对于摩擦型基桩可取桩身计算中性点以上侧阻力为零，并可按下式验算基桩承载力

$$N_k \leqslant R_a \tag{8-2}$$

（2）对于端承型基桩除应满足上式要求外，尚应考虑负摩阻力引起基桩的下拉荷载 Q_g^n，

并可按下式验算基桩承载力

$$N_k + Q_g^n \leqslant R_a \tag{8-3}$$

（3）当土层不均匀或建筑物对不均匀沉降较敏感时，尚应将负摩阻力引起的下拉荷载计入附加荷载验算桩基沉降。

此时，基桩的竖向承载力特征值 R_a 只计中性点以下部分侧阻值及端阻值。影响负摩阻力的因素很多，例如桩侧与桩端土的性质、土层的应力历史、地面堆载的大小与范围、降低地下水位的深度与范围、桩顶荷载施加时间与发生负摩阻力时间之间的关系、桩的类型和成桩工艺等，要精确地计算负摩阻力是十分困难的，国内外大都采用近似的经验公式估算。根据实测加固分析，认为采用有效应力方法比较符合实际。反映有效应力影响的中性点以上单桩桩周第 i 层土负摩阻力标准值可按下列公式计算

$$q_{si}^n = \xi_{ni} \sigma_i' \tag{8-4}$$

式中　q_{si}^n——第 i 层土桩侧负摩阻力标准值（kPa）；当按式（8-4）计算值大于正摩阻力标准值时，取正摩阻力标准值进行设计；

ξ_{ni}——桩周第 i 层土负摩阻力系数，可按表 8-2 取值；

σ_i'——桩周第 i 层土平均竖向有效应力（kPa）。

表 8-2　负摩阻力系数 ξ_n

土　类	ξ_n
饱和软土	0.15 ~ 0.25
黏性土、粉土	0.25 ~ 0.40
砂土	0.35 ~ 0.50
自重湿陷性黄土	0.20 ~ 0.35

注：1. 在同一类土中，对于挤土桩，取表中较大值；对于非挤土桩，取表中较小值。

　　2. 填土按其组成取表中同类土的较大值。

当填土、自重湿陷性黄土湿陷、欠固结土层产生固结和地下水降低时：$\sigma_i' = \sigma_{\gamma i}'$。

当地面分布大面积荷载时：$\sigma_i' = p + \sigma_{\gamma i}'$。$\sigma_{\gamma i}'$ 按下式计算

$$\sigma_{\gamma i}' = \sum_{e=1}^{i-1} \gamma_e \Delta z_e + \frac{1}{2} \gamma_i \Delta z_i \tag{8-5}$$

式中　$\sigma_{\gamma i}'$——由土自重引起的桩周第 i 层土平均竖向有效应力（kPa）；桩群外围桩自地面算起，桩群内部桩自承台底算起；

γ_i，γ_e——第 i 计算土层和其上第 e 土层的重度（kN/m³），地下水位以下取浮重度；

Δz_i，Δz_e——第 i 层土、第 e 层土的厚度（m）。

考虑群桩效应的基桩下拉荷载 Q_g^n 可按下式计算

$$Q_g^n = \eta_n u \sum_{i=1}^n q_{si}^n l_i \tag{8-6}$$

$$\eta_n = s_{ax} s_{ay} / \left[\pi d \left(\frac{q_s^n}{\gamma_m} + \frac{d}{4} \right) \right] \tag{8-7}$$

式中　n——中性点以上土层数；

l_i——中性点以上第 i 土层的厚度（m）；

η_n——负摩阻力群桩效应系数；

s_{ax}，s_{ay}——纵、横向桩的中心距（m）；

q_s^n——中性点以上桩周土层厚度加权平均负摩阻力标准值（kPa）；

γ_m——中性点以上桩周土层厚度加权平均重度（地下水位以下取浮重度）（kN/m³）。

对于单桩基础或按式（8-7）计算的群桩效应系数 $\eta_n > 1$ 时，取 $\eta_n = 1$。

工程中可采取适当措施来消除或减小负摩阻力。例如，对填土建筑场地，填土时保证其密实度符合要求，尽量在填土的沉降基本稳定后成桩；当建筑物地面有大面积堆载时，成桩前采取预压等措施，减小堆载引起的桩侧土沉降；对自重湿陷性黄土地基，先行用强夯、素土或灰土挤密桩等方法进行处理，消除或减轻桩侧土的湿陷性；对中性点以上桩身表面进行处理（如涂刷沥青等）。实践表明，根据不同情况采取相应措施，一般可以取得较好的效果。

三、按经验公式确定单桩竖向承载力

（一）《建筑地基基础设计规范》（GB 50007—2011）相关公式

初步设计时，单桩竖向承载力特征值，可按下式估算

$$R_a = q_{pa}A_p + u_p \sum q_{sia}l_i \qquad (8-8)$$

式中 R_a——单桩竖向承载力特征值（kN）；

q_{pa}、q_{sia}——桩端端阻力、桩侧阻力特征值（kPa），由当地静载荷试验结果统计分析算得；

A_p——桩底端横截面面积（m²）；

u_p——桩身周边长度（m）；

l_i——第 i 层岩土的厚度（m）。

当桩端嵌入完整及较完整的硬质岩中时，可按下式估算单桩竖向承载力特征值

$$R_a = q_{pa}A_p \qquad (8-9)$$

式中 q_{pa}——桩端岩石承载力特征值（kPa）。

其余符号意义同前。

（二）《建筑桩基技术规范》（JGJ 94—2008）相关公式

（1）当根据土的物理指标与承载力参数之间的经验关系确定单桩竖向极限承载力标准值时，宜按下式估算

$$Q_{uk} = Q_{sk} + Q_{pk} = u \sum q_{sik}l_i + q_{pk}A_p \qquad (8-10)$$

式中 q_{sik}——桩侧第 i 层土的极限侧阻力标准值（kPa）；如无当地经验时，可按表8-3取值；

q_{pk}——极限端阻力标准值（kPa），如无当地经验时，可按表8-4取值。

表8-3 桩的极限侧阻力标准值 q_{sk} （单位：kPa）

土的名称	土的状态	混凝土预制桩	泥浆护壁钻（冲）孔桩	干作业钻孔桩
填 土	—	22～30	20～28	20～28
淤 泥	—	14～20	12～18	12～18
淤泥质土	—	22～30	20～28	20～28

土的名称	土的状态		混凝土预制桩	泥浆护壁钻（冲）孔桩	干作业钻孔桩
黏性土	流塑	$I_L > 1$	24 ~ 40	21 ~ 38	21 ~ 38
	软塑	$0.75 < I_L \leqslant 1$	40 ~ 55	38 ~ 53	38 ~ 53
	可塑	$0.50 < I_L \leqslant 0.75$	55 ~ 70	53 ~ 68	53 ~ 66
	硬可塑	$0.25 < I_L \leqslant 0.50$	70 ~ 86	68 ~ 84	66 ~ 82
	硬塑	$0 < I_L \leqslant 0.25$	86 ~ 98	84 ~ 96	82 ~ 94
	坚硬	$I_L \leqslant 0$	98 ~ 105	96 ~ 102	94 ~ 104
红黏土		$0.7 < a_w \leqslant 1$	13 ~ 32	12 ~ 30	12 ~ 30
		$0.5 < a_w \leqslant 0.7$	32 ~ 74	30 ~ 70	30 ~ 70
粉　土	稍密	$e > 0.9$	26 ~ 46	24 ~ 42	24 ~ 42
	中密	$0.75 \leqslant e \leqslant 0.9$	46 ~ 66	42 ~ 62	42 ~ 62
	密实	$e < 0.75$	66 ~ 88	62 ~ 82	62 ~ 82
粉细砂	稍密	$10 < N \leqslant 15$	24 ~ 48	22 ~ 46	22 ~ 46
	中密	$15 < N \leqslant 30$	48 ~ 66	46 ~ 64	46 ~ 64
	密实	$N > 30$	66 ~ 88	64 ~ 86	64 ~ 86
中　砂	中密	$15 < N \leqslant 30$	54 ~ 74	53 ~ 72	53 ~ 72
	密实	$N > 30$	74 ~ 95	72 ~ 94	72 ~ 94
粗　砂	中密	$15 < N \leqslant 30$	74 ~ 95	74 ~ 95	76 ~ 98
	密实	$N > 30$	95 ~ 116	95 ~ 116	98 ~ 120
砾　砂	稍密	$5 < N_{63.5} \leqslant 15$	70 ~ 110	50 ~ 90	60 ~ 100
	中密（密实）	$N_{63.5} > 15$	116 ~ 138	116 ~ 130	112 ~ 130
圆砾、角砾	中密、密实	$N_{63.5} > 10$	160 ~ 200	135 ~ 150	135 ~ 150
碎石、卵石	中密、密实	$N_{63.5} > 10$	200 ~ 300	140 ~ 170	150 ~ 170
全风化软质岩	—	$30 < N \leqslant 50$	100 ~ 120	80 ~ 100	80 ~ 100
全风化硬质岩	—	$30 < N \leqslant 50$	140 ~ 160	120 ~ 140	120 ~ 150
强风化软质岩	—	$N_{63.5} > 10$	160 ~ 240	140 ~ 200	140 ~ 220
强风化硬质岩	—	$N_{63.5} > 10$	220 ~ 300	160 ~ 240	160 ~ 260

注：1. 对于尚未完成自重固结的填土和以生活垃圾为主的杂填土，不计算其侧阻力。

2. a_w 为含水比，$a_w = w/w_l$，w 为土的天然含水量，w_l 为土的液限。

3. N 为标准贯入击数；$N_{63.5}$ 为重型圆锥动力触探击数。

4. 全风化、强风化软质岩和全风化、强风化硬质岩是指其母岩分别为 $f_{rk} \leqslant 15$ MPa、$f_{rk} > 30$ MPa 的岩石。

表8-4　桩的极限端阻力标准值 q_{pk} （单位：kPa）

土名称	桩型 / 土的状态		混凝土预制桩桩长 l/m				泥浆护壁钻（冲）孔桩桩长 l/m				干作业钻孔桩桩长 l/m		
			$l \leqslant 9$	$9 < l \leqslant 16$	$16 < l \leqslant 30$	$l > 30$	$5 \leqslant l < 10$	$10 \leqslant l < 15$	$15 \leqslant l < 30$	$30 \leqslant l$	$5 \leqslant l < 10$	$10 \leqslant l < 15$	$15 \leqslant l$
黏性土	软塑	$0.75 < I_L \leqslant 1$	210 ~ 850	650 ~ 1 400	1 200 ~ 1 800	1 300 ~ 1 900	150 ~ 250	250 ~ 300	300 ~ 450	300 ~ 450	200 ~ 400	400 ~ 700	700 ~ 950

土名称	土的状态		混凝土预制桩桩长 l/m				泥浆护壁钻（冲）孔桩桩长 l/m				干作业钻孔桩桩长 l/m		
	桩型		$l \le 9$	$9 < l \le 16$	$16 < l \le 30$	$l > 30$	$5 \le l < 10$	$10 \le l < 15$	$15 \le l < 30$	$30 \le l$	$5 \le l < 10$	$10 \le l < 15$	$15 \le l$
黏性土	可塑	$0.50 < I_L \le 0.75$	850 ~ 1 700	1 400 ~ 2 200	1 900 ~ 2 800	2 300 ~ 3 600	350 ~ 450	450 ~ 600	600 ~ 750	750 ~ 800	500 ~ 700	800 ~ 1 100	1 000 ~ 1 600
	硬可塑	$0.25 < I_L \le 0.50$	1 500 ~ 2 300	2 300 ~ 3 300	2 700 ~ 3 600	3 600 ~ 4 400	800 ~ 900	900 ~ 1 000	1 000 ~ 1 200	1 200 ~ 1 400	850 ~ 1 100	1 500 ~ 1 700	1 700 ~ 1 900
	硬塑	$0 < I_L \le 0.25$	2 500 ~ 3 800	3 800 ~ 5 500	5 500 ~ 6 000	6 000 ~ 6 800	1 100 ~ 1 200	1 200 ~ 1 400	1 400 ~ 1 600	1 600 ~ 1 800	1 600 ~ 1 800	2 200 ~ 2 400	2 600 ~ 2 800
粉土	中密	$0.75 \le e \le 0.9$	950 ~ 1 700	1 400 ~ 2 100	1 900 ~ 2 700	2 500 ~ 3 400	300 ~ 500	500 ~ 650	650 ~ 750	750 ~ 850	800 ~ 1 200	1 200 ~ 1 400	1 400 ~ 1 600
	密实	$e < 0.75$	1 500 ~ 2 600	2 100 ~ 3 000	2 700 ~ 3 600	3 600 ~ 4 400	650 ~ 900	750 ~ 950	900 ~ 1 100	1 100 ~ 1 200	1 200 ~ 1 700	1 400 ~ 1 900	1 600 ~ 2 100
粉砂	稍密	$10 < N \le 15$	1 000 ~ 1 600	1 500 ~ 2 300	1 900 ~ 2 700	2 100 ~ 3 000	350 ~ 500	450 ~ 600	600 ~ 700	650 ~ 750	500 ~ 950	1 300 ~ 1 600	1 500 ~ 1 700
	中密、密实	$N > 15$	1 400 ~ 2 200	2 100 ~ 3 000	3 000 ~ 4 500	3 800 ~ 5 500	600 ~ 750	750 ~ 900	900 ~ 1 100	1 100 ~ 1 200	900 ~ 1 000	1 700 ~ 1 900	1 700 ~ 1 900
细砂	中密、密实	$N > 15$	2 500 ~ 4 000	3 600 ~ 5 000	4 400 ~ 6 000	5 300 ~ 7 000	650 ~ 850	900 ~ 1 200	1 200 ~ 1 500	1 500 ~ 1 800	1 200 ~ 1 600	2 000 ~ 2 400	2 400 ~ 2 700
中砂			4 000 ~ 6 000	5 500 ~ 7 000	6 500 ~ 8 000	7 500 ~ 9 000	850 ~ 1 050	1 100 ~ 1 500	1 500 ~ 1 900	1 900 ~ 2 100	1 800 ~ 2 400	2 800 ~ 3 800	3 600 ~ 4 400
粗砂			5 700 ~ 7 500	7 500 ~ 8 500	8 500 ~ 10 000	9 500 ~ 11 000	1 500 ~ 1 800	2 100 ~ 2 400	2 400 ~ 2 600	2 600 ~ 2 800	2 900 ~ 3 600	4 000 ~ 4 600	4 600 ~ 5 200
砾砂			6 000 ~ 9 500		9 000 ~ 10 500		1 400 ~ 2 000		2 000 ~ 3 200		3 500 ~ 5 000		
角砾、圆砾		$N_{63.5} > 10$	7 000 ~ 10 000		9 500 ~ 11 500		1 800 ~ 2 200		2 200 ~ 3 600		4 000 ~ 5 500		
碎石、卵石		$N_{63.5} > 10$	8 000 ~ 11 000		10 500 ~ 13 000		2 000 ~ 3 000		3 000 ~ 4 000		4 500 ~ 6 500		
全风化软质岩		$30 < N \le 50$	4 000 ~ 6 000				1 000 ~ 1 600				1 200 ~ 2 000		
全风化硬质岩		$30 < N \le 50$	5 000 ~ 8 000				1 200 ~ 2 000				1 400 ~ 2 400		
强风化软质岩		$N_{63.5} > 10$	6 000 ~ 9 000				1 400 ~ 2 200				1 600 ~ 2 600		
强风化硬质岩		$N_{63.5} > 10$	7 000 ~ 11 000				1 800 ~ 2 800				2 000 ~ 3 000		

注：1. 砂土和碎石类土中桩的极限端阻力取值，宜综合考虑土的密实度，土越密实，桩端进入持力层的深径比 h_b/d 越大，取值越高。

    2. 预制桩的岩石极限端阻力是指桩端支承于中、微风化基岩表面或进入强风化岩、软质岩一定深度条件下极限端阻力。

    3. 全风化、强风化软质岩和全风化、强风化硬质岩是指其母岩分别为 $f_{rk} \le 15$ MPa、$f_{rk} > 30$ MPa 的岩石。

（2）根据土的物理指标与承载力参数之间的经验关系，确定大直径桩单桩极限承载力标准值时，可按下式计算

$$Q_{uk} = Q_{sk} + Q_{pk} = u \sum \psi_{si} q_{sik} l_i + \psi_p q_{pk} A_p \qquad (8\text{-}11)$$

式中　q_{sik}——桩侧第 i 层土极限侧阻力标准值（kPa），如无当地经验值时，可按表 8-3 取值，对于扩底桩变截面以上 $2d$ 长度范围不计侧阻力；

　　　q_{pk}——桩径为 800 mm 的极限端阻力标准值（kPa），对于干作业挖孔（清底干净）可采用深层载荷板试验确定；当不能进行深层载荷板试验时，可按表 8-5 取值；

　　ψ_{si}，ψ_p——大直径灌注桩侧阻力、端阻力尺寸效应系数，按表 8-6 取值；

　　　u——桩身周长（m），当人工挖孔桩桩周护壁为振捣密实的混凝土时，桩身周长可按护壁外直径计算。

表 8-5　干作业挖孔桩（清底干净，$D = 800$ mm）**极限端阻力标准值 q_{pk}**（单位：kPa）

土　名　称		状　　态		
黏性土		$0.25 < I_L \leqslant 0.75$	$0 < I_L \leqslant 0.25$	$I_L \leqslant 0$
		$800 \sim 1\,800$	$1\,800 \sim 2\,400$	$2\,400 \sim 3\,000$
粉土		—	$0.75 \leqslant e \leqslant 0.9$	$e < 0.75$
		—	$1\,000 \sim 1\,500$	$1\,500 \sim 2\,000$
砂土、碎石类土		稍密	中密	密实
	粉砂	$500 \sim 700$	$800 \sim 1\,100$	$1\,200 \sim 2\,000$
	细砂	$700 \sim 1\,100$	$1\,200 \sim 1\,800$	$2\,000 \sim 2\,500$
	中砂	$1\,000 \sim 2\,000$	$2\,200 \sim 3\,200$	$3\,500 \sim 5\,000$
	粗砂	$1\,200 \sim 2\,200$	$2\,500 \sim 3\,500$	$4\,000 \sim 5\,000$
	砾砂	$1\,400 \sim 2\,400$	$2\,600 \sim 4\,000$	$5\,000 \sim 7\,000$
	圆砾、角砾	$1\,600 \sim 3\,000$	$3\,200 \sim 5\,000$	$6\,000 \sim 9\,000$
	卵石、碎石	$2\,000 \sim 3\,000$	$3\,300 \sim 5\,000$	$7\,000 \sim 11\,000$

注：1. 当桩进入持力层的深度 h_b 分别为 $h_b \leqslant D$，$D < h_b \leqslant 4D$，$h_b > 4D$ 时，q_{pk} 可相应取低、中、高值。

　　2. 砂土密实度可根据标准贯入击数判定，$N \leqslant 10$ 为松散，$10 < N \leqslant 15$ 为稍密，$15 < N \leqslant 30$ 为中密，$N > 30$ 为密实。

　　3. 当桩的长径比 $l/d \leqslant 8$ 时，q_{pk} 宜取较低值。

　　4. 当对沉降要求不严时，q_{pk} 可取高值。

表 8-6　大直径灌注桩侧阻力尺寸效应系数 ψ_{si}、端阻力尺寸效应系数 ψ_p

土类型	黏性土、粉土	砂土、碎石类土
ψ_{si}	$(0.8/d)^{1/5}$	$(0.8/d)^{1/3}$
ψ_p	$(0.8/D)^{1/4}$	$(0.8/D)^{1/3}$

注：当为等直径桩时，表中 $D = d$。

（3）当根据土的物理指标与承载力参数之间的经验关系确定钢管桩单桩竖向极限承载力标准值时，可按下列公式计算

$$Q_{uk} = Q_{sk} + Q_{pk} = u \sum q_{sik} l_i + \lambda_p q_{pk} A_p \qquad (8\text{-}12)$$

式中　q_{sik}，q_{pk}——分别按表 8-3 和表 8-4 取与混凝土预制桩相同的值（kPa）；

　　　λ_p——桩端土塞效应系数，对于闭口钢管桩 $\lambda_p = 1$；对于敞口钢管桩，当 $h_b/d < 5$

时，$\lambda_p = 0.16 h_b / d$，当 $h_b / d \geqslant 5$ 时，$\lambda_p = 0.8$；

h_b——桩端进入持力层深度（m）；

d——钢管桩外径（m）。

对于带隔板的半敞口钢管桩，应以等效直径 d_e 代替 d 确定 λ_p；$d_e = d / \sqrt{n}$；其中 n 为桩端隔板分割数（图 8-3）。

图 8-3　隔板分割

（4）当根据土的物理指标与承载力参数之间的经验关系确定敞口预应力混凝土空心桩单桩竖向极限承载力标准值时，可按下列公式计算

$$Q_{uk} = Q_{sk} + Q_{pk} = u \sum q_{sik} l_i + q_{pk}(A_j + \lambda_p A_{p1}) \tag{8-13}$$

式中　q_{sik}，q_{pk}——分别按表 8-3 和表 8-4 取与混凝土预制桩相同的值（kPa）；

A_j——空心桩桩端净面积（m^2）

管桩　$A_j = \dfrac{\pi}{4}(d^2 - d_1^2)$

空心方桩　$A_j = b^2 - \dfrac{\pi}{4}d_1^2$

A_{p1}——空心桩敞口面积（m^2）$A_{p1} = \dfrac{\pi}{4}d_1^2$；

λ_p——桩端土塞效应系数，当 $h_b / d < 5$ 时，$\lambda_p = 0.16 h_b / d$；当 $h_b / d \geqslant 5$ 时，$\lambda_p = 0.8$；

d，b——空心桩外径、边长（m）；

d_1——空心桩内径（m）。

四、通过静载荷试验确定单桩竖向承载力

（一）试验装置

（1）锚桩法。锚桩法试验的装置如图 8-4 所示。

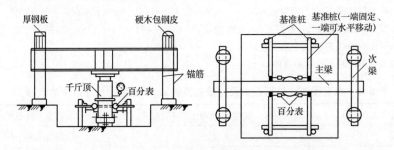

图 8-4　锚桩法试桩装置

加荷利用液压千斤顶、杠杆、载重承台等装置。液压千斤顶应设有稳压装置。千斤顶借助锚桩的反力对试桩加荷。试验时可根据需要布置 4 ~ 6 根锚桩，锚桩深度应不小于试桩深度。为了减少锚桩对试桩的影响，锚桩与试桩的间距应大于 $4d$（d 为桩径），且不小于 2 m。观测装置应埋设在试桩和锚桩受力后产生地基变形的影响范围之外，以免影响观测结果的精度。

（2）堆载法。采用堆载压重平台提供反力装置，压重宜在试验前一次加足，并均匀稳固地放置于平台上，压重施加于地基上的压力不宜大于地基承载力特征值的 1.5 倍。堆载量大

时，宜利用桩（可利用工程桩）作为堆载的支点。在软土地区压重平台支墩边距试桩较近时，大吨位堆载地面下沉将会引起对试桩的附加应力，特别是将明显影响摩擦桩的承载力，通常要求支墩与试桩间的距离大于 2 m。

（二）试验方法

确定单桩竖向承载力的试验方法如图 8-5 所示。

| 确定单桩竖向承载力的试验方法 | 慢速维持荷载法 | （1）试验加载应分级进行。加荷分级不应小于 8 级，每级加载量宜为预估极限荷载的 1/10 ～ 1/8。
（2）测读桩沉降量的间隔时间:每级加载后，第 5 min、10 min、15 min 时各测读一次，以后每隔 15 min 测读一次，累计 1 h 后每隔半小时测读一次。
在每级荷载作用下，桩的沉降量连续两次在每小时内小于 0.1 mm 时可视为稳定。
（3）终止加载条件:试桩过程中，桩的破坏状态的出现有时不是十分明显，所以要规定一个相对的标准。当出现下列情况之一时，即可终止加载:
1）当荷载-沉降(Q-s)曲线上有可判定极限承载力的陡降段，且桩顶总沉降量超过 40 mm。
2）$\dfrac{\Delta s_{n+1}}{\Delta s_n} \geq 2$，且经 24 h 尚未达到稳定。
3）25 m 以上的非嵌岩桩，Q-s 曲线呈缓变型时，桩顶总沉降量大于 60 ～ 80 mm。
4）在特殊条件下，可根据具体要求加载至桩顶总沉降量大于 100 mm。
① Δs_n 为第 n 级荷载的沉降增量;Δs_{n+1} 为第 $n+1$ 级荷载的沉降增量。
② 桩底支承在坚硬岩(土)层上，桩的沉降量很小时，最大加载量不应小于设计荷载的 2 倍。
（4）根据试验结果，可绘出荷载-沉降曲线(Q-s 曲线)及各级荷载下沉降-时间曲线(s-t 曲线)，如图 8-6 所示。
（5）卸载观测:每级卸载值为加载值的 2 倍。卸载后每隔 15 min 测读一次，测读两次后，隔 30 min 再测读一次，即可卸下一级荷载。全部卸载后，隔 3 ～ 4 h 再测读一次 |
| | 快速维持荷载法 | （1）每级荷载加载后维持 1 h，按第 5 min、15 min、30 min、45 min、60 min 测读桩顶沉降量，即可施加下一级荷载;对最后一级荷载，加载后沉降测读方法及稳定标准应按慢速维持荷载法中的规定执行。
（2）卸载时每级荷载维持 15 min，读测时间为第 5 min、15 min，即可卸下一级荷载。卸载至零后应测读稳定的残余沉降量，维持时间为 2 h，测读时间为第 5 min、15 min、30 min，以后每隔 30 min 测读一次。
（3）当出现下列情况之一时，可终止加载:
1）某级荷载作用下，桩顶沉降量大于前一级荷载作用下沉降量的 5 倍。但当桩顶沉降能稳定且总沉降量小于 40 mm 时，宜加载至桩顶总沉降量超过 40 mm。
2）某级荷载作用下，桩顶沉降量大于前一级荷载作用下沉降量的 2 倍，且经 24 h 尚未达到稳定标准。
3）已达到加载反力装置的最大加载量。
4）已达到设计要求的最大加载量。
5）当工程桩作锚桩时，锚桩上拔量已达到允许值。
6）当荷载-沉降曲线呈缓变型时，可加载至桩顶总沉降量 60 ～ 80 mm;在特殊情况下，可根据具体要求加载至桩顶累计沉降量超过 80 mm |

图 8-5　确定单桩竖向承载力的试验方法

（三）单桩竖向承载力的确定

根据桩的竖向静载试验结果，确定单桩极限承载力的方法很多，《建筑地基基础设计规范》（GB 50007—2011）规定，单桩竖向极限承载力应按下列方法确定:

（1）作荷载-沉降（Q-s）曲线和其他辅助分析所需的曲线。

（2）当陡降段明显时，取相应于陡降段起点的荷载值。

（3）当出现 $\dfrac{\Delta s_{n+1}}{\Delta s_n} \geq 2$，且经 24 h 尚未达到稳定的情况，取前一级荷载值。

（4）Q-s 曲线呈缓变型时，取桩顶总沉降量 $s = 40$ mm 所对应的荷载值，当桩长大于 40 m

时，宜考虑桩身的弹性压缩。

（5）按上述方法判断有困难时，可结合其他辅助分析方法综合判定。对桩基沉降有特殊要求者，应根据具体情况选取。

（6）参加统计的试桩，当满足其极差不超过平均值的30%时，可取其平均值为单桩竖向极限承载力。极差超过平均值的30%时，宜增加试桩数量并分析极差过大的原因，结合工程具体情况确定极限承载力。对桩数为3根及3根以下的柱下桩台，取最小值。

（7）将单桩竖向极限承载力除以安全系数2，为单桩竖向承载力特征值 R_a。

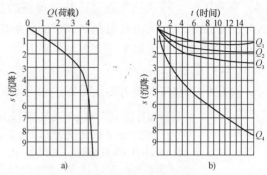

图 8-6　桩的竖向静载荷试验结果
a) 荷载-沉降（$Q-s$）曲线
b) 沉降-时间（$s-t$）曲线

五、原位测试法确定单桩竖向承载力

（1）当根据单桥探头静力触探资料确定混凝土预制桩单桩竖向极限承载力标准值 Q_{uk} 时，如无当地经验，可按下式计算

$$Q_{uk} = Q_{sk} + Q_{pk} = u \sum q_{sik} l_i + \alpha p_{sk} A_p \tag{8-14}$$

当 $p_{sk1} \leqslant p_{sk2}$ 时

$$p_{sk} = \frac{1}{2} (p_{sk1} + \beta p_{sk2}) \tag{8-15}$$

当 $p_{sk1} > p_{sk2}$ 时

$$p_{sk} = p_{sk2} \tag{8-16}$$

式中　Q_{sk}，Q_{pk}——总极限侧阻力标准值和总极限端阻力标准值（kN）；

u——桩身周长（m）；

q_{sik}——用静力触探比贯入阻力值估算的桩周第 i 层土的极限侧阻力（kPa），可结合土工试验资料，依据土的类别、埋置深度、排列次序，按图8-7折线取值；

l_i——桩周第 i 层土的厚度（m）；

α——桩端阻力修正系数，可按表8-7取值；

p_{sk}——桩端附近的静力触探比贯入阻力标准值（平均值）（kPa）；

A_p——桩端面积（m²）；

p_{sk1}——桩端全截面以上8倍桩径范围内的比贯入阻力平均值（kPa）；

p_{sk2}——桩端全截面以下4倍桩径范围内的比贯入阻力平均值（kPa），如桩端持力层为密实的砂土层，其比贯入阻力平均值超过20 MPa时，则需乘以表8-8中系数 C 予以折减后，再计算 p_{sk}；

β——折减系数，按表8-9选用。

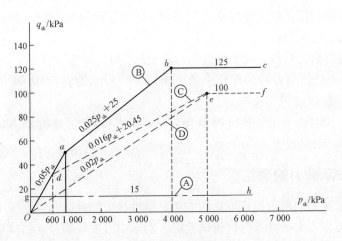

图 8-7 $q_{sk} - p_{sk}$ 曲线

注：1. 图中，直线Ⓐ（线段 gh）适用于地表下 6 m 范围内的土层；折线Ⓑ（线段 $Oabc$）适用于粉土及砂土土层以上（或无粉土及砂土土层地区）的黏性土；折线Ⓒ（线段 $Odef$）适用于粉土及砂土土层以下的黏性土；折线Ⓓ（线段 Oef）适用于粉土、粉砂、细砂及中砂。

2. p_{sk} 为桩端穿过的中密~密实砂土、粉土的比贯入阻力平均值；p_{sl} 为砂土、粉土的下卧软土层的比贯入阻力平均值。

3. 采用的单桥探头，圆锥底面积为 15 cm²，底部带 7 cm 高滑套，锥角 60°。

4. 当桩端穿过粉土、粉砂、细砂及中砂层底面时，折线Ⓓ估算的 q_{sik} 值需乘以表 8-10 中系数 η_s 值。

表 8-7 桩端阻力修正系数 α 值

桩长/m	$l < 15$	$15 \leqslant l \leqslant 30$	$30 < l \leqslant 60$
α	0.75	0.75 ~ 0.90	0.90

注：桩长 15 m≤l≤30 m，α 值按 l 值直线内插；l 为桩长（不包括桩尖高度）。

表 8-8 系数 C

p_{sk}/MPa	20 ~ 30	35	>40
系数 C	5/6	2/3	1/2

表 8-9 折减系数 β

p_{sk2}/p_{sk1}	≤5	7.5	12.5	≥15
β	1	5/6	2/3	1/2

注：表 8-8、表 8-9 可内插取值。

表 8-10 系数 η_s 值

p_{sk}/p_{sl}	≤5	7.5	≥10
η_s	1.00	0.50	0.33

（2）当根据双桥探头静力触探资料确定混凝土预制桩单桩竖向极限承载力标准值时，对于黏性土、粉土和砂土，如无当地经验，可按下式计算

$$Q_{uk} = Q_{sk} + Q_{pk} = u \sum l_i \beta_i f_{si} + \alpha q_c A_p \tag{8-17}$$

式中 f_{si}——第 i 层土的探头平均侧阻力（kPa）；

  q_c——桩端平面上、下探头阻力，取桩端平面以上 $4d$（d 为桩的直径或边长）范围内按

土层厚度的探头阻力加权平均值（kPa），然后再和桩端平面以下 $1d$ 范围内的探头阻力进行平均；

α——桩端阻力修正系数，对于黏性土、粉土取 2/3，对饱和砂土取 1/2；

β_i——第 i 层土桩侧阻力综合修正系数，黏性土、粉土为 $\beta_i = 10.04\ (f_{si})^{-0.55}$；砂土为 $\beta_i = 5.05\ (f_{si})^{-0.45}$。

需要注意的是，双桥探头的圆锥底面积为 15 cm^2，锥角 60°，摩擦套筒高 21.85 cm，侧面积 300 cm^2。

六、单桩抗拔承载力的确定

确定单桩抗拔承载力的最主要且可靠的方法是单桩抗拔静载试验，重要工程均应进行现场抗拔试验。对次要工程或无条件进行抗拔试验时，实际中可按经验公式估算单桩抗拔承载力。

（1）经验公式法确定单桩抗拔承载力的计算公式如下

$$T_u = \alpha u \sum_{i=1}^{n} q_{sik} l_i + \beta G \tag{8-18}$$

式中　T_u——单桩抗拔极限承载力值（kN）；

　　　u——单桩横断面周长（m）；

　　　l_i——单桩穿越第 i 层土内的长度（m）；

　　　q_{sik}——第 i 层土桩侧抗压极限桩侧阻力（kPa）；

　　　G——桩体自重，水下取有效重力（kN）；

　　　α——抗拔系数，可参考表 8-11 取值；

　　　β——折减系数，一般可取 0.8 ~ 1.0。

表 8-11　我国有关行业部门 α 经验值

行业、部门	抗拔系数 α	行业、部门	抗拔系数 α	行业、部门	抗拔系数 α
铁路、公路	0.6	工业与民用建筑	0.5 ~ 0.9	港口、电业	0.6 ~ 0.8

单桩抗拔承载力特征值可按下式确定：

$$T_a = T_u / K \tag{8-19}$$

式中　T_a——单桩抗拔承载力特征值（kN）；

　　　K——抗拔安全系数，一般可取 2.0 ~ 3.0。

式（8-19）适用于无扩底的直立单桩。

（2）按桩身材料长度确定单桩抗拔承载力计算公式如下：

$$T = f_y A_s \tag{8-20}$$

式中　T——单桩抗拔承载力设计值（kN）；

　　　f_y——纵向钢筋抗拉强度设计值，按现行《混凝土结构设计规范》（GB 50010—2010）确定（MPa）；

　　　A_s——纵向钢筋截面面积（mm^2）。

【例 8-1】　断面为 600×600 mm^2、入土 25m 的钢筋混凝土桩，桩顶与承台嵌固。传到桩顶的轴向力 $F = 900kN$，水平力 $H_0 = 30kN$，力矩 $M_0 = 90kN \cdot m$。桩身混凝土强度等级为 C20，弹性模量 $E_c = 3 \times 10^3 MPa$。桩周土为 $I_L = 1.10$ 的淤泥质黏土。试确定单桩的水平容许承载力、桩身最大弯矩及其位置。

【解】 截面惯性矩
$$I = \frac{0.6^4}{12}\text{m}^4 = 0.0108\text{m}^4$$

$$E_0 I = 3000 \times 10^3 \times 0.0108 \text{kN} \cdot \text{m} = 32400 \text{kN} \cdot \text{m}^2$$

$$0.8 E_c I = 32400 \times 0.8 \text{kN} \cdot \text{m} = 25920 \text{kN} \cdot \text{m}^2$$

截面计算宽度 $b_0 = 1.5b + 0.5 = (1.5 \times 0.6 + 0.5) \text{m} = 1.5\text{m}$

取 $m = 6\text{MPa} = 6000\text{kN/m}^2$

$$\alpha = \sqrt[5]{\frac{mb_0}{E_c I}} = \sqrt[5]{\frac{6000 \times 1.5}{32400}} \text{m}^{-1} = 0.77\text{m}^{-1}$$

$$L > \frac{4.0}{\alpha} = 5.19\text{m} \text{ 属于弹性长桩}$$

$$C_1 = \alpha \frac{M_0}{H_0} = 0.77 \times \frac{90}{25} = 2.77$$

查得
$$\bar{h} = 0.68, \quad C_u = 1.155$$

桩身最大弯矩为
$$M_{\max} = C_u M_0 = 1.155 \times 90 \text{kN} \cdot \text{m} = 1039.5 \text{kN} \cdot \text{m}$$

最大弯矩离地面深度为
$$z = \frac{\bar{h}}{\alpha} = \frac{0.68}{0.77}\text{m} = 0.883\text{m}$$

若允许水平位移 $[x_0] = 1\text{cm}$
$$[H_0] = 1.08\alpha^3 E_c I [x_0] = 1.08 \times 0.77^3 \times 25920 \times 0.01 \text{kN} = 127.8 \text{kN} > H_0$$

第三节 单桩水平承载力的确定

一、单桩水平静载试验

1. 试验仪器

(1) 水平推力加载装置宜采用油压千斤顶，加载能力不得小于最大试验荷载的 1.2 倍。

(2) 水平推力的反力可由相邻桩提供；当专门设置反力结构时，其承载能力和刚度应大于试验桩的 1.2 倍。

(3) 荷载测量可用放置在千斤顶上的荷重传感器直接测定；或采用并联于千斤顶油路的压力表或压力传感器测定油压，根据千斤顶率定曲线换算荷载。传感器的测量误差不应大于1%，压力表精度应优于或等于 0.4 级。试验用压力表、油泵、油管在最大加载时的压力不应超过规定工作压力的 80%。荷载测量时，水平力作用点宜与实际工程的桩基承台底面标高一致；千斤顶和试验桩接触处应安置球形支座，千斤顶作用力应水平通过桩身轴线；千斤顶与试桩的接触处宜适当补强。

(4) 桩的水平位移测量宜采用位移传感器或大量程百分表，其测量误差不大于 0.1% FS（满意度），分辨力优于或等于 0.01 mm。在水平力作用平面的受检桩两侧应对称安装两个位移计；当需要测量桩顶转角时，尚应在水平力作用平面以上 50 cm 的受检桩两侧对称安装两个位移计。

（5）位移测量的基准点设置不应受试验和其他因素的影响，基准点应设置在与作用力方向垂直且与位移方向相反的试桩侧面，基准点与试桩净距不应小于1倍桩径。

（6）测量桩身应力或应变时，各测试断面的测量传感器应沿受力方向对称布置在远离中性轴的受拉和受压主筋上；埋设传感器的纵剖面与受力方向之间的夹角不得大于10°。在地面下10倍桩径（桩宽）的主要受力部分应加密测试断面，断面间距不宜超过1倍桩径；超过此深度，测试断面间距可适当加大。

2. 现场检测

（1）加载方法宜根据工程桩实际受力特性选用单向多循环加载法或慢速维持荷载法，也可按设计要求采用其他加载方法。需要测量桩身应力或应变的试桩宜采用维持荷载法。

（2）试验加卸载方式和水平位移测量应符合下列规定：

1）单向多循环加载法的分级荷载应小于预估水平极限承载力或最大试验荷载的1/10。每级荷载施加后，恒载4 min后可测读水平位移，然后卸载至零，停2 min测读残余水平位移，至此完成一个加卸载循环。如此循环5次，完成一级荷载的位移观测。试验不得中间停顿。

2）慢速维持荷载法的试验步骤应符合下列规定：

①加载应分级进行，采用逐级等量加载；分级荷载宜为最大加载量或预估极限承载力的1/10，其中第一级可取分级荷载的2倍。每级荷载施加后按第5 min、15 min、30 min、45 min、60 min测读水平位移，以后每隔30 min测读一次。

②试桩水平位移相对稳定标准：每1 h内的水平位移量不超过0.1 mm，并连续出现两次（从分级荷载施加后第30 min开始，按1.5 h连续三次每30 min的水平位移值计算）。

③当水平位移速率达到相对稳定标准时，再施加下一级荷载。

④卸载应分级进行，每级卸载量取加载时分级荷载的2倍，逐级等量卸载。

⑤加、卸载时应使荷载传递均匀、连续、无冲击，每级荷载在维持过程中的变化幅度不得超过分级荷载的±10%。

⑥卸载时，每级荷载维持1 h，按第15 min、30 min、60 min测读水平位移量后，即可卸下一级荷载。卸载至零后，应测读残余水平位移量，维持时间为3 h，测读时间为第15 min、30 min，以后每隔30 min测读一次。

（3）当出现下列情况之一时，可终止加载：

1）桩身折断。

2）水平位移超过30~40 mm（软土取40 mm）。

3）水平位移达到设计要求的水平位移允许值。

（4）测量桩身应力或应变时，测试数据的测读宜与水平位移测量同步。

3. 检测数据的分析与判定

（1）检测数据应按下列要求整理：

1）采用单向多循环加载法时应绘制水平力-时间-作用点位移关系曲线（$H-t-Y_0$）和水平力-位移梯度关系曲线（$H-\Delta Y_0/\Delta H$）。

2）采用慢速维持荷载法时应绘制水平力-力作用点位移关系曲线（$H-Y_0$）、水平力-位移梯度关系曲线（$H-\Delta Y_0/\Delta H$）、力作用点位移-时间对数关系曲线（$Y_0-\lg t$）和水平力-力作用点位移双对数关系曲线（$\lg H-\lg Y_0$）。

3）绘制水平力、水平力作用点水平位移-地基土水平抗力系数的比例系数的关系曲线（$H-m$、Y_0-m）。

（2）对埋设有应力或应变测量传感器的试验应绘制下列曲线，并列表给出相应的数据：

1）各级水平力作用下的桩身弯矩分布图；

2）水平力-最大弯矩截面钢筋拉应力曲线（$H-\sigma_\mathrm{S}$）。

（3）单桩的水平临界荷载可按下列方法综合确定：

1）取单向多循环加载法时的 $H-t-Y_0$ 曲线或慢速维持荷载法时的从 $H-Y_0$ 曲线出现拐点的前一级水平荷载值。

2）取 $H-\Delta Y_0/\Delta H$ 曲线或 $\lg H-\lg Y_0$ 曲线上第一拐点对应的水平荷载值。

3）取 $H-\sigma_\mathrm{S}$ 曲线第一拐点对应的水平荷载值。

（4）单桩的水平极限承载力可按下列方法综合确定：

1）取单向多循环加载法时的 $H-t-Y_0$ 曲线产生明显陡降的前一级，或慢速维持荷载法时的 $H-Y_0$ 曲线发生明显陡降的起始点对应的水平荷载值。

2）取慢速维持荷载法时的 $Y_0-\lg t$ 曲线尾部出现明显弯曲的前一级水平荷载值。

3）取 $H-\Delta Y_0/\Delta H$ 曲线或 $\lg H-\lg Y_0$ 曲线上第二拐点对应的水平荷载值。

4）取桩身折断或受拉钢筋屈服时的前一级水平荷载值。

（5）单位工程同一条件下的单桩水平承载力特征值的确定应符合下列规定：

1）当水平承载力按桩身强度控制时，取水平临界荷载统计值为单桩水平承载力特征值。

2）当桩受长期水平荷载作用且不允许开裂时，取水平临界荷载统计值的 0.8 倍作为单桩水平承载力特征值。

（6）当水平承载力按设计要求的水平允许位移控制时，可取设计要求的水平允许位移对应的水平荷载作为单桩水平承载力特征值，但应满足有关规范抗裂设计的要求。

二、单桩水平承载力特征值的确定

（1）对于受水平荷载较大的设计等级为甲级、乙级的建筑桩基，单桩水平承载力特征值应通过单桩水平静载试验确定。

（2）对于钢筋混凝土预制桩、钢桩、桩身配筋率不小于 0.65% 的灌注桩，可根据静载试验结果取地面处水平位移为 10 mm（对于水平位移敏感的建筑物取水平位移 6 mm）所对应的荷载的 75% 为单桩水平承载力特征值。

（3）对于桩身配筋率小于 0.65% 的灌注桩，可取单桩水平静载试验的临界荷载的 75% 为单桩水平承载力特征值。

（4）当缺少单桩水平静载试验资料时，可按下列公式估算桩身配筋率小于 0.65% 的灌注桩的单桩水平承载力特征值

$$R_\mathrm{ha}=\frac{0.75\alpha\gamma_\mathrm{m}f_\mathrm{t}W_0}{\upsilon_\mathrm{M}}\left(1.25+22\rho_\mathrm{g}\right)\left(1\pm\frac{\zeta_\mathrm{N}N_\mathrm{k}}{\gamma_\mathrm{m}f_\mathrm{t}A_\mathrm{n}}\right)\tag{8-21}$$

式中　R_ha——单桩水平承载力特征值（N），± 号根据桩顶竖向力性质确定，压力取 " + "，拉力取 " - "；

　　α——桩的水平变形系数（mm^{-1}）；

　　γ_m——桩截面模量塑性系数，圆形截面 $\gamma_\mathrm{m}=2$，矩形截面 $\gamma_\mathrm{m}=1.75$；

　　f_t——桩身混凝土抗拉强度设计值（MPa）；

　　W_0——桩身换算截面受拉边缘的截面模量（mm^3）。

圆形截面 $W_0 = \dfrac{\pi d}{32} \left[d^2 + 2 \left(\alpha_E - 1 \right) \rho_g d_0^2 \right]$

方形截面 $W_0 = \dfrac{b}{6} \left[b^2 + 2 \left(\alpha_E - 1 \right) \rho_g b_0^2 \right]$

d——桩直径；

d_0——扣除保护层厚度的桩直径；

b——方形截面边长；

b_0——扣除保护层厚度的桩截面宽度；

α_E——钢筋弹性模量与混凝土弹性模量的比值；

υ_M——桩身最大弯距系数，按表8-12取值，当单桩基础和单排桩基纵向轴线与水平力方向相垂直时，按桩顶铰接考虑；

ρ_g——桩身配筋率；

A_n——桩身换算截面积（mm^2），圆形截面为 $A_n = \dfrac{\pi d^2}{4} \left[1 + \left(\alpha_E - 1 \right) \rho_g \right]$，方形截面为 $A_n = b^2 \left[1 + \left(\alpha_E - 1 \right) \rho_g \right]$；

ζ_N——桩顶竖向力影响系数，竖向压力取0.5，竖向拉力取1.0；

N_k——在荷载效应标准组合下桩顶的竖向力（kN）。

表 8-12 桩顶（身）最大弯矩系数 υ_M 和桩顶水平位移系数 υ_x

桩顶约束情况	桩的换算埋深（αh）	υ_M	υ_x
铰接、自由	4.0	0.768	2.441
	3.5	0.750	2.502
	3.0	0.703	2.727
	2.8	0.675	2.905
	2.6	0.639	3.163
	2.4	0.601	3.526
固接	4.0	0.926	0.940
	3.5	0.934	0.970
	3.0	0.967	1.028
	2.8	0.990	1.055
	2.6	1.018	1.079
	2.4	1.045	1.095

注：1. 铰接（自由）的 υ_M 是桩身的最大弯矩系数，固接的 υ_M 是桩顶的最大弯矩系数。

2. 当 $\alpha h > 4$ 时，取 $\alpha h = 4.0$。

（5）对于混凝土护壁的挖孔桩，计算单桩水平承载力时，其设计桩径取护壁内直径。

（6）当桩的水平承载力由水平位移控制，且缺少单桩水平静载试验资料时，可按下式估算预制桩、钢桩、桩身配筋率不小于 0.65% 的灌注桩单桩水平承载力特征值

$$R_{ha} = 0.75 \frac{\alpha^3 EI}{\upsilon_x} \chi_{0a} \tag{8-22}$$

式中 EI——桩身抗弯刚度（$N \cdot mm^2$），对于钢筋混凝土桩，$EI = 0.85 E_c I_0$；

E_c——混凝土弹性模量（$N \cdot mm^2$）；

I_0——桩身换算截面惯性矩（mm^4），对于圆形截面 $I_0 = W_0 d_0 / 2$；对于矩形截面 $I_0 =$

$W_0 b_0 / 2$；

χ_{0a}——桩顶允许水平位移（mm）；

v_x——桩顶水平位移系数，按表 8-12 取值，取值方法同 v_M。

（7）验算永久荷载控制的桩基的水平承载力时，应将上述方法确定的单桩水平承载力特征值乘以调整系数 0.80；验算地震作用桩基的水平承载力时，应将按上述方法确定的单桩水平承载力特征值乘以调整系数 1.25。

第四节　群桩基础设计

一、群桩效应

群桩在竖向荷载作用下，由于承台、桩、土之间相互影响和共同作用，群桩的工作性状趋于复杂，桩群中任一根桩的工作性状都不同于孤立的单桩，群桩承载力将不等于各单桩承载力之和，群桩沉降也明显地超过单桩，这种现象就是群桩效应。

对于端承桩基，由于桩尖下的压力分布面很小，各桩的压力叠加作用小，可以认为群桩的承载力等于各单桩承载力之和，其沉降也几乎与单桩相同，一般都能满足建筑物的要求。因此群桩理论主要是针对摩擦桩而言。

群桩效应可用群桩效率系数 η 和沉降比 ζ 表示。群桩效率系数 η 是指群桩竖向极限承载力 P_u 与群桩中所有桩的单桩竖向极限承载力 Q_u 总和之比，即 $\eta = P_u / (nQ_u)$（n 为群桩中的桩数）。沉降比 ζ 是指在每根桩承担相同荷载条件下，群桩沉降量 s_n 与单桩沉降量 s 之比，即 $\zeta = s_n / s$。

通过对群桩模型试验和群桩野外载荷试验，群桩的效率系数和沉降比主要具有以下特点：

（1）当桩距增大时，效率系数 η 增高。

（2）当桩距相同时，桩数越多，效率系数 η 越低。

（3）当桩距增大至一定值后，效率系数 η 值增加不显著。

（4）当承台面积保持不变时，增加桩数（桩距同时减小），效率系数 η 显著下降。

（5）沉降比 ζ 随着桩距的增大而减小。

（6）当荷载和桩距都相同时，沉降比 ζ 随着群桩中桩数的增多而加大。

综上所述，群桩效率系数 η 和沉降比 ζ 主要取决于桩距和桩数。此外，群桩效率系数 η 和沉降比 ζ 还与土质和土层构造、桩径、桩的类型及排列方式等因素有关。

由摩擦桩组成的群桩，桩顶荷载主要通过桩侧摩阻力传布到桩周和桩端土层中，在桩端平面处产生应力重叠。承台土反力也传递到承台以下一定范围内的土层中，从而使桩侧阻力和桩端阻力受到干扰。就一般情况而言，在常规桩距 $[(3 \sim 4) d]$ 下，黏性土中的群桩，随着桩数的增加，群桩效率明显下降，且 $\eta < 1$，同时沉降比迅速增大，ζ 可以从 2 增大到 10 以上；砂土中的挤土桩群，有可能 $\eta > 1$；而沉降比则除了端承桩 $\zeta = 1$ 外，均为 $\zeta > 1$。

二、群桩承载力的计算

（一）实体深基础法

实体深基础法是把群桩外围内的桩和土看作一个实体深基础来进行地基强度和变形验算。

《建筑地基基础设计规范》（GB 50007—2011）中推荐的就是这种方法，在规范中对桩基承载力的计算已不再要求群桩按实体深基础进行承载力验算了，但将实体深基础作为桩基础沉降计算的方法之一。

目前，实体深基础法的具体计算方法尚不统一，现将常用的算法简单介绍如下：

（1）将桩与桩间土一起作为一个实体基础，假定荷载通过桩侧摩擦力，从最外一圈的桩顶外缘以 α 角向下扩散，如图8-8所示。扩散角 $\alpha = \dfrac{1}{4}\varphi_m$，其中 φ_m 为桩长范围内各土层内摩擦角的加权平均值，即 $\varphi_m = \sum \varphi_i l_i / \sum l_i$。至桩端平面处扩大为面积 A'，A' 即作为整体深基础的底面积，则

$$A' = b_0' l_0' = (b_0 + 2l\tan\alpha)(l_0 + 2l\tan\alpha) \tag{8-23}$$

然后可按验算天然地基承载力方法进行计算。

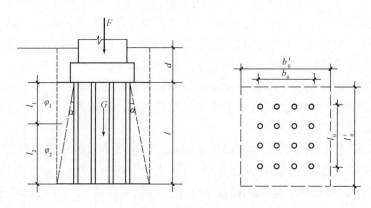

图8-8 假想深基础计算简图之一

此时应满足
中心荷载时

$$p_k \leqslant f_a \tag{8-24}$$

$$p_k = \frac{F_k + G_k}{A'} \tag{8-25}$$

偏心荷载时

$$p_k \leqslant 1.2 f_a \tag{8-26}$$

$$p_{kmax} = \frac{F_k + G_k}{A'} + \frac{M_{kx}}{W_x} + \frac{M_{ky}}{W_y} \tag{8-27}$$

式中 p_k、p_{kmax}——桩端平面处地基上作用的平均应力和最大应力标准值（kN）；

f_a——桩端平面处经修正后的天然地基土的承载力特征值（kPa）；

F_k——作用于桩基上的垂直荷载标准值（kN）；

G_k——假想实体基础自重（kN），包括作用在 A' 面积上的桩、土及承台的重量；

M_{kx}、M_{ky}——作用在假想实体基础底面上的力矩标准值（kN·m）；

W_x、W_y——假想实体基础底面的截面抵抗矩（m³）。

（2）将桩与桩间土一起作为一个实体基础，考虑实体基础侧面与土的摩擦力的支承作用，如图8-9所示，此时应满足

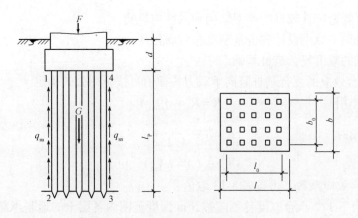

图 8-9 假想深基础计算简图之二

中心荷载时

$$\frac{F + G - (\sum Uq_{su}/K)}{A} \leqslant f_a \tag{8-28}$$

偏心荷载时

$$\frac{F + G - (\sum Uq_{su}/K)}{A} + \frac{M_x}{W_x} + \frac{M_y}{W_y} \leqslant 1.2f_a \tag{8-29}$$

其中

$$A = l_0 \times b_0 \tag{8-30}$$

$$q_{su} = \frac{q_u}{2} \tag{8-31}$$

$$q_u = E_0 \tan\varphi \tag{8-32}$$

式中 l_0、b_0——群桩外围的长度和宽度（m）；

U——按土层分段的实体基础侧表面积（m^2）；

q_{su}——不同土层的极限摩擦力（kN），对黏性土，取 $q_{su} = \frac{q_0}{2}$ 或十字板抗剪强度值；

对砂土，取 $q_u = E_0 \tan\varphi$；

q_u——土的无侧限抗压强度（kN）；

E_0——实体基础侧面土的静止土压力（kN）；

φ——土的内摩擦角；

K——安全系数，一般取 $K = 3$。

（二）桩基规范法

《建筑桩基技术规范》（JGJ 94—2008）对复合桩基竖向承载力特征值的计算方法规定如下：

（1）对于端承型桩基、桩数少于 4 根的摩擦型柱下独立桩基或由于地层土性、使用条件等因素不宜考虑承台效应时基桩竖向承载力特征值应取单桩竖向承载力特征值。

（2）对于符合下列条件之一的摩擦型桩基，宜考虑承台效应确定其复合基桩的竖向承载力特征值：

1）上部结构整体刚度较好、体型简单的建（构）筑物。

2）对差异沉降适应性较强的排架结构和柔性构筑物。

3）按变刚度调平原则设计的桩基刚度相对弱化区。

4）软土地基的减沉复合疏桩基础。

（3）考虑承台效应的复合基桩竖向承载力特征值可按下列公式确定

不考虑地震作用时
$$R = R_a + \eta_c f_{ak} A_c \qquad (8\text{-}33)$$

考虑地震作用时
$$R = R_a + \frac{\zeta_a}{1.25}\eta_c f_{ak} A_c \qquad (8\text{-}34)$$

$$A_c = (A - nA_{ps})/n \qquad (8\text{-}35)$$

式中　η_c——承台效应系数，可按表8-13取值；

f_{ak}——承台下1/2承台宽度且不超过5 m深度范围内各层土的地基承载力特征值按厚度加权的平均值（kPa）；

A_c——计算基桩所对应的承台底净面积（m^2）；

A_{ps}——桩身截面面积（m^2）；

A——承台计算域面积（m^2），对于柱下独立桩基，A为承台总面积；对于桩筏基础，A为柱、墙筏板的1/2跨距和悬臂边2.5倍筏板厚度所围成的面积；桩集中布置于单片墙下的桩筏基础，取墙两边各1/2跨距围成的面积，按条形承台计算η_c；

ζ_a——地基抗震承载力调整系数，应按现行国家标准《建筑抗震设计规范》（GB 50011—2010）采用。

当承台底为可液化土、湿陷性土、高灵敏度软土、欠固结土、新填土时，沉桩引起超孔隙水压力和土体隆起时，不考虑承台效应，取$\eta_c = 0$。

表8-13　承台效应系数 η_c

B_c/l ＼ s_a/d	3	4	5	6	>6
≤0.4	0.06~0.08	0.14~0.17	0.22~0.26	0.32~0.38	0.50~0.80
0.4~0.8	0.08~0.10	0.17~0.20	0.26~0.30	0.38~0.44	
>0.8	0.10~0.12	0.20~0.22	0.30~0.34	0.44~0.50	
单排桩条形承台	0.15~0.18	0.25~0.30	0.38~0.45	0.50~0.60	

注：1. 表中s_a/d为桩中心距与桩径之比；B_c/l为承台宽度与桩长之比。当计算基桩为非正方形排列时，$s_a = \sqrt{A/n}$，A为承台计算域面积，n为总桩数。

　　2. 对于桩布置于墙下的箱、筏承台，η_c可按单排桩条形承台取值。

　　3. 对于单排桩条形承台，当承台宽度小于1.5d时，η_c按非条形承台取值。

　　4. 对于采用后注浆灌注桩的承台，η_c宜取低值。

　　5. 对于饱和黏性土中的挤土桩基、软土地基上的桩基承台，η_c宜取低值的0.8倍。

三、群桩基础荷载验算

（一）桩基中各单桩荷载验算

建筑物的荷载通过承台传给各根桩。对于一般建筑和受横向荷载较小的高大建筑物的低承台桩基，计算各单桩桩顶所受到的竖向力时，多假定承台为绝对刚性，把桩视为受压杆件，按材料力学的方法进行计算。

1. 群桩中单桩桩顶竖向力的计算（图 8-10）

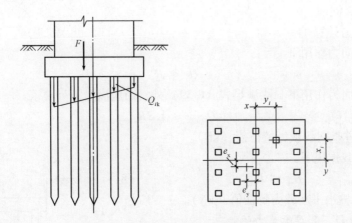

图 8-10　桩基中各桩受力的计算

（1）轴心竖向力作用下

$$Q_k = \frac{F_k + G_k}{n} \qquad (8\text{-}36)$$

式中　F_k——相应于荷载效应标准组合时，作用于桩基承台顶面的竖向力（kN）；

　　　G_k——桩基承台自重及承台上土自重标准值（kN）；

　　　Q_k——相应于荷载效应标准组合轴心竖向力作用下任一单桩的竖向力（kN）；

　　　n——桩基中的桩数。

（2）偏心竖向力作用下

$$Q_{ik} = \frac{F_k + G_k}{n} \pm \frac{M_{xk} y_i}{\sum y_i^2} \pm \frac{M_{yk} x_i}{\sum x_i^2} \qquad (8\text{-}37)$$

式中　Q_{ik}——相应于荷载效应标准组合偏心竖向力作用下第 i 根桩的竖向力（kN）；

M_{xk}、M_{yk}——相应于荷载效应标准组合时，作用于承台底面通过桩群形心的 x、y 轴的力矩（kN·m）；

　　　x_i、y_i——桩 i 至桩群形心的 y、x 轴轴线的距离（m），如图 8-11 所示。

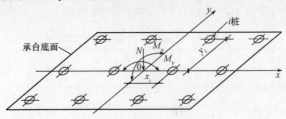

图 8-11　桩基中基桩受力计算

其余符号意义同前。

（3）水平力作用下

$$H_{ik} = \frac{H_k}{n} \qquad (8\text{-}38)$$

式中　H_k——相应于荷载效应标准组合时，作用于承台底面的水平力（kN）；

H_{ik}——相应于荷载效应标准组合时，作用于任一单桩的水平力（kN）。

其余符号意义同前。

2. 单桩承载力计算

（1）轴心竖向力作用下

$$Q_k \leqslant R_a \tag{8-39}$$

（2）偏心竖向力作用下，除满足式（8-39）外，尚应满足下列要求

$$Q_{ik\max} \leqslant 1.2R_a \tag{8-40}$$

式中 R_a——单桩竖向承载力特征值（kN）。

（3）水平荷载作用下

$$H_{ik} \leqslant R_{Ha} \tag{8-41}$$

式中 R_{Ha}——单桩水平承载力特征值（kN）。

（二）桩基软弱下卧层承载力的验算

按《建筑桩基技术规范》（JGJ 94—2008），对于桩距不超过 $6d$ 的群桩基础，桩端持力层下存在承载力低于桩端持力层承载力 1/3 的软弱下卧层时，可按下列公式验算软弱下卧层的承载力（图8-12）

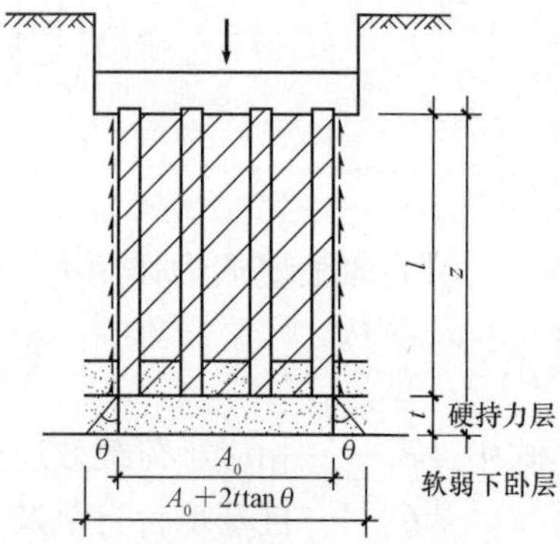

图 8-12　软弱下卧层承载力验算

$$\sigma_z + \gamma_m z \leqslant f_{az} \tag{8-42}$$

$$\sigma_z = \frac{(F_k + G_k) - 3/2(A_0 + B_0)\sum q_{sik}l_i}{(A_0 + 2t\tan\theta)(B_0 + 2t\tan\theta)} \tag{8-43}$$

式中 σ_z——作用于软弱下卧层顶面的附加应力；

γ_m——软弱层顶面以上各土层重度（地下水位以下取浮重度）按厚度加权平均值（kN/m³）；

t——硬持力层厚度（m）；

f_{az}——软弱下卧层经深度 z 修正的地基承载力特征值（kPa）；

A_0、B_0——桩群外缘矩形底面的长、短边边长（m）；

q_{sik}——桩周第 i 层土的极限侧阻力标准值（kPa），无当地经验时，可根据成桩工艺按表 8-3 取值；

θ——桩端硬持力层压力扩散角（°），按表 8-14 取值。

表8-14　桩端硬持力层压力扩散角 θ

E_{s1}/E_{s2}	$t = 0.25B_0$	$t \geqslant 0.50B_0$
1	4°	12°
3	6°	23°
5	10°	25°
10	20°	30°

注：1. E_{s1}、E_{s2} 分别为硬持力层、软弱下卧层的压缩模量。

　　2. 当 $t < 0.25B_0$ 时，取 $\theta = 0°$，必要时，宜通过试验确定；当 $0.25B_0 < t < 0.50B_0$ 时，可内插取值。

四、桩基沉降计算

（一）一般规定

（1）《建筑地基基础设计规范》（GB 50007—2011）规定，对以下建筑物的桩基应进行沉

降验算：

1）地基基础设计等级为甲级的建筑物桩基；

2）体形复杂、荷载不均匀或桩端以下存在软弱土层的设计等级为乙级的建筑物桩基；

3）摩擦型桩基。

嵌岩桩、设计等级为丙级的建筑物桩基、对沉降无特殊要求的条形基础下不超过两排桩的桩基、吊车工作级别 A5 及 A5 以下的单层工业厂房桩基（桩端下为密实土层），可不进行沉降验算。

当有可靠地区经验时，对地质条件不复杂、荷载均匀、对沉降无特殊要求的端承型桩基也可不进行沉降验算。

（2）桩基沉降变形可用下列指标表示：

1）沉降量；

2）沉降差；

3）整体倾斜：建筑物桩基础倾斜方向两端点的沉降差与其距离的比值；

4）局部倾斜：墙下条形承台沿纵向某一长度范围内桩基础两点的沉降差与其距离的比值。

（3）计算桩基沉降变形时，桩基变形指标应按下列规定选用：

1）由于土层厚度与性质不均匀、荷载差异、体形复杂、相互影响等因素引起的地基沉降变形，对于砌体承重结构应由局部倾斜控制；

2）对于多层或高层建筑和高耸结构应由整体倾斜值控制；

3）当其结构为框架、框架－剪力墙、框架－核心筒结构时，尚应控制柱（墙）之间的差异沉降。

（4）桩基础的沉降不得超过建筑物的沉降允许值。

（二）《建筑地基基础设计规范》（GB 50007—2011）规定的桩基沉降计算方法

《建筑地基基础设计规范》（GB 50007—2011）规定，计算桩基础沉降时，最终沉降量宜采用单向压缩分层总和法计算

$$s = \psi_p \sum_{j=1}^{m} \sum_{i=1}^{n_j} \frac{\sigma_{j,i} \Delta h_{j,i}}{E_{sj,i}} \tag{8-44}$$

式中　s——桩基最终计算沉降量（mm）；

　　　m——桩端平面以下压缩层范围内土层总数；

　　$E_{sj,i}$——桩端平面下第 j 层土第 i 个分层在自重应力至自重应力加附加应力作用段的压缩模量（MPa）；

　　　n_j——桩端平面下第 j 层土的计算分层数；

　$\Delta h_{j,i}$——桩端平面下第 j 层土的第 i 个分层厚度（mm）；

　　$\sigma_{j,i}$——桩端平面下第 j 层土第 i 个分层的竖向附加应力（MPa），可分别按实体深基础法（桩距不大于 $6d$）或明德林应力公式法计算；

　　　ψ_p——桩基沉降计算经验系数，各地区应根据当地的工程实测资料统计对比确定。

（三）《建筑桩基技术规范》（JGJ 94—2008）规定的桩基沉降计算方法

1. 桩中心距不大于 6 倍桩径的桩基

（1）对于桩中心距不大于 6 倍桩径的桩基，其最终沉降量计算可采用等效作用分层总和法。等效作用面位于桩端平面，等效作用面积为桩承台投影面积，等效作用附加压力近似取承台底平均附加压力。等效作用面以下的应力分布采用各向同性均质直线变形体理论。计算模式

如图 8-13 所示，桩基任一点最终沉降量可用角点法按下式计算

$$s = \psi\psi_e s' = \psi\psi_e \sum_{j=1}^{m} p_{0j} \sum_{i=1}^{n} \frac{z_{ij}\bar{\alpha}_{ij} - z_{(i-1)j}\bar{\alpha}_{(i-1)j}}{E_{si}} \qquad (8\text{-}45)$$

式中　s——桩基最终沉降量（mm）；

　　　s'——采用布辛奈斯克解，按实体深基础分层总和法计算出的桩基沉降量（mm）；

　　　ψ——桩基沉降计算经验系数，当无当地可靠经验时可按表 8-15 选用。对于采用后注浆施工工艺的灌注桩，桩基沉降计算经验系数应根据桩端持力土层类别，乘以 0.7（砂、砾、卵石）~0.8（黏性土、粉土）折减系数；饱和土中采用预制桩（不含复打、复压、引孔沉桩）时，应根据桩距、土质、沉桩速率和顺序等因素，乘以 1.3~1.8 挤土效应系数，土的渗透性低，桩距小，桩数多，沉降速率快时取大值；

　　　ψ_c——桩基等效沉降系数；

　　　m——角点法计算点对应的矩形荷载分块数；

　　　p_{0j}——第 j 块矩形底面在荷载效应准永久组合下的附加压力（kPa）；

　　　n——桩基沉降计算深度范围内所划分的土层数；

　　　E_{si}——等效作用面以下第 i 层土的压缩模量（MPa），采用地基土在自重压力至自重压力加附加压力作用时的压缩模量；

z_{ij}、$z_{(i-1)j}$——桩端平面第 j 块荷载作用面至第 i 层土、第 $i-1$ 层土底面的距离（m）；

$\bar{\alpha}_{ij}$、$\bar{\alpha}_{(i-1)j}$——桩端平面第 j 块荷载计算点至第 i 层土、第 $i-1$ 层土底面深度范围内平均附加应力系数。

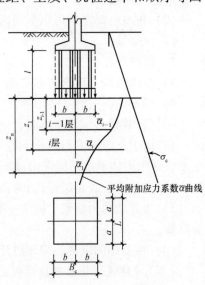

图 8-13　桩基沉降计算示意

表 8-15　桩基沉降计算经验系数 ψ

$\bar{E}_s$/MPa	≤10	15	20	35	≥50
ψ	1.2	0.9	0.65	0.50	0.40

注：1. $\bar{E}_s$ 为沉降计算深度范围内压缩模量的当量值，可按 $\bar{E}_s = \sum A_i / \sum \dfrac{A_i}{E_{si}}$ 计算，式中 A_i 为第 i 层土附加压力系数沿土层厚度的积分值，可近似按分块面积计算。

　　2. ψ 可根据 $\bar{E}_s$ 内插取值。

（2）计算矩形桩基中点沉降时，桩基沉降量可按下式简化计算

$$s = \psi\psi_e s' = 4\psi\psi_e p_0 \sum_{i=1}^{n} \frac{z_i\bar{\alpha}_i - z_{i-1}\bar{\alpha}_{i-1}}{E_{si}} \qquad (8\text{-}46)$$

式中　p_0——在荷载效应准永久组合下承台底的平均附加压力（kPa）；

$\bar{\alpha}_i$、$\bar{\alpha}_{i-1}$——平均附加应力系数。

2. 单桩、单排桩、疏桩基础

（1）承台底地基土不分担荷载的桩基。桩端平面以下地基中由基桩引起的附加应力，按考虑桩径影响的明德林解计算确定。将沉降计算点水平面影响范围内各基桩对应力计算点产生

的附加应力叠加，采用单向压缩分层总和法计算土层的沉降，并计入桩身压缩 s_e。桩基的最终沉降量可按下列公式计算

$$s = \psi \sum_{i=1}^{n} \frac{\sigma_{zi}}{E_{si}} \Delta z_i + s_e \qquad (8\text{-}47)$$

$$\sigma_{zi} = \sum_{j=1}^{m} \frac{Q_j}{l_j^2} [\alpha_j I_{p,ij} + (1 - \alpha_j) I_{s,ij}] \qquad (8\text{-}48)$$

$$s_e = \xi_e \frac{Q_j l_j}{E_c A_{ps}} \qquad (8\text{-}49)$$

（2）承台底地基土分担荷载的复合桩基。将承台底土压力对地基中某点产生的附加应力按布辛奈斯克解计算，与基桩产生的附加应力叠加，采用与上述第（1）条相同的方法计算沉降。其最终沉降量可按下列公式计算

$$s = \psi \sum_{i=1}^{n} \frac{\sigma_{zi} + \sigma_{zci}}{E_{si}} \Delta z_i + s_e \qquad (8\text{-}50)$$

$$\sigma_{zci} = \sum_{k=1}^{u} \alpha_{ki} \cdot p_{c,k} \qquad (8\text{-}51)$$

式中　　m——以沉降计算点为圆心，0.6 倍桩长为半径的水平面影响范围内的基桩数；

　　　　n——沉降计算深度范围内土层的计算分层数；分层数应结合土层性质，分层厚度不应超过计算深度的 0.3 倍；

　　　　σ_{zi}——水平面影响范围内各基桩对应力计算点桩端平面以下第 i 层土 1/2 厚度处产生的附加竖向应力之和（MPa）；应力计算点应取与沉降计算点最近的桩中心点；

　　　　σ_{zci}——承台压力对应力计算点桩端平面以下第 i 计算土层 1/2 厚度处产生的应力（MPa）；

　　　　Δz_i——第 i 计算土层厚度（m）；

　　　　E_{si}——第 i 计算土层的压缩模量（MPa），采用土的自重压力至土的自重压力加附加压力作用时的压缩模量；

　　　　Q_j——第 j 桩在荷载效应准永久组合作用下（对于复合桩基应扣除承台底土分担荷载），桩顶的附加荷载（kN）；当地下室埋深超过 5 m 时，取荷载效应准永久组合作用下的总荷载为考虑回弹再压缩的等代附加荷载；

　　　　l_j——第 j 桩桩长（m）；

　　　　A_{ps}——桩身截面面积（m²）；

　　　　α_j——第 j 桩总桩端阻力与桩顶荷载之比，近似取极限总端阻力与单桩极限承载力之比；

$I_{p,ij}$、$I_{s,ij}$——第 j 桩的桩端阻力和桩侧阻力对计算轴线第 i 计算土层 1/2 厚度处的应力影响系数；

　　　　E_c——桩身混凝土的弹性模量（MPa）；

　　　　$p_{c,k}$——第 k 块承台底均布压力（MPa），可按 $p_{c,k} = \eta_{c,k} f_{ak}$ 取值，其中 $\eta_{c,k}$ 为第 k 块承台底板的承台效应系数；f_{ak} 为承台底地基承载力特征值；

　　　　α_{ki}——第 k 块承台底角点处，桩端平面以下第 i 计算土层 1/2 厚度处的附加应力系数；

　　　　s_e——计算桩身压缩（mm）；

　　　　ξ_e——桩身压缩系数；端承型桩，取 $\xi_e = 1.0$；摩擦型桩，当 $l/d \leqslant 30$ 时，取 $\xi_e = 2/3$；

$l/d \geqslant 50$ 时，取 $\xi_e = 1/2$；介于两者之间可线性插值；

ψ——沉降计算经验系数，无当地经验时，可取 1.0。

【例 8-2】 如图 8-14 和图 8-15 所示，一柱下桩基础独立承台，柱的横截面为 1600mm × 1600mm，柱的混凝土强度等级为 C50，按荷载效应标准组合的柱轴力为 34560kN，单桩承载力为 4150kN，采用九桩承台，圆柱直径为 750mm，桩距为 2500mm，承台混凝土强度等级为 C30。试验算柱下承台和角桩处承台受冲切承载力，以及柱边缘处承台受剪承载力和承台变阶处受剪承载力。设：柱下承台厚度为 2.4m，变阶处承台厚度处为 1.5m。

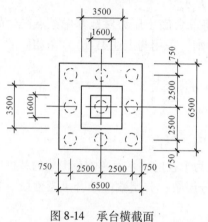

图 8-14　承台横截面

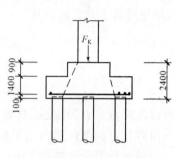

图 8-15　柱下基础

【解】　（1）验算柱下承台受冲切承载力

按面积相等原则可将圆直径换算成方桩边长

$C = 0.866d = 0.866 \times 750\text{mm} = 649.5\text{mm}$

桩边至柱边的水平距离 a_0 为

$$a_0 = \alpha_{0x} = a_{0y} = \left(2500 - \frac{1600}{2} - \frac{649.5}{2}\right)\text{mm} = 1375.25\text{mm}$$

作用在冲切破坏锥体上的冲切力设计值 F_c 为

$F_c = 1.35 \times 4150 \times 8\text{kN} = 44820\text{kN}$

$F_1 = 2\beta_0 (b_c + h_c + 2\alpha_0) \beta_{hp} f_t h_0$

$\beta_0 = 0.84/\lambda_0 + 0.2$

$\beta_{hp} = 0.9$　$b_c = h_c = 1600\text{mm}$　$\alpha_0 = 1375.25\text{mm}$　$f_t = 1.43\text{MPa}$

$h_0 = (2400 - 100)\text{mm} = 2300\text{mm}$

$\lambda_0 = \alpha_0/h_0 = 1375.25/2300 = 0.5979$，$\beta_0 = 0.84/0.5979 + 0.2 = 1.6$

代入式 $F_1 = 2\beta_0 (b_c + h_c + 2\alpha_0) \beta_{hp} f_t h_0$

$56365\text{kN} > F_c = 44820\text{kN}$

（2）验算角桩处承台受冲切承载力

角桩内边缘至承台外边缘的距离 C_1 为

$$C_1 = C_2 = 750 + \frac{c}{2} = \left(750 + \frac{649.5}{2}\right)\text{mm} = 1074.75\text{mm}$$

承台变阶处至角桩边缘的水平距离 a_1 为

$a_1 = (3500 - 750 - 6495/2 - 1500)\text{mm} = 925.25\text{mm}$

$$N_1 = 2\beta_1 \left(c_1 + \frac{a_1}{2} \right) \beta_{hp} f_t h_0$$

$$\beta_1 = 0.56/\lambda_1 + 0.2$$

角桩竖向力设计值 N_1 为

$$N_1 = 1.35 \times 4150 kN = 5602.5 kN$$

$$C_1 = 1074.75mm \quad a_1 = 925.25mm \quad \lambda_1 = \frac{a_1}{h_0} = \frac{925.25}{1400} = 0.66$$

$$\beta_1 = 0.56/0.66 + 0.2 = 1.05 \quad \beta_{hp} = 0.9$$

$$h_0 = (1500 - 100) \ mm = 1400mm \quad f_t = 1.43MPa$$

代入式 $F_1 = 2\beta_0 \ (b_c + h_c + 2\alpha_0) \ \beta_{hp} f_t h_0$ 得 $5817kN > N_1 = 5602.5kN$

（3）验算柱边缘处承台受剪承载力

柱边缘剪力设计值 V 为

$$V = 1.35 \times 4150 \times 3kN = 16807.5kN$$

柱边至柱边的水平距离 a_x 为

$$a_x = a_y = 2500 - \frac{1600}{2} - \frac{649.5}{2} = 1375.25$$

承台受剪承载公式为

$$V \leqslant \beta_{hp} \beta f_x b_0 h_0, \quad \beta = \frac{1.75}{\lambda + 1.0}$$

由于柱边缘承台为梯形，截面计算宽度 b_0 为

$$b_{x0} = b_{y0} = \frac{b_{x1} h_{01} + b_{x2} b_{02}}{h_{01} + h_{02}} = \frac{6500 \times 1400 + 3500 \times 900}{1400 + 900} mm = 5326mm$$

$$\beta_{hs} = 0.8 \quad \lambda_x = \lambda_y = \frac{a_x}{h_0} = \frac{1375.25}{2300} = 0.5979$$

$$\beta = \frac{1.75}{\lambda + 1.0} = \frac{1.75}{0.5979 + 1.0} = 1.095$$

$f_t = 1.43MPa$，$b_{x0} = 5326mm$，$h_0 = 2300mm$ 代入 $V \leqslant \beta_{hp} \beta f_t b_0 h_0$ 右侧，得

$V = 17468.532kN > V = 16807.5kN$。

（4）验算承台变阶处受剪承载力

承台变阶处至桩内边缘的水平距离 a_x 为

$$a_x = a_y = \left(3500 - 750 - \frac{649.5}{2} - 1500 \right) mm = 925.25mm$$

计算截面的剪跨比 λ 为

$$\lambda = \frac{a_x}{h_0} = \frac{925.25}{1400} = 0.66$$

受剪切承载力截面影响系数 β_{hs} 为

$$\beta_{hs} = \left(\frac{750}{h_0} \right)^{0.25} = \left(\frac{750}{1400} \right)^{0.25} = 0.8555$$

剪切系数 β 为

$$\beta = \frac{1.75}{\lambda + 1.0} = \frac{1.75}{0.66 + 1} = 1.054$$

将 $\beta_{hs} = 0.8555$，$\beta = 1.054$，$f_t = 1.43\text{MPa}$，$b_0 = 6500\text{mm}$，$h_0 = 1400$ 代入

$V \leqslant \beta_{hp}\beta f_x b_0 h_0$ 中的右侧得 17733.783kN $> V = 16807.5$kN，由以上计算可知均满足要求。

第五节　桩基础设计

一、桩基础的选型

荷载是选择桩型时首先要考虑的条件，荷载的性质、作用方向和施加方式等都与桩型的选择密切相关。例如对于要求单桩设计承载力为 2 000 kN 的情况，一般只有人工挖孔桩、钻孔扩底灌注桩、预应力管桩以及贝诺特灌注桩和内击扩底沉管灌注桩等几种桩型可以满足要求。又如在码头或海上建筑物的桩基工程中，常用预制混凝土直边桩或管桩，在深水中最好用钢管桩，而使用灌注桩一般是不大可能的。同时，桩型的最后选定还要考虑其他一些因素。

桩基础的选型应考虑的主要因素如图 8-16 所示。

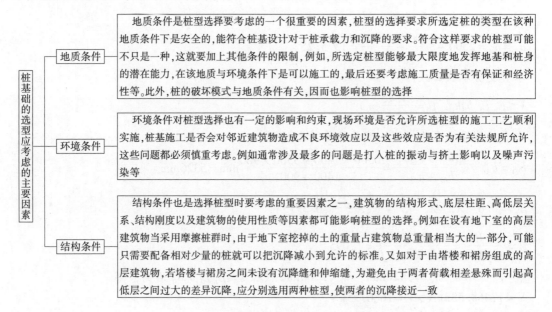

图 8-16　桩基础的选型应考虑的主要因素

桩基础的选型除了考虑地质、环境、结构等因素之外还要考虑可行性，即在既定的地质条件和环境条件下，所选定的桩型是否能利用现有施工条件（设备与技术水平、工期等）达到设计要求以及现场环境是否允许该施工工艺顺利实施。此外，地基加固时施工的可用空间也常常是决定桩型的因素。

工程的施工方法与桩型的选择也有一定的关系。例如当采用地下室逆作法施工时，要求建筑物的桩基应是一柱一桩，在此情况下，只有选用大直径、高强度、优质的人工挖孔桩或钻孔沉管扩底灌注桩等桩型，才能满足设计要求。

桩型的最后选定还要看技术经济效果，即考虑包括桩的荷载试验在内的总造价和整个工程的综合经济效益。为此，要对所选桩型和设计方案进行全面的技术经济分析加以论证，并同时顾及环境效益和社会效益。

二、桩基础的设计步骤

（一）搜集设计资料

设计桩基时，首先应通过调查研究，充分掌握设计资料，包括建筑物形式、荷载、地质勘察资料、材料来源及施工条件（桩的制造、运输、沉桩设备、动力设备）等，并了解当地使用桩基的经验，以供设计参考。

由于桩基础工程的特殊性，设计前详细掌握建筑场地的工程地质勘察资料是十分重要的，桩基工程的地质勘察应注意下列特点：

（1）勘探孔的间距，可按一般建筑物详细勘察阶段要求布孔，但当土层在水平方向变化较大时，宜适当加密孔距。对于端承桩，应注意持力层顶板的起伏变化情况。对于摩擦桩要注意土层的不均匀性及有无软弱夹层等。

（2）当采用单排端承桩时，部分勘探孔深度一般应钻至持力层顶板下 2~3 m。

如在预定钻探深度范围内有软弱下卧层时，应予以钻穿，并达到厚度不小于 3 m 的密实土层。对于群桩，宜将群桩当作实体基础考虑，来确定勘探深度，以满足群桩沉降计算的需要。

（3）为选择桩基的良好持力层，宜通过静力触探或动力触探，连续测定地基土层不同深度的力学强度或密实程度，并绘出带有柱状图的触探测试曲线。

（二）选定桩型、桩径、桩长和截面尺寸

（1）根据地基土层的分布情况，并考虑到施工条件、打桩设备等因素，决定是采用端承桩或是摩擦桩，是用预制桩还是灌注桩，进行综合比较后确定。

摩擦桩桩尖应尽量达到低压缩性的土层上。中密以上的砂层，一般黏性土当孔隙比小于 0.7、压缩系数小于 0.25 MPa^{-1}、液性指数小于 1 时，可作为摩擦桩基的良好持力层。同时桩必须深入持力层至少 1 m，以提高桩的承载力并减小沉降。

（2）一般情况下，同一建筑物的桩基应该采用相同的桩径，但当建筑物基础平面范围内的荷载分布很不均匀时，可根据荷载和地基的地质条件采用不同直径的基桩。

对桩径的确定，要考虑下列与桩型有关的两种情况：

1）各类桩型由于工程实践惯用以及施工设备条件限制等原因，均有其常用的桩径（表 8-8），设计时要适当顾及，以减少施工的困难。

2）各类桩型均有其最小桩径要求，见表 8-16，在桩型既定的情况下，桩身的设计尺寸不宜违反此要求。

表 8-16　各类桩型的常用桩径及最小桩径

序号	桩　　型	常用桩径/mm	最小桩径/mm	最大长径比（l/d）	备　　注
1	打入式预制混凝土桩	(350×350) ~ (600×600)	200×200		
2	干作业钻孔灌注桩		300		
3	泥浆护壁钻孔灌注桩冲孔桩		500		
4	人工挖孔桩	1 200 ~ 1 400	1 000		最大直径可大于 3 000 mm
5	木桩		300 ~ 360（大头）150 ~ 200（小头）		低值适用于小荷载（220 kN 以下），高值适用于较大荷载

序号	桩　　型	常用桩径/mm	最小桩径/mm	最大长径比 (l/d)	备　　注
6	预应力混凝土管桩	300 ~ 1 000	300		
7	钢管桩	406. 4 ~ 1 016. 0			
8	内击式沉管灌注桩	600	500		
9	深层水泥搅拌桩	500 ~ 700	500	40	
10	H 型钢桩	(200 × 200) ~ (400 × 400)	200 × 200		

从经济条件考虑，当所选定桩型为端承桩而坚硬持力层又埋藏不太深时，对于排架柱和框架柱基，可考虑采用大直径的单柱单桩；对于摩擦桩，则宜采用细长桩，以取得桩侧较大的比表面积。

按照不出现压屈失稳条件核验所采用的桩长径比，仅当高承台桩的自由段较长或桩周为可液化土或特别软弱土层的情况时才需考虑。

按照桩的施工垂直度偏差控制端承桩的长径比，以避免相邻两桩出现桩端交会而降低端阻力。

当桩的承载力取决于桩身强度时，桩身截面尺寸必须满足设计对桩身强度的要求。可由下式估算

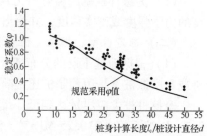

图 8-17　稳定系数 φ

$$A = \frac{R_{\mathrm{d}}}{0.5\varphi f_{\mathrm{c}}} \qquad (8\text{-}52)$$

式中　R_{d}——与桩身材料强度有关的单桩设计承载力（kN）；

　　　φ——钢筋混凝土受压构件的稳定系数（图8-17及表8-17），一般情况下，对于直径较大的人工挖孔桩，可取 $\varphi = 1.0$；

　　　f_{c}——混凝土的轴向抗压强度设计值（kPa）；

　　　A——桩身截面积（m^2）。

表 8-17　桩的稳定系数 φ

l_{c}/d	≤7	8.5	10.5	12	14	15.5	17	19	21	22.5
φ	1.00	0.98	0.95	0.92	0.87	0.91	0.75	0.70	0.65	0.60
l_{c}/d	24	26	28	29.5	31	33	34.5	36.5	38	40
φ	0.56	0.52	0.48	0.44	0.40	0.36	0.32	0.29	0.26	0.23

有了桩身截面积，即可由 $A = \dfrac{\pi d^2}{4}$ 或 $A = b^2$ 求得桩径或方桩的边长。

工程经验或已有的地震灾害调查表明，受地震水平力作用下的桩基，其破坏位置，几乎都集中于桩顶或桩的上段部位，因此，在考虑抗震设计时，桩上段部位的桩径宜加大或采取相应的构造措施。

（3）由持力层的深度确定桩长（一般指桩身长度，不包括桩尖），进行初步设计和验算。同时也需要考虑桩的制作和运输条件的可能性，以及沉桩设备的能力是否能顺利沉到预定深度。桩的截面尺寸与桩长相适应并根据计算确定。

（三）确定桩数及桩的布置

（1）确定桩数。根据单桩承载力特征值和上部结构荷载情况，即可确定桩数。当中心荷载作用时，桩数 n 为

$$n = \frac{F + G}{R} \qquad (8\text{-}53)$$

当偏心荷载作用时，桩基中各桩受力不均等，故桩数应适当增加，按下式计算

$$n = \mu \frac{F + G}{R} \qquad (8\text{-}54)$$

式中　μ——系数，一般取 1.1～1.2。

这样确定的桩数是初步的，可据此进行桩的初步平面布置，然后经过单桩受力验算后作必要的修改。

（2）常见桩的排列形式如图 8-18 所示。桩基的平面排列形式应符合下列要求：

1）已有的试验表明，单列的群桩（图 8-18c），不管桩的间距等于多少，群桩效率系数 η 均小于1；梅花形排列（图 8-18b）较方形或矩形排列（图 8-18a、f）的 η 值大。在桩数相同的情况下，方形排列的 η 值略高于矩形排列，矩形排列又略高于条形排列。

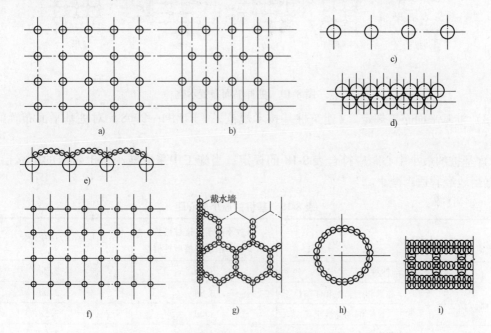

图 8-18　桩的排列形式

a）方形排列　b）梅花形排列　c）纵向单列排列　d）纵向双排桩墙排列
e）直线拱形混合排列　f）矩形排列　g）六角形蜂窝排列　h）环形排列　i）格栅形排列

2）条形排列群桩比方形排列群桩的承台分担荷载比大。但条形排列的桩群其承载力要比由几排桩组成的桩群的承载力低得多。

3）环形排列的桩群等于一个受外侧压的厚壁圆筒，环形护壁主要是受压力而非受拉力，而且内力自身平衡，在使用深层水泥搅拌桩等柔性桩时，符合扬长避短的原则。

4）桩的排列形式对群桩效率的影响实质上是一个"围封效应"问题，在打入桩的沉桩挤土过程中，桩的排数增加、桩位相互错开形成的排土障碍越多，围封效应越显著，因而 η 越

大。这种情况在砂土地基中更为显著，此时，群桩和桩间土（被击实了的土核）形成一个"实体基础"，共同支承着上部荷载。

5）桩的连续紧接的排列形式一般用于深开挖基坑的坑壁支挡与防渗，即作为围护桩。格栅形排列的桩群（图8-18f）组成重力式挡墙，利用搅拌桩抗压不抗拉的特点来承受侧向土压力，而格仓内的土也有利于增加桩墙的强度和抗滑稳定性。

6）用深层水泥搅拌桩组成的六角形蜂窝排列结构（图8-18g）具有一种特殊的功能，曾被用来加固美国大蒂顿山脚下的杰克逊湖坝以防止坝基中沉积层在地震作用下的液化。

7）群桩的合理排列也能起到减小承台尺寸的作用，图8-19所示是从不同工程中归纳出来的几种有用的桩群平面图形，可供设计者参考之用。实践中应用的排列形式，柱下多为对称多边形；墙下为行列式；筏或箱下则尽量沿柱网、肋梁或隔墙的轴线设置。

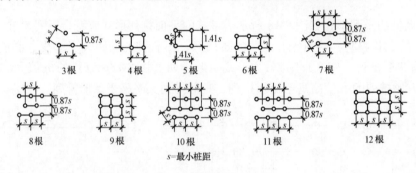

图 8-19　桩群平面布置示例

（3）桩基平面布置规定。《建筑桩基技术规范》（JGJ 94—2008）对桩基平面布置的规定如下：

1）基桩的最小中心距应符合表8-18的规定；当施工中采取减小挤土效应的可靠措施时，可根据当地经验适当减小。

表 8-18　基桩的最小中心距

土类与成桩工艺		排数不少于3排且桩数不少于9根的摩擦型桩桩基	其他情况
非挤土灌注桩		3.0d	3.0d
部分挤土桩	非饱和土、饱和非黏性土	3.5d	3.0d
	饱和黏性土	4.0d	3.5d
挤土桩部分挤土桩	非饱和土、饱和非黏性土	4.0d	3.5d
	饱和黏性土	4.5d	4.0d
钻、挖孔扩底桩		2D 或 $D+2.0$ m（当 $D>2$ m）	1.5D 或 $D+1.5$ m（当 $D>2$ m）
沉管夯扩、钻孔挤扩桩	非饱和土、饱和非黏性土	2.2D 且 4.0d	2.0D 且 3.5d
	饱和黏性土	2.5D 且 4.5d	2.2D 且 4.0d

注：1. d 为圆桩设计直径或方桩设计边长，D 为扩大端设计直径。

　　2. 当纵横向桩距不相等时，其最小中心距应满足"其他情况"一栏的规定。

　　3. 当为端承桩时，非挤土灌注桩的"其他情况"一栏可减小至 2.5d。

2）排列基桩时，宜使桩群承载力合力作用点与竖向永久荷载合力作用点重合，并使基桩受水平力和力矩较大方向有较大抗弯截面模量。

3）对于桩箱基础、剪力墙结构桩筏（含平板和梁板式承台）基础，宜将桩布置于墙下。

4）对于框架-核心筒结构桩筏基础应按荷载分布考虑相互影响，将桩相对集中布置于核心筒和柱下；外围框架柱宜采用复合桩基，有合适桩端持力层时，桩长宜减小。

5）应选择较硬土层作为桩端持力层。桩端全断面进入持力层的深度，对于黏性土、粉土不宜小于 $2d$，砂土不宜小于 $1.5d$，碎石类土不宜小于 $1d$。当存在软弱下卧层时，桩端以下硬持力层厚度不宜小于 $3d$。

6）对于嵌岩桩，嵌岩深度应综合荷载、上覆土层、基岩、桩径、桩长诸因素确定；对于嵌入倾斜的完整和较完整岩的全断面深度不宜小于 $0.4d$ 且不小于 $0.5m$，倾斜度大于 30% 的中风化岩，宜根据倾斜度及岩石完整性适当加工嵌岩深度；对于嵌入平整、完整的坚硬岩和较硬岩的深度不宜小于 $0.2d$，且不应小于 $0.2\ m$。

（四）桩基础验算

根据桩基的初步设计进行桩基础验算，包括桩基中单桩受力的验算以及必要时进行桩基沉降计算。如计算结果表明桩基础未满足各项验算中的任何一项要求，应修改桩基础的设计，直到完全满足为止。

（五）承台的设计与计算

承台设计是桩基设计中的一个重要组成部分，承台应有足够的强度和刚度，以便把上部结构的荷载可靠地传给各桩，并将各单桩连成整体。

1. 构造要求

（1）桩基承台的构造应符合下列要求：

1）柱下独立桩基承台的最小宽度不应小于 500 mm，边桩中心至承台边缘的距离不应小于桩的直径或边长，且桩的外边缘至承台边缘的距离不应小于 150 mm。对于墙下条形承台梁，桩的外边缘至承台梁边缘的距离不应小于 75 mm，承台的最小厚度不应小于 300 mm。

2）高层建筑平板式和梁板式筏形承台的最小厚度不应小于 400 mm，墙下布桩的剪力墙结构筏形承台的最小厚度不应小于 200 mm。

3）高层建筑箱形承台的构造应符合《高层建筑箱形与筏形基础技术规范》（JGJ 6—2011）的规定。

（2）桩与承台的连接构造应符合下列规定：

1）桩嵌入承台内的长度对中等直径桩不宜小于 50 mm；对大直径桩不宜小于 100 mm。

2）混凝土桩的桩顶纵向主筋应锚入承台内，其锚入长度不宜小于 35 倍纵向主筋直径。对于抗拔桩，桩顶纵向主筋的锚固长度应按现行国家标准《混凝土结构设计规范》（GB 50010—2010）确定。

3）对于大直径灌注桩，当采用一柱一桩时可设置承台或将桩与柱直接连接。

（3）承台与承台之间的连接构造应符合下列规定：

1）一柱一桩时，应在桩顶两个主轴方向上设置联系梁。当桩与柱的截面直径之比大于 2 时，可不设联系梁。

2）两桩桩基的承台，应在其短向设置联系梁。

3）有抗震设防要求的柱下桩基承台，宜沿两个主轴方向设置联系梁。

4）联系梁顶面宜与承台顶面位于同一标高。联系梁宽度不宜小于 250 mm，其高度可取承台中心距的 1/15 ~ 1/10，且不宜小于 400 mm。

5）联系梁配筋应按计算确定，梁上下部配筋不宜小于 2 根直径为 12 mm 的钢筋；位于同一轴线上的相邻跨联系梁纵筋应连通。

2. 承台受弯计算

（1）柱下独立桩基承台的正截面弯矩设计值可按下列规定计算：

1）两桩条形承台和多桩矩形承台弯矩计算截面取在柱边和承台变阶处（图8-20a），可按下列公式计算

$$M_x = \sum N_i y_i \tag{8-55}$$

$$M_y = \sum N_i x_i \tag{8-56}$$

式中　M_x、M_y——绕 X 轴和绕 Y 轴方向计算截面处的弯矩设计值（kN·m）；

x_i、y_i——垂直 Y 轴和 X 轴方向自桩轴线到相应计算截面的距离（m）；

N_i——不计承台及其上土重，在荷载效应基本组合下的第 i 基桩或复合基桩竖向反力设计值（kN）。

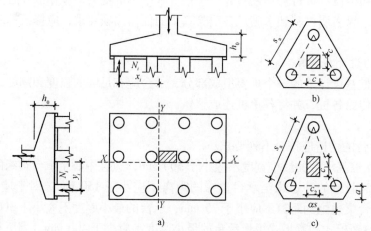

图 8-20　承台弯矩计算示意

a）矩形多桩承台　b）等边三桩承台　c）等腰三桩承台

2）三桩承台的正截面弯矩值应符合下列要求：

①等边三桩承台（图8-20b）

$$M = \frac{N_{max}}{3}\left(s_a - \frac{\sqrt{3}}{4}c\right) \tag{8-57}$$

式中　M——通过承台形心至各边边缘正交截面范围内板带的弯矩设计值（kN·m）；

N_{max}——不计承台及其上土重，在荷载效应基本组合下三桩中最大基桩或复合基桩竖向反力设计值（kN）；

s_a——桩中心距（m）；

c——方柱边长（m），圆柱时 $c = 0.8d$（d 为圆柱直径）。

②等腰三桩承台（图8-20c）

$$M_1 = \frac{N_{max}}{3}\left(s_a - \frac{0.75}{\sqrt{4 - \alpha^2}}c_1\right) \tag{8-58}$$

$$M_2 = \frac{N_{max}}{3}\left(\alpha s_a - \frac{0.75}{\sqrt{4 - \alpha^2}}c_2\right) \tag{8-59}$$

式中　M_1，M_2——通过承台形心至两腰边缘和底边边缘正交截面范围内板带的弯矩设计值（kN·m）；

s_a——长向桩中心距（m）；

α——短向桩中心距与长向桩中心距之比，当 $\alpha < 0.5$ 时，应按变截面的二桩承台设计；

c_1，c_2——垂直、平行于承台底边的柱截面边长（m）。

（2）桩基承台的正截面受弯承载力和配筋可根据上述确定的弯矩设计值按《混凝土结构设计规范》（GB 50010—2010）计算。

3. 受冲切计算

（1）轴心竖向力作用下桩基承台受柱（墙）的冲切，可按下列规定计算：

1）冲切破坏锥体应采用自柱（墙）边或承台变阶处至相应桩顶边缘连线所构成的锥体，锥体斜面与承台底面夹角不应小于45°（图8-18）。

2）受柱（墙）冲切承载力可按下列公式计算

$$F_l \leqslant \beta_{hp}\beta_0 u_m f_t h_0 \tag{8-60}$$

$$F_l = F - \sum Q_i \tag{8-61}$$

$$\beta_0 = \frac{0.84}{\lambda + 0.2} \tag{8-62}$$

式中　F_l——不计承台及其上土重，在荷载效应基本组合下作用于冲切破坏锥体上的冲切力设计值（kN）；

f_t——承台混凝土抗拉强度设计值（kPa）；

β_{hp}——承台受冲切承载力截面高度影响系数，当 $h \leqslant 800$ mm 时，β_{hp} 取 1.0，$h \geqslant 2\,000$ mm时，β_{hp} 取 0.9，其间按线性内插法取值；

u_m——承台冲切破坏锥体一半有效高度处的周长（m）；

h_0——承台冲切破坏锥体的有效高度（m）；

β_0——柱（墙）冲切系数；

λ——冲跨比，$\lambda = a_0/h_0$，a_0 为柱（墙）边或承台变阶处到桩边水平距离；当 $\lambda < 0.25$ 时，取 $\lambda = 0.25$；当 $\lambda > 1.0$ 时，取 $\lambda = 1.0$；

F——不计承台及其上土重，在荷载效应基本组合作用下柱（墙）底的竖向荷载设计值（kN）；

$\sum Q_i$——不计承台及其上土重，在荷载效应基本组合下冲切破坏锥体内各基桩或复合基桩的反力设计值之和（kN）。

3）对于柱下矩形独立承台受柱冲切的承载力可按下列公式计算（图8-21）

$$F_l \leqslant 2\left[\beta_{0x}\left(b_c + a_{0y}\right) + \beta_{0y}\left(h_c + a_{0x}\right)\right]\beta_{hp}f_t h_0 \tag{8-63}$$

式中　β_{0x}，β_{0y}——由式（8-62）求得，$\lambda_{0x} = a_{0x}/h_0$，$\lambda_{0y} = a_{0y}/h_0$；$\lambda_{0x}$、$\lambda_{0y}$ 均应满足 0.25 ~ 1.0 的要求；

h_c，b_c——x、y 方向的柱截面的边长（m）；

a_{0x}，a_{0y}——x、y 方向柱边至最近桩边的水平距离（m）。

4）对于柱下矩形独立阶形承台受上阶冲切的承载力可按下列公式计算（图8-19）

$$F_l \leqslant 2\left[\beta_{1x}\left(b_1 + a_{1y}\right) + \beta_{1y}\left(h_1 + a_{1x}\right)\right]\beta_{hp}f_t h_{10} \tag{8-64}$$

式中 β_{1x}，β_{1y}——由式（8-62）求得，$\lambda_{1x} = a_{1x}/h_{10}$，$\lambda_{1y} = a_{1y}/h_{10}$；$\lambda_{1x}$、$\lambda_{1y}$均应满足 0.25 ~
1.0 的要求；

h_1，b_1——x、y 方向承台上阶的边长（m）；

a_{1x}，a_{1y}——x、y 方向承台上阶边至最近桩边的水平距离（m）。

对于圆柱及圆桩，计算时应将其截面换算成方柱及方桩，即取换算柱截面边长 $b_c = 0.8d_c$
（d_c 为圆柱直径），换算桩截面边长 $b_p = 0.8d$（d 为圆桩直径）。

对于柱下两桩承台，宜按深受弯构件（$l_0/h < 5.0$，$l_0 = 1.15l_n$，l_n 为两桩净距）计算受弯、
受剪承载力，不需要进行受冲切承载力计算。

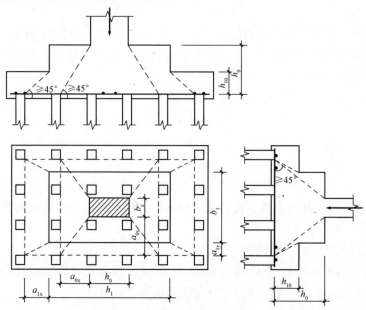

图 8-21　柱对承台的冲切计算示意

（2）对位于柱（墙）冲切破坏锥体以外的基桩，可按下列规定计算承台受基桩冲切的承
载力：

1）四桩以上（含四桩）承台受角桩冲切的承载力可按下列公式计算（图 8-20）

$$N_l \leqslant [\beta_{1x}(c_2 + a_{1y}/2) + \beta_{1y}(c_1 + a_{1x}/2)]\beta_{hp}f_t h_0 \tag{8-65}$$

$$\beta_{1x} = \frac{0.56}{\lambda_{1x} + 0.2} \tag{8-66}$$

$$\beta_{1y} = \frac{0.56}{\lambda_{1y} + 0.2} \tag{8-67}$$

式中 N_l——不计承台及其上土重，在荷载效应基本组合作用下角桩（含复合基桩）反力设
计值（kN）；

β_{1x}，β_{1y}——角桩冲切系数；

a_{1x}，a_{1y}——从承台底角桩顶内边缘引 45°冲切线与承台顶面相交点至角桩内边缘的水平距离
（m）：当柱（墙）边或承台变阶处位于该 45°线以内时，则取由柱（墙）边或承
台变阶处与桩内边缘连线为冲切锥体的锥线（图 8-22）；

h_0——承台外边缘的有效高度（m）；

λ_{1x}，λ_{1y}——角桩冲跨比，$\lambda_{1x} = a_{1x}/h_0$，$\lambda_{1y} = a_{1y}/h_0$，其值均应满足 0.25 ~ 1.0 的要求。

2）对于三桩三角形承台可按下列公式计算受角桩冲切的承载力（图8-23）

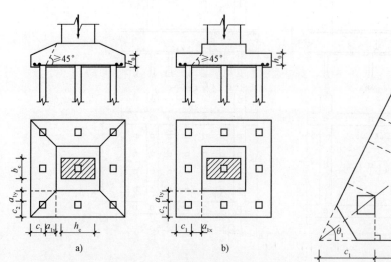

图8-22　四桩以上（含四桩）承台角桩冲切计算示意
a）锥形承台　b）阶形承台

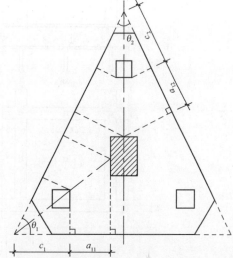

图8-23　三桩三角形承台角桩冲切计算示意

底部角桩

$$N_l \leqslant \beta_{11}(2c_1 + a_{11})\beta_{hp}\tan\frac{\theta_1}{2}f_t h_0 \tag{8-68}$$

$$\beta_{11} = \frac{0.56}{\lambda_{11} + 0.2} \tag{8-69}$$

顶部角桩

$$N_l \leqslant \beta_{12}(2c_2 + a_{12})\beta_{hp}\tan\frac{\theta_2}{2}f_t h_0 \tag{8-70}$$

$$\beta_{12} = \frac{0.56}{\lambda_{12} + 0.2} \tag{8-71}$$

式中　λ_{11}，λ_{12}——角桩冲跨比，$\lambda_{11} = a_{11}/h_0$、$\lambda_{12} = a_{12}/h_0$，其值均应满足0.25~1.0的要求；

a_{11}，a_{12}——从承台底角桩顶内边缘引45°冲切线与承台顶面相交点至角桩内边缘的水平距离（m）；当柱（墙）边或承台变阶处位于该45°线以内时，则取由柱（墙）边或承台变阶处与桩内边线连线为冲切锥体的锥线。

3）对于箱形、筏形承台，可按下列公式计算承台受内部基桩的冲切承载力：

①应按下式计算受基桩的冲切承载力，如图8-24a所示

$$N_1 \leqslant 2.8(b_p + h_0)\beta_{hp}f_t h_0 \tag{8-72}$$

②应按下式计算受桩群的冲切承载力，如图8-24b所示

$$\sum N_{li} \leqslant 2[\beta_{0x}(b_y + a_{0y}) + \beta_{0y}(b_x + a_{0x})]\beta_{hp}f_t h_0 \tag{8-73}$$

式中　β_{0x}，β_{0y}——由式（8-62）求得，其中$\lambda_{0x} = a_{0x}/h_0$，$\lambda_{0y} = a_{0y}/h_0$，$\lambda_{0x}$、$\lambda_{0y}$均应满足0.25~1.0的要求；

N_1，$\sum N_{li}$——不计承台和其上土重，在荷载效应基本组合下，基桩或复合基桩的净反力设计值、冲切锥体内各基桩或复合基桩反力设计值之和（kN）。

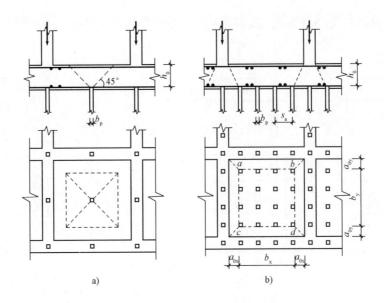

图 8-24　基桩对筏形承台的冲切和墙对筏形承台的冲切计算示意

a) 受基桩的冲切　b) 受桩群的冲切

4. 受剪计算

柱下独立桩基承台斜截面受剪承载力应按下列规定计算

（1）承台斜截面受剪承载力可按下列公式计算（图 8-25）

$$V \leqslant \beta_{hs} \alpha f_t b_0 h_0 \tag{8-74}$$

$$\alpha = \frac{1.75}{\lambda + 1} \tag{8-75}$$

$$\beta_{hs} = \left(\frac{800}{h_0}\right)^{1/4} \tag{8-76}$$

式中　V——不计承台及其上土重，在荷载效应基本组合下，斜截面的最大剪力设计值（kN）；

f_t——混凝土轴心抗拉强度设计值（kPa）；

b_0——承台计算截面处的计算宽度（m）；

h_0——承台计算截面处的有效高度（m）；

α——承台剪切系数；

λ——计算截面的剪跨比，$\lambda_x = a_x/h_0$，$\lambda_y = a_y/h_0$，此处，a_x、a_y 分别为柱边（墙边）或承台变阶处至 y、x 方向计算一排桩的桩边的水平距离，当 $\lambda < 0.25$ 时，取 $\lambda = 0.25$；当 $\lambda > 3$ 时，取 $\lambda = 3$；

β_{hs}——受剪切承载力截面高度影响系数；当 $h_0 < 800$ mm 时，取 $h_0 = 800$ mm；当 $h_0 >$

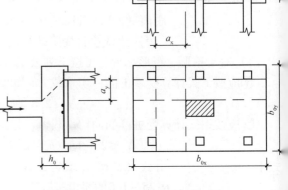

图 8-25　承台斜截面受剪计算示意

2 000 mm 时，取 $h_0 = 2\,000$ mm；其间按线性内插法取值。

（2）对于阶梯形承台应分别在变阶处（$A_1 - A_1$，$B_1 - B_1$）及柱边处（$A_2 - A_2$，$B_2 - B_2$）进行斜截面受剪承载力计算（图 8-26）。

计算变阶处截面（$A_1 - A_1$，$B_1 - B_1$）的斜截面受剪承载力时，其截面有效高度均为 h_{10}，截面计算宽度分别为 b_{y1} 和 b_{x1}。

计算柱边截面（$A_2 - A_2$，$B_2 - B_2$）的斜截面受剪承载力时，其截面有效高度均为 $h_{10} + h_{20}$，截面计算宽度分别为

对 $A_2 - A_2$ $$b_{y0} = \frac{b_{y1}h_{10} + b_{y2}h_{20}}{h_{10} + h_{20}}$$ (8-77)

对 $B_2 - B_2$ $$b_{x0} = \frac{b_{x1}h_{10} + b_{x2}h_{20}}{h_{10} + h_{20}}$$ (8-78)

（3）对于锥形承台应对变阶处及柱边处（$A - A$ 及 $B - B$）两个截面进行受剪承载力计算（图 8-27），截面有效高度均为 h_0，截面的计算宽度分别为

对 $A - A$ $$b_{y0} = \left[1 - 0.5\frac{h_{20}}{h_0}\left(1 - \frac{b_{y2}}{b_{y1}}\right)\right]b_{y1}$$ (8-79)

对 $B - B$ $$b_{x0} = \left[1 - 0.5\frac{h_{20}}{h_0}\left(1 - \frac{b_{x2}}{b_{x1}}\right)\right]b_{x1}$$ (8-80)

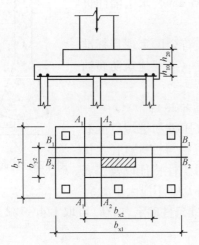

图 8-26　阶梯形承台斜截面受剪计算示意

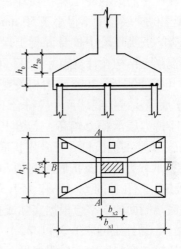

图 8-27　锥形承台斜截面受剪计算示意

（六）桩的设计与计算

1. 灌注桩

（1）灌注桩应按下列规定配筋：

1）配筋率。当桩身直径为 300 ~ 2 000 mm 时，正截面配筋率可取 0.65% ~ 0.2%（小直径桩取高值）；对受荷载特别大的桩、抗拔桩和嵌岩端承桩应根据计算确定配筋率，并不应小于上述规定值。

2）配筋长度。

①端承型桩和位于坡地、岸边的基桩应沿桩身等截面或变截面通长配筋。

②摩擦型灌注桩配筋长度不应小于 2/3 桩长；当受水平荷载时，配筋长度尚不宜小于 4.0/α（α 为桩的水平变形系数）。

③对于受地震作用的基桩，桩身配筋长度应穿过可液化土层和软弱土层，进入稳定土层的深度不应小于规定要求。

④受负摩阻力的桩、因先成桩后开挖基坑而随地基土回弹的桩，其配筋长度应穿过软弱土层并进入稳定土层，进入的深度不应小于（2~3）d。

⑤抗拔桩及因地震作用、冻胀或膨胀力作用而受拔力的桩，应等截面或变截面通长配筋。

3）对于受水平荷载的桩，主筋不应少于 8 φ 12；对于抗压桩和抗拔桩，主筋不应少于 6 φ 10；纵向主筋应沿桩身周边均匀布置，其净距不应少于 60 mm。

4）箍筋应采用螺旋式，直径不应小于 6 mm，间距宜为 200~300 mm；受水平荷载较大的桩基、承受水平地震作用的桩基以及考虑主筋作用计算桩身受压承载力时，桩顶以下 $5d$ 范围内的箍筋加密，间距不应大于 100 mm；当桩身位于液化土层范围内时箍筋应加密；当考虑箍筋受力作用时，箍筋配置应符合现行国家标准《混凝土结构设计规范》（GB 50010—2010）的有关规定；当钢筋笼长度超过 4 m 时，应每隔 2 m 设一道直径不小于 12 mm 的焊接加劲箍筋。

（2）桩身混凝土及混凝土保护层厚度应符合下列要求：

1）桩身混凝土强度等级不得小于 C25，混凝土预制桩尖强度等级不得小于 C30。

2）灌注桩主筋的混凝土保护层厚度不应小于 35 mm，水下灌注桩的主筋混凝土保护层厚度不得小于 50 mm。

3）四类、五类环境中桩身混凝土保护层厚度应符合国家现行标准《港口工程混凝土结构设计规范》（JTJ 267—1998）、《工业建筑防腐蚀设计规范》（GB 50046—2008）的相关规定。

（3）扩底灌注桩扩底端尺寸应符合下列规定（图 8-28）：

1）对于持力层承载力较高、上覆土层较差的抗压桩和桩端以上有一定厚度较好土层的抗拔桩，可采用扩底；扩底端直径与桩身直径之比 D/d，应根据承载力要求及扩底端侧面和桩端持力层土性特征以及扩底施工方法确定；挖孔桩的 D/d 不应大于 3，钻孔桩的 D/d 不应大于 2.5。

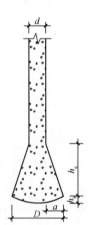

图 8-28　扩底桩构造

2）扩底端侧面的斜率应根据实际成孔及土体自立条件确定，a/h_c 可取 1/4~1/2，砂土可取 1/4，粉土、黏性土可取 1/3~1/2。

3）抗压桩扩底端底面宜呈锅底形，矢高 h_b 可取（0.15~0.20）D。

2. 混凝土预制桩

（1）混凝土预制桩的截面边长不应小于 200 mm；预应力混凝土预制实心桩的截面边长不宜小于 350 mm。

（2）预制桩的混凝土强度等级不宜低于 C30；预应力混凝土实心桩的混凝土强度等级不应低于 C40；预制桩纵向钢筋的混凝土保护层厚度不宜小于 30 mm。

（3）预制桩的桩身配筋应按吊运、打桩及桩在使用中的受力等条件计算确定。采用锤击法沉桩时，预制桩的最小配筋率不宜小于 0.8%。静压法沉桩时，最小配筋率不宜小于 0.6%，主筋直径不宜小于 14 mm，打入桩桩顶以下（4~5）d 长度范围内箍筋应加密，并设置钢筋网片。

（4）预制桩的分节长度应根据施工条件及运输条件确定；每根桩的接头数量不宜超过 3 个。

（5）预制桩的桩尖可将主筋合拢焊在桩尖辅助钢筋上，对于持力层为密实砂和碎石类土时，宜在桩尖处包以钢板桩靴，加强桩尖。

【例8-3】 某二级建筑桩基如图8-29所示，柱截面尺寸为450mm×600mm，作用在基础顶面的荷载设计值为 $F = 2800\text{kN}$，$M = 210\text{kN} \cdot \text{m}$（作用于长边方向），$H = 145\text{kN}$，拟采用截面为350mm×350mm的预制混凝土方桩，桩长12m，已确定基桩竖向承载力设计值 $R = 500\text{kN}$，水平承载力设计值 $R_h = 45\text{kN}$，承台混凝土强度等级为C20，配置HRB335级钢筋，试设计该桩基础（不考虑承台效应）。

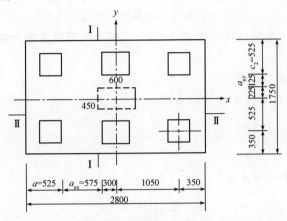

图8-29 某二级建筑桩基底面示意

【解】 C20混凝土，$f_t = 1100\text{kPa}$，$f_c = 10000\text{kPa}$；HRB335级钢筋，$f_y = 310\text{N/mm}^2$。

（1）基桩持力层、桩材、桩型、外形尺寸及单桩承载力设计值均已选定，桩身结构设计从略。

（2）确定桩数及布桩

$$\text{初选桩数 } n > \frac{F}{R} = \frac{2800}{500}\text{个} = 5.6\text{个}$$

暂取6根，并取桩距 $s = 3d = 3 \times 0.35\text{m} = 1.05\text{m}$，按矩形布置如例图8-29所示。

（3）初选承台尺寸

取承台长边和短边为 $a = 2 \times (0.35 + 1.05)\text{m} = 2.8\text{m}$

$$b = (2 \times 0.35 + 1.05)\text{m} = 1.75\text{m}$$

承台埋深1.3m，承台高0.8m，桩顶伸入承台50mm，钢筋保护层取35mm，则承台有效高度为

$$h_0 = (0.8 - 0.050 - 0.035)\text{m} = 0.715\text{m} = 715\text{mm}$$

（4）计算桩顶荷载设计值

轴心竖向力设计值

$$Q_k = \frac{F_k + G_k}{n} = \frac{2800 + 1.2 \times 20 \times 2.8 \times 1.75 \times 1.4}{6}\text{kN}$$

$$= 494.1\text{kN} < R = 500\text{kN}$$

偏心竖向力设计值为

$$Q_{ik} = \frac{F_k + G_k}{n} \pm \frac{M_{xk} y_i}{\sum y_i^2} \pm \frac{M_{yk} x_i}{\sum x_i^2}$$

$$= M \pm 0 \pm \frac{(M+Hh)\,x_{max}}{\sum x_i^2} = \left[494.1 \pm 0 \pm \frac{(210+145\times0.8)\times1.05}{4\times1.05^2}\right]kN$$

$$= (494.1 \pm 77.6)\ kN$$

$$= \begin{cases} 571.7kN < 1.2R = 600kN \\ 416.5kN > 0 \end{cases}$$

故符合要求。

基桩水平力设计值

$$H_1 = H/n = 145kN/6 = 24.2kN$$

其值远小于单桩水平承载力设计值 $R_h = 45kN$，因此无需验算考虑群桩效应的基桩水平承载力设计值。

（5）承台受冲切承载力验算

1）柱边冲切，求得冲跨比 λ 与冲切系数 α

$$\lambda_{0x} = \frac{a_{0x}}{h_0} = \frac{0.575}{0.715} = 0.804 (<1.0)$$

$$a_{0x} = \frac{0.72}{\lambda_{0x}+0.2} = \frac{0.72}{0.804+0.2} = 0.717$$

$$\lambda_{0y} = \frac{a_{0y}}{h_0} = \frac{0.125}{0.715} = 0.715 < 0.20，取\ \lambda_{0y} = 0.20$$

$$a_{0y} = \frac{0.72}{\lambda_{0y}+0.2} = \frac{0.72}{0.20+0.2} = 1.800$$

$$F = 2\left[\alpha_{0x}(b_c+a_{0y})+\alpha_{0y}(h_c+a_{0x})\right]f_t h_0$$

$$= 2\times\left[0.804\times(0.450+0.125)+1.800\times(0.600+0.575)\right]\times11000\times0.715kN$$

$$= 4054.1kN > \gamma_0 F_i = 1.0\times(2800-0)\ kN = 2800kN$$

故满足冲切承载力验算。

2）角桩向上冲切，$C_1 = C_2 = 0.525m, \beta_{1x} = \beta_{0x}, \lambda_{1x} = \lambda_{0x}$,

$a_{1y} = a_{0y}, \lambda_{1y} = \lambda_{0y}$

$$\alpha_{1x} = \frac{0.56}{\lambda_{1x}+0.2} = \frac{0.56}{0.804+0.2} = 0.5578$$

$$\alpha_{1y} = \frac{0.56}{\lambda_{1y}+0.2} = \frac{0.56}{0.2+0.2} = 1.4$$

$$N = \left[\alpha_{1x}(C_2+a_{1y}/2)+\alpha_{1y}(C_1+a_{1x}/2)\right]f_t h_0$$

$$= \left[0.5578\times(0.6+0.125/2)+1.4\times(0.6+0.575/2)\right]\times1100\times0.715kN$$

$$= 1267.8kN > \gamma_0 N_{max} = 1.0\times571.7kN = 571.7kN$$

故满足要求。

（6）承台受剪切承载力计算

剪跨比与以上冲跨比相同，故对 I—I 斜截面

$$\lambda_x = \lambda_{0x} = 0.804\ （介于0.3～1.4）$$

故剪切系数 β 为

$$\beta = \frac{1.75}{\lambda+1.0} = \frac{1.75}{0.804+1.0} = 0.970$$

$$\beta f_c b_0 h_0 = 0.970\times10000\times1.75\times0.715kN = 12137.46kN$$

$2\gamma_0 N_{max} = 1.0 \times 2 \times 571.7kN = 1143.4kN$

$\beta f_c b_0 h_0 > 2\gamma_0 N_{max}$

Ⅱ—Ⅱ斜截面 λ 按0.3 计，其受剪切承载力更大，故验算从略。

(7) 承台受弯承载力计算：

$M_x = \sum N_i y_i = 3 \times 494.1 \times 0.325kN \cdot m = 481.7kN \cdot m$

$A_s = \dfrac{M_x}{0.9 f_y h_0} = \dfrac{481.7 \times 10^6}{0.9 \times 310 \times 75}mm^2 = 2414.7mm^2$

故选用 22 ϕ 12，$A_s = 2488mm^2$，沿平行 y 轴方向均匀布置。

$M_y = \sum N_i x_i = 2 \times 571.7 \times 0.757kN \cdot m = 865.6kN \cdot m$

$A_s = \dfrac{M_y}{0.9 f_y h_0} = \dfrac{865.6 \times 10^6}{0.9 \times 310 \times 715}mm^2 = 4339.2mm^2$

故选用 14 ϕ 20，$A_s = 4398mm^2$，沿平行 x 轴方向均匀布置。

第九章　软弱地基处理

第一节　软弱地基处理概述

软弱地基是指高压缩性土（$a_{1-2} \geqslant 0.5$ MPa^{-1}）地基。由于软弱土的物质组成、成因及存在环境（如水的影响等）不同，不同的软弱地基其性质是完全不同的。根据工程地质特征，软弱地基是指主要由软土（淤泥及淤泥质土）、冲填土、杂填土及其他高压缩性土层构成的地基。

一、软土

软土是第四世纪后期形成的海相、三角洲相、湖相及河相的黏性土沉积物，有的属于新近淤积物。其地质成因甚为复杂。所有这些不同成因的地层，其接近地面部分主要为淤泥和淤泥质土，它们是在静水或缓慢的流水环境中沉积，并经生物化学作用形成的。其主要物理力学特性表现为以下几方面：

（1）含水量高、孔隙比大。软土的天然含水量等于或大于液限，天然孔隙比大于1.0。沿海淤泥质土的含水量大多在35%～50%，淤泥的含水量一般在56%～100%。含水量一般随液限成正比增加。软土因其含水量高、孔隙比大，因而其地基具有变形大、强度低的特点。软土的饱和度通常在95%以上。液性指数大多大于1.0。

（2）高压缩性。与高含水量、高孔隙比相应，软土的压缩性很高，压缩系数 $a_{1-2} > 0.5$ MPa^{-1}，沿海淤泥的压缩系数 a_{1-2} 大多超过 1.5 MPa^{-1}。

（3）天然抗剪强度低。软土的渗透系数很小，其天然强度可通过进行三轴不排水试验、无侧限抗压强度试验或现场十字板剪切试验得到。三轴不排水试验内摩擦角 $\varphi_u \approx 0$，粘聚力 c_u 一般小于 25 kPa，无侧限抗压强度 q_u 一般小于 50 kPa。地基土如不作处理，其承载力很低。

（4）渗透系数小。大部分软土地区，土层具有薄层理构造，其垂直向渗透系数较水平向小。渗透系数一般在 1×10^{-8}～1×10^{-6} cm/s，由于土层的渗透性小，加上软土层较厚，在建筑物荷载下土层固结缓慢，建筑物竣工时所完成的沉降占总沉降的比例很小，为5%～20%，建筑物使用后的沉降大、延续时间很长。

（5）触变性。软土为絮凝结构，是结构性沉积物，具有触变性，其结构未受扰动时，具有一定的结构强度，一旦受到扰动，强度很快降低，其后强度又可慢慢恢复。软土中亲水矿物（如蒙脱石）含量多时，结构性较强，其触变性比较显著。触变性大小常用灵敏度来表示，软土的灵敏度一般在3～4，个别达到8～9。

（6）流变性。除了瞬时变形和固结变形引起的建筑物沉降以外还会发生缓慢而长期的流变变形。

内陆和山区软土性质和沿海软土相近，但一般分布范围较小，土层厚度较薄，均匀性较差。

二、冲填土

冲填土是由水力冲填泥砂而形成的填土。一般是结合整治或疏浚江河航道，用高压泥浆泵将河底泥砂通过输泥管排放到地面而形成的大片冲填土层。冲填土具有以下几方面特点：

（1）颗粒组成随泥砂来源而不同，粗细不一，有的是砂粒，但大多数情况是黏粒和粉粒。在吹泥的入口处，沉积的土粒较粗，顺着出口方向则逐渐变细。土粒沉淀后常形成约1%的坡度。

（2）由于土粒不均匀分布，以及受表面形成的自然坡度影响，因而距入口处越远，土料越细，排水越慢，土的含水量也越大。

（3）冲填土的含水量较大，一般都大于液限。

（4）冲填前原地面形状和冲填过程中是否采取排水措施对冲填土的排水固结影响很大。如原地面高低不平或局部低洼，冲填后土内水不易排出，长期处于饱和软弱状态。

三、杂填土

杂填土按其组成的物质成分可分为建筑垃圾、生活垃圾和工业废料等。建筑垃圾由碎砖、瓦砾等与黏性土混合而成，成分较纯，有机质含量较少；生活垃圾成分极为复杂，含大量有机质；工业废料有矿渣、炉渣（常遇到的如钢渣，孔隙很大，搭空现象严重、不稳定）、煤渣和其他工业废料（化学废料要特别注意对混凝土的侵蚀性）。

杂填土的特性表现为以下几方面：

（1）不均匀性。由于物质来源和组成成分的复杂性，使得杂填土的性质很不均匀，密度变化大，缺乏规律性，这是杂填土的主要特点和薄弱环节。

（2）填土龄期。龄期是影响杂填土性质的一个重要因素，一般来说堆填时间越长，则土层越密实，其有机质含量相对较少。新近填筑的杂填土，本身处于欠压密状态，存在自重压密变形，因而具有较高的压缩性。

（3）地基浸水后的稳定性和湿陷性。杂填土遇水后往往会产生湿陷和潜蚀。

四、地基处理的目的

（一）改善抗剪特性

地基的剪切破坏以及稳定性，取决于地基土的抗剪强度。因此，为了防止剪切破坏以及减轻土压力，需要采取一定措施以增加地基土的抗剪强度。另外，防止侧向流动（塑性流动）产生的剪切变形，也是改善剪切特性的目的之一。

（二）改善压缩特性

需要研究采用何种措施以提高地基土的压缩模量，以便减少地基土的沉降。

（三）改善透水特性

针对在地下水的运动中所出现的问题，需要研究采取何种措施使地基土变得不透水或减轻其水压力。

（四）改善动力特性

地震时饱和松散粉细砂（包括一部分粉质黏土）将会产生液化。为此，需要研究采取何种措施防止地基土液化，改善其振动特性以提高地基的抗震性能。

（五）改善特殊土不良地基特性

主要是指消除或减少黄土的湿陷性和膨胀土的胀缩性等特殊土的不良地基特性。

五、地基处理方法的分类

地基处理方法的分类见表9-1。

表9-1　地基处理方法分类

序号	分类	处理方法	原理及作用	适 用 范 围
1	换土垫层法	机械碾压法	通过挖除浅层软弱土，分层碾压或夯实来压实土，按回填的材料可分为砂垫层、碎石垫层、灰土垫层、二灰垫层和素土垫层等。它可提高持力层的承载力，减少沉降量、消除或部分消除土的湿陷性和胀缩性，防止土的冻胀作用以及改善土的抗液化性	机械碾压法常适用于基坑面积大和开挖土方量较大的回填土方工程，一般适用于处理浅层软土地基、湿陷性黄土地基、膨胀土地基和季节性冻土地基
		重锤夯实法		重锤夯实法一般适用于地下水位以上稍湿的黏性土、砂土、湿陷性黄土、杂填土以及分层填土地基
		平板振动法		平板振动法适用于处理无黏性土或黏粒含量少和透水性好的杂填土地基
2	深层密实法	强夯法	强夯法是利用强大的夯击功，迫使深层土液化和动力固结而密实	强夯法一般适用于碎石土、砂土、杂填土及黏性土、湿陷性黄土及人工填土，对淤泥质土经试验证明施工有效时方可使用
		振动水冲法	挤密法是通过挤密或振动使深层土密实，并在振动挤密过程中，回填砂、砾石、灰土、土或石灰等，形成砂桩、碎石桩、灰土桩、二灰桩、土桩或石灰桩，与桩间土一起组成复合地基，从而提高地基承载力、减少沉降量、消除或部分消除土的湿陷性，改善土的抗液化性	砂桩挤密法和振动水冲法一般适用于杂填土和松散砂土，对软土地基经试验证明加固有效时方可使用
		灰土、二灰或土桩挤密法		灰土、二灰或土桩挤密法一般适用于地下水位以上，深度为5～10 m的湿陷性黄土和人工填土
		粉体喷射搅拌法　石灰桩挤密法	粉体喷射搅拌法是将生石灰或水泥等粉体材料，利用粉体喷射机械，以雾状喷入地基深部，由钻头叶片旋转，将粉体加固料与原位置软土搅拌均匀，使软土硬结，可提高地基承载力、减少沉降量、加快沉降速率和增加边坡稳定性	粉体喷射搅拌法和石灰桩挤密法一般都适用于各种软土地基
3	排水固结法	堆载预压法真空预压法降水预压法电渗排水法	通过布置垂直排水井，改善地基的排水条件，以及采取加压、抽气、抽水和电渗等措施，以加速地基土的固结和强度增长，提高地基土的稳定性，并使沉降提前完成	适用于处理厚度较大的饱和软土和冲填土地基，但需要具有预压的荷载和时间的条件。对于厚的泥炭层则要慎重对待
4	化学加固法	灌浆法、混合搅拌法（高压喷浆法、深层搅拌法）	通过注入水泥或化学浆液，或将水泥等浆液进行喷射或机械拌和等措施，使土粒胶结，用以改善土的性质，提高地基承载力，增加稳定性，减少沉降，防止渗漏	适用于处理砂土、黏性土、湿陷性黄土及人工填土的地基。尤其适用于对已建成的由于地基问题而产生工程事故的托换技术

序号	分类	处理方法	原理及作用	适用范围
5	加筋法	土工织物	在软弱土层建造树根桩或碎石桩，或在人工填土的路堤或挡墙内铺设土工织物、钢带、钢条、尼龙绳或玻璃纤维等作为拉筋，使这种人工复合的土体，可承受抗拉、抗压、抗剪和抗弯作用，以提高地基承载力、增加地基稳定性和减少沉降	土工织物适用于砂土、黏性土和软土
		加筋土		加筋土适用于人工填土的路堤和挡墙结构
		树根桩		树根桩适用于各类土
		碎石桩（包括砂桩）		碎石桩（包括砂桩）适用于黏性土，对于软土，经试验证明施工有效时方可采用
6	热学法	热加固法	热加固法是通过渗入压缩的热空气和燃烧物，并依靠热传导，将细颗粒土加热到适当温度，如温度在 100 ℃ 以上，则土的强度就会增加，压缩性随之降低	热加固法适用于非饱和黏性土、粉土和湿陷性黄土
		冻结法	冻结法是采用液体氮或二氧化碳膨胀的方法，或采用普通的机械制冷设备与一个封闭式液压系统相连接，使冷却液在里面流动，从而使软而湿的土冻结，以提高土的强度和降低土的压缩性	冻结法适用于各类土。对于临时性支承和地下水进行控制；特别在软土地质条件，开挖深度大于 7~8 m，以及低于地下水位的情况下，是一种普遍而有用的施工措施

第二节　强　夯　法

强夯法也称动力固结法。强夯法处理地基是 20 世纪 60 年代末由法国路易斯梅那德技术公司首先创用的。强夯法就是以 8~30 t 的重锤，8~20 m 的落距（最高为 40 m）自由下落对土进行强力夯击的一种地基加固方法。强夯时对地基土施加很大的夯击能，在地基土中产生的冲击波和动应力，可提高土体强度，降低土的压缩性，起到改善砂土的振动液化性和消除湿陷性黄土的湿陷性等作用。同时，夯击还能提高土层的均匀程度，减少将来可能出现的不均匀沉降。

强夯法是在重锤夯实的基础上发展起来，但其机理又不相同的一项技术，其根本区别在于后者采用的夯击能量较小，仅适用于含水量较低的回填土表层加固，影响深度为 1~2 m，而强夯法主要是深层加固，加固深度和所采用的能量远远超过浅层重锤夯实法。

强夯法已广泛应用于杂填土、碎石土、砂土、低饱和度粉土、黏性土以及湿陷性黄土等地基的加固中。它不但可以陆上施工，而且也可在水下夯实。工程实践表明，强夯法加固地基具有施工简单、使用经济、加固效果好等优点，因而被各国工程界所重视。其缺点是施工时噪声和振动较大，一般不宜在人口密集的城市内使用。对高饱和度的粉土与黏性土等地基，当采用夯坑内回填块石、碎石或其他粗颗粒材料进行强夯置换时，应通过现场试验确定其适用性。

强夯置换法在设计前必须通过现场试验确定其适用性和处理效果。

强夯和强夯置换施工前，应在施工现场有代表性的场地上选取一个或几个试验区，进行试夯或试验性施工。试验区数量应根据建筑场地复杂程度、建筑规模及建筑类型确定。

一、强夯法的适用条件

（1）强夯加固深度最好不超过 15 m（特殊情况除外）。

（2）对于饱和软土，地表面应铺一层较厚的砾石、砂土等粗颗粒填料。

（3）地下水位离地面宜为 2~3 m。

（4）夯击对象最好由粗颗粒土组成。

（5）施工现场与既有建筑物之间有足够的安全距离（一般应大于 10 m），否则不宜施工。

二、强夯法的加固处理

强夯法在实践中虽已被证实是一种较好的地基处理方法，但到目前为止还没有一套成熟和完善的理论和设计计算方法，许多参数的确定只是参考经验或半经验公式。

实践表明，在夯击过程中，由于巨大的夯击能和冲击波，土体中因含有许多可压缩的微气泡而立即产生几十厘米的沉降；土体局部产生液化后，结构遭到破坏，强度下降到最小值；随后在夯击点周围出现径向裂缝，成为加速孔隙水压力消散的主要通道；黏性土具有的触变性，使已经降低的强度得到恢复和增强。这就是强夯法加固机理。

在进行强夯时，气体体积压缩，孔隙水压力增大，然后气体有所膨胀，在孔隙水排出的同时，孔隙水压力减少。根据试验，每夯击一遍，气体体积可减少 40%。土体的沉降量与夯击能成正比。

当孔隙水压力上升到与覆盖压力相等的能量级时，土体即产生液化，吸附水变成了自由水，此时土的强度下降到最小值，当所出现的超孔隙水压力大于颗粒间的侧向压力时，致使颗粒间出现裂隙，形成排水通道，土的渗透系数骤增，孔隙水得以顺利排出。当孔隙水压力消散到小于土颗粒间的侧向压力后，裂隙自行闭合，土中水的运动又恢复常态。有规则的网格布置夯点，由于积累的夯击能量，在夯坑四周会形成有规则的垂直裂缝；而不规则的和紊乱的夯击，将破坏这些排水通道的连续性。

随着孔隙水压力的消散和土颗粒间接触紧密以及吸附水层逐渐固定，土的抗剪强度和变形模量就会有较大幅度的增长。在触变恢复期间，土体的变形（沉降）是很小的。

三、强夯法设计

（一）有效加固深度计算

有效加固深度既是选择地基处理方法的依据，又是反映处理效果的重要参数。梅娜曾提出用下列公式估算有效加固深度

$$H \approx \sqrt{Mh} \tag{9-1}$$

式中　H——有效加固深度（m）；

M——夯锤重（t）；

h——落距（m）。

目前，国内外尚无关于有效加固深度的确切定义，但一般可理解为：经强夯加固后，该土层强度提高，压缩模量增大，其加固效果显著的土层范围。

实际上影响有效加固深度的因素很多，除了锤重和落距外，还有地基土的性质、不同土层的厚度和埋藏顺序、地下水位以及其他强夯的设计参数等都与有效加固深度有密切的关系。因此，强夯的有效加固深度应根据现场试夯或当地经验确定。

（二）夯击能量

单次夯击能为夯锤重 M 与落距 h 的乘积。锤重和落距越大，加固效果越好。整个加固场

地的总夯击能量（即锤重×落距×总夯击数）除以加固面积称为单位夯击能。强夯的单位夯击能应根据地基土类别、结构类型、荷载大小和要求处理的深度综合考虑，并可通过现场试验确定。根据现场孔隙水压力量测及夯坑容积变化，周围土体隆起回弹情况进行综合分析，绘出夯坑容积和夯坑能量关系曲线（V-E 关系曲线），如图 9-1 所示。当曲线明显变缓时即能量增加，夯坑容积基本不再变化所对应的能量，称为最佳能量。再参考夯坑邻近点的孔隙水压力测量值，确定夯击时的控制标准。

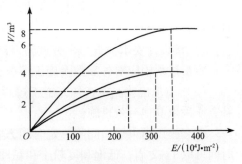

图 9-1　夯击容积和夯击能量关系曲线

（三）夯击点布置及间距

夯击点布置及间距的确定如图 9-2 所示。

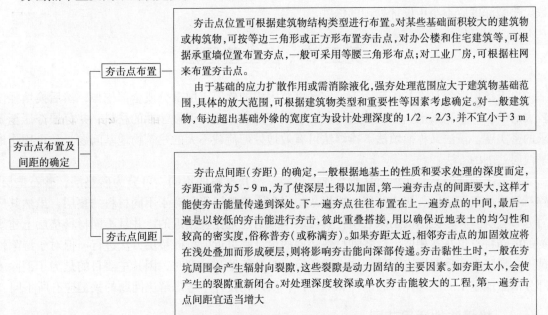

夯击点布置及间距的确定

夯击点布置

　　夯击点位置可根据建筑物结构类型进行布置。对某些基础面积较大的建筑物或构筑物，可按等边三角形或正方形布置夯击点，对办公楼和住宅建筑等，可根据承重墙位置布置夯点，一般可采用等腰三角形布点；对工业厂房，可根据柱网来布置夯击点。

　　由于基础的应力扩散作用或需消除液化，强夯处理范围应大于建筑物基础范围，具体的放大范围，可根据建筑物类型和重要性等因素考虑确定。对一般建筑物，每边超出基础外缘的宽度宜为设计处理深度的 1/2 ~ 2/3，并不宜小于 3 m

夯击点间距

　　夯击点间距（夯距）的确定，一般根据地基土的性质和要求处理的深度而定，夯距通常为 5 ~ 9 m，为了使深层土得以加固，第一遍夯击点的间距要大，这样才能使夯击能量传递到深处。下一遍夯击点往往布置在上一遍夯点的中间，最后一遍是以较低的夯击能进行夯击，彼此重叠搭接，用以确保地表土的均匀性和较高的密实度，俗称普夯（或称满夯）。如果夯距太近，相邻夯击点的加固效应将在浅处叠加而形成硬层，则将影响夯击能向深部传递。夯击黏性土时，一般在夯坑周围会产生辐射向裂隙，这些裂隙是动力固结的主要因素。如夯距太小，会使产生的裂隙重新闭合。对处理深度较深或单次夯击能较大的工程，第一遍夯击点间距宜适当增大

图 9-2　夯击点布置及间距的确定

（四）夯击次数及遍数

（1）夯击次数。夯点的夯击次数，应按现场试夯得到的夯击次数和夯沉量关系曲线确定，且应同时满足下列条件：

1）最后两击的平均夯沉量不大于 50 mm，当单次夯击能量较大时不大于 100 mm。

2）夯坑周围地面不应发生过大的隆起。

3）不因夯坑过深而发生起锤困难。

（2）夯击遍数。夯击遍数应根据压缩层厚度、土质条件和设计对沉降的要求确定。一般情况下可夯击 2 ~ 3 遍，最后再以低能量夯满夯一遍，其目的是将松动的表层土夯实。土体压缩越厚，土质颗粒越细，同时含水量越高，需要夯击的遍数也就越多。

强夯施工过程中应有专人负责下列监测工作：

1）开夯前应检查夯锤重和落距，以确保单次夯击能量符合设计要求。

2）在每遍夯击前，应对夯点放线进行复核，夯完后检查夯坑位置，发现偏差或漏夯应及时纠正。

3）按设计要求检查每个夯点的夯击次数和每次的夯沉量。

施工过程中应对各参数及施工情况进行详细记录。

（3）质量检验。检查强夯施工过程中的各项测试数据和施工记录，不符合设计要求时应补夯或采取其他有效措施。

强夯施工结束后，间隔一定时间方能对地基质量进行检验。对于碎石土和砂土地，其间隔时间可取 1~2 周；低饱和度粉土和黏性土地基可取 2~4 周。

质量检验的方法，宜根据土性选用原位测试和室内土工试验，对于一般工程应采用两种或两种以上的方法进行检验；对于重要工程应增加检验项目，也可做现场大压板载荷试验。

质量检验的数量，应根据场地情况和建筑物的重要性确定。对于简单场地上的一般建筑物，每个建筑物地基的检验点不应少于 3 处；对于复杂场地或重要建筑物地基，应增加检验点数。检验深度应不小于设计处理的深度。

第三节　换土垫层法

换土垫层法就是将基础底面下一定深度范围内的软弱土层部分或全部挖掉，然后换填强度较大的砂、碎石、素土、灰土、粉煤灰、干渣等性能稳定且无侵蚀性的材料，并分层夯压至要求的密实度。该法又称换填法。换填法可有效地处理荷载不大的建筑物地基问题，常可用作地基浅层处理的方法。

换填法处理地基时换填材料所形成的垫层，按其材料的不同，可分为砂垫层、砂石垫层、碎石垫层、素土垫层、灰土垫层、粉煤灰垫层和干渣垫层等。对于不同材料的垫层，虽然其应力分布有所差异，但测试结果表明，其极限承载力还是比较接近的，并且不同材料垫层上建筑物的沉降特点也基本相似，故各种材料垫层的设计都可近似按砂垫层方法进行。但对于湿陷性黄土、膨胀土和季节性冻土等特殊土采用换填法进行地基处理时，因其主要目的是为了消除或部分消除地基土的湿陷性、胀缩性和冻胀性，所以在设计中考虑解决问题的关键应有所不同。

一、换填法的适用范围

换填法的适用范围见表 9-2。

表 9-2　换填法的适用范围

垫层种类	适 用 范 围
砂（砂石、碎石）垫层	适用于一般饱和、非饱和的软弱土和水下黄土地基处理，不宜用于湿陷性黄土地基，也不宜用于大面积堆载、密集基础和动力基础下的软土地基处理，砂垫层不宜用于地下水流速快和流量大地区的地基处理
素土垫层	适用于中小型工程及大面积回填和湿陷性黄土的地基处理
灰土垫层	适用于中小型工程，尤其是适用于湿陷性黄土的地基处理
粉煤灰垫层	适用于厂房、机场、港区陆域和堆场等工程的大面积填筑
干渣垫层	适用于中小型建筑工程，尤其是适用于地坪、堆场等工程的大面积地基处理和场地平整。对于受酸性或碱性废水影响的地基不得采用干渣垫层

二、换填法垫层设计

（一）垫层宽度计算

确定垫层宽度时，应满足基础底面压力扩散的要求，同时还要考虑到垫层应有足够的宽度及垫层侧面土的强度条件，以防止垫层材料向侧边挤出而增加垫层的竖向变形量。

垫层的宽度可按压力扩散角的方法进行计算，或根据当地经验确定。

$$b' \geq b + 2h_s \tan\theta \tag{9-2}$$

式中　b'——垫层底面宽度（m）；

　　　θ——垫层压力扩散角，可按表 9-3 采用，但当 $h_s/b < 0.25$ 时，仍按 $h_s/b = 0.25$ 取值。

表 9-3　垫层的压力扩散角 θ（°）

h_s/b	换填材料		
	中砂、粗砂、砾砂、圆砾、角砾、卵石、碎石	粉质黏土和粉土（$8 < I_P < 14$）	灰　　土
0.25	20	6	30
≥0.50	30	23	30

注：1. 当 $h_s/b < 0.25$ 时，除灰土仍取 $\theta = 30°$ 外，其余材料均取 $\theta = 0°$。

　　2. 当 $0.25 \leq h_s/b < 0.50$ 时，θ 值可内插求得。

在确定垫层宽度时，应注意以下几点：

（1）整片垫层的宽度要根据施工的要求适当加宽。

（2）当基础荷载较大，或对沉降要求较高，或垫层侧边土的承载力较差时，垫层的宽度应适当加大。

（3）垫层顶面的每边超出基础底边宜不小于 300 mm，或从垫层底面两侧向上按当地开挖基坑经验的要求进行放坡。

（4）当基础为筏形基础、箱形基础时，若垫层厚度小于 0.25 倍基础宽度，垫层宽度的计算仍应考虑压力扩散角的要求。

（二）垫层厚度计算

垫层如图 9-3 所示，其厚度 z 应根据垫层底面下卧软弱土层的承载力来确定，即要求在垫层底面处土的自重力与附加压力之和不大于下卧软弱土层的地基承载力，则应满足下式要求

$$p_{zk} + p_{czk} \leq f_a \tag{9-3}$$

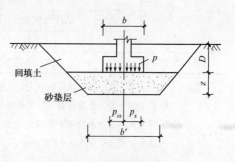

图 9-3　垫层剖面示意

式中　p_{zk}——垫层底面处相应于荷载效应标准组合时的附加压力值（kPa）；

　　　p_{czk}——垫层底面处的自重压力值（kPa）；

　　　f_a——垫层底面处经深度修正后的下卧土层地基承载力特征值（kPa）。

垫层底面处的附加压力 p_{zk}，除了可用弹性理论的土中应力公式进行计算外，常用按压力扩散角的方法进行简化计算

条形基础

$$p_{zk} = \frac{b(p_k - p_{ck})}{b + 2h_s\tan\theta} \tag{9-4}$$

矩形基础

$$p_{zk} = \frac{b(p_k - p_{ck})}{(b + 2h_s\tan\theta)(l + 2h_s\tan\theta)} \tag{9-5}$$

式中 b——矩形基础或条形基础底面的宽度（m）；

l——矩形基础底面的长度（m）；

p_k——基础底面压力值（kPa）；

p_{ck}——基础底面处土的自重压力值（kPa）；

h_s——基础底面下垫层的厚度（m）；

θ——垫层的压力扩散角（见表9-3）。

进行具体设计时，可根据下卧土层的地基承载力，先假设一个垫层厚度，然后进行验算；若不符合要求，则改变厚度，重新再验算，直到满足要求为止。

（三）垫层承载力计算

垫层的承载力取决于填筑材料的性质、施工机具能量的大小以及施工质量的优劣等因素。由于理论计算方法不够完善，同时由于较难选取有代表性的计算参数，因此，目前还难以准确确定垫层的承载力，一般宜通过现场试验确定，也可通过取土分析、标准贯入试验、动力触探等多种测试手段取得的资料进行综合分析后确定。对于一般不太重要的、小型的、轻型的或对沉降要求不高的工程，可按表9-4选用，并应验算软弱下卧层的承载力。

表 9-4 各种垫层的承载力

施工方法	换填材料类别	压实系数 λ	承载力特征值 f_{ak}/kPa
碾压或振密	碎石、卵石	0.94 ~ 0.97	200 ~ 300
	砂夹石（其中碎石、卵石占全重的30% ~ 50%）		200 ~ 250
	土夹石（其中碎石、卵石占全重的30% ~ 50%）		150 ~ 200
	中砂、粗砂、砾砂		150 ~ 200
	黏性土和粉土（$8 < I_p < 14$）		130 ~ 180
	灰 土	0.93 ~ 0.95	200 ~ 250
重锤夯实	土或灰土	0.93 ~ 0.95	150 ~ 200

注：1. 对于压实系数小的垫层，承载力特征值取低值，反之取高值。

2. 对于重锤夯实，土的承载力特征值取低值，灰土取高值。

3. 压实系数 λ 为土的控制干密度 ρ_d 与最大干密度 $\rho_{d,max}$ 的比值；土的最大干密度宜采用击实试验确定，碎石或卵石的最大干密度可取 $2.0 \sim 2.2\ t/m^3$。

（四）地基变形计算

采用换填法对地基进行处理后，由于垫层下软弱土层变形，建筑物地基往往仍会产生较大的沉降量及差异沉降量，因此在垫层的厚度和宽度确定后，对于重要的建筑物或垫层下存在软弱下卧层的建筑物，还应进行地基的变形计算。对于超出原地面标高的垫层或换填材料的密度高于天然土层密度的垫层，应及早换填，并应考虑其附加荷载对建筑及邻近建筑物的影响。

换土垫层后的建筑物地基沉降由垫层自身的变形量和下卧土层的变形量构成，即

$$s = s_1 + s_2 \tag{9-6}$$

式中　s——基础沉降量（cm）；

　　s_1——垫层自身变形量（cm）；

　　s_2——压缩层厚度范围内，自垫层底面算起的各土层压缩变形量之和（cm）。

垫层自身的变形量 s_1 可按下式进行计算

$$s_1 = \left(\frac{p + \alpha p}{2} h_s \right) / E_s \tag{9-7}$$

式中　p——基础底面压力（kPa）；

　　h_s——垫层厚度（cm）；

　　E_s——垫层压缩模量，宜通过静载荷试验确定，当无试验资料时，可选用 15～25 MPa；

　　α——压力扩散系数。

压力扩散系数 α 可按以下公式计算

条形基础

$$\alpha = \frac{b}{b + 2h_s \tan \theta} \tag{9-8}$$

矩形基础

$$\alpha = \frac{bl}{(b + 2h_s \tan \theta)(l + 2h_s \tan \theta)} \tag{9-9}$$

下卧土层的变形量 s_2 可用分层总和法按下式计算

$$s_2 = \psi p_z b' \sum_{i=1}^{n} \frac{\delta_i - \delta_{i-1}}{E_{si,1-2}} \tag{9-10}$$

式中　ψ——沉降计算经验系数；

　　p_z——垫层底面处的附加压力（kPa）；

　　b'——垫层宽度（cm）；

δ_i、δ_{i-1}——垫层底面的计算点分别至第 i 层土和第 $i-1$ 层底面的沉降系数，可根据《建筑地基基础设计规范》（GB-50007—2011）查用；

　　$E_{si,1-2}$——垫层底面下第 i 层在 100～200 kPa 压力作用时的压缩模量（kPa）。

第四节　振　冲　法

振冲法又称振动水冲法，是以起重机吊起振冲器，启动潜水电动机后带动偏心块，使振冲器产生高强振动；同时开动水泵，使高压水通过喷嘴喷射高压水流，在边振边冲的联合作用下将振冲器沉到土中的预定深度；经过清孔后，就可从地面向孔中逐段填入碎石，每段填料均在振动作用下被振挤密实，达到所要求的密实度后提升振冲器，如此重复填料和振密，直至地面，从而在地基中形成一根大直径的很密实的桩体。图 9-4 所示为振冲法施工顺序示意。

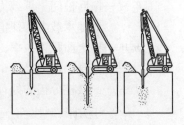

图9-4　振冲法施工顺序示意

一、振冲法的分类及适用范围

振冲法可分为振冲置换法和振冲密实法两类。振冲置换法适用于处理不排水抗剪强度不小于 20 kPa 的黏性土、粉土、饱和黄土和人工填土等地基。这类土难以挤密、振密，故本身密实度提高不大或不提高，地基承载力依靠所加填料形成的密实桩柱与其构成复合地基，由于桩身为散体材料，其抗压强度与周围压力有关，故过软的土层不宜使用。振冲密实法适用于处理砂土和粉土等地基，这类土可被振冲器振密和挤密。桩柱可加填料或不加填料，不加填料仅适用于处理黏粒含量小于10%的粗砂、中砂地基。

二、振冲法设计

（一）破坏形式

（1）刺入破坏，如图 9-5a 所示。当桩比较短，而且没有打到硬层时，在荷载作用下容易发生刺入破坏，即整个桩体在地基中下沉。

（2）鼓出破坏，如图 9-5b 所示。当桩比较长，在荷载作用下，桩上段往往会出现鼓出破坏，实践中常出现的这种破坏形式。

（二）桩孔布置

振冲法处理范围应根据建筑物的重要性和场地条件确定，当用于多层建筑和高层建筑时，宜在基础外缘扩出 1 ~ 2 排桩。

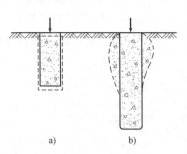

图 9-5　碎石桩的破坏形式
a) 刺入破坏　b) 鼓出破坏

当要求消除地基液化时，基础外缘扩大宽度不应小于基底下可液化土层厚度的 1/2。因此，应根据上部结构的荷载在地基中形成的土中应力来确定桩孔位置。对条形或单独基础，常用等腰三角形或矩形布置，对大面积或片筏基础，则以等边三角形布置为好。

（三）承载力计算

振冲桩复合地基承载力特征值应通过现场复合地基载荷试验确定，初步设计时也可按下式估算

$$f_{\text{spk}} = mf_{\text{pk}} + (1 - m)f_{\text{sk}} \tag{9-11}$$

$$m = \frac{d^2}{d_e^2} \tag{9-12}$$

式中　f_{spk}——振冲桩复合地基承载力特征值（kPa）；

　　　f_{pk}——桩体承载力特征值（kPa）；

　　　f_{sk}——振后桩间土承载力特征值（kPa），宜按当地经验取值；如无经验时，可取天然地基承载力特征值；

　　　m——桩土面积置换率；

　　　d——桩身平均直径（m）；

　　　d_e——一根桩分担的处理地基面积的等效圆直径（m）；等边三角形布桩：$d_e = 1.05s$；正方形布桩：$d_e = 1.13s$；矩形布桩：$d_e = 1.13\sqrt{s_1 s_2}$。s、s_1、s_2 分别为桩间距、矩形布桩时纵向间距和横向间距。

对小型工程的黏性土地基如无现场荷载试验资料，初步设计时，复合地基的承载力特征值也可按下式估算

$$f_{\text{spk}} = [1 + m(n - 1)]f_{\text{sk}} \tag{9-13}$$

式中 n——桩土应力比，在无实测资料时，可取 $2 \sim 4$，原土强度低时取大值，原土强度高时取小值。

式中其余符号意义同前。

（四）压缩模量计算

1. 理论法

在一根碎石桩所承担加固面积 A（$A = A_s + A_c$）范围内复合地基的变形模量 E 是由碎石桩的变形模量 E_s 和桩间土的变形模量 E_c 所组成的，如图 9-6 所示。显而易见，当 A 不变时，随着 A_s 的增大，A_c 的减少，E 必然增大；反之，E 则必然减小。因此，在设计理论上可用碎石桩与桩间土的面积加权平均的方法确定复合地基的 E 值

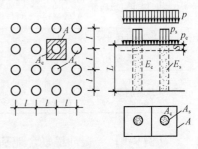

$$E = \frac{E_s A_s + E_c A_c}{A} \qquad (9\text{-}14)$$

图 9-6　碎石桩复合地基

2. 公式法

按国家标准《建筑地基基础设计规范》（GB-50007—2011）有关规定采用，复合土层的压缩模量按下式计算

$$E_{sp} = [1 + m(n-1)]E_s \qquad (9\text{-}15)$$

式中 E_{sp}——复合土层压缩模量；

　　　E_s——桩间土压缩模量；

　　　m——桩土面积置换率；

　　　n——同式（9-13）。

（五）沉降量计算

如果碎石桩未打穿压缩层，则沉降计算可由碎石桩加固后形成复合地基的沉降和下部未加固土层的沉降两部分组成，即

$$s = m \sum_0^L \frac{C_i p}{E} \Delta H_i + m_s \sum_L^{z_n} \frac{C_i p}{E_{si}} \Delta H_i \qquad (9\text{-}16)$$

式中 E、E_{si}——复合地基的变形模量及其下部天然地基的压缩模量（kPa）；

　　　C_i——附加应力计算系数；

　　　p——基底附加应力（MPa）；

　　　m、m_s——复合地基与下层天然地基的沉降经验系数；

　　　H_i——计算分层厚度（m）；

　　　L——碎石桩长度（m）；

　　　z_n——地基压缩层计算深度（m）。

（六）振冲密实法的设计计算方法

振冲密实法的设计计算方法见表 9-5。

表 9-5　振冲密实法的设计计算方法

序号	项　目	内　　容
1	处理范围	处理范围应大于建筑物基础范围，在建筑物基础外缘每边放宽不得少于 5 m。当可液化土层不厚时，振冲深度应穿透整个可液化土层；当可液化土层较厚时，振冲深度应按要求的抗震处理深度确定

序号	项　目	内　　容
2	桩位布置	振冲点宜按等边三角形或正方形布置。间距与土的颗粒组成、要求达到的密实程度、地下水位、振冲器功率、水量等有关，应通过现场试验确定，可取 1.8 ~ 2.5 m
3	振冲点填料量	每一振冲点所需的填料量根据地基土要求达到的密实程度和振冲点间距而定，应通过现场试验确定，填料宜用碎石、卵石、角砾、圆砾、砾砂、粗砂、中砂等硬质材料
4	复合地基的承载力	复合地基的承载力标准值应按现场复合地基载荷试验确定，也可用单桩和桩间土的载荷试验确定
5	地基的变形计算	振冲密实处理地基的变形计算，应按上述复合地基计算方法进行。其中桩土应力比 n 在无实测资料时，对砂土可取 1.5 ~ 3。原土强度低取大值，原土强度高取小值

【例 9-1】　振冲桩复合地基，桩直径 $d = 1.2 \text{m}$，按正方形布置，桩距 $s = 2.0 \text{m}$，已知桩体单位截面积承载力标准值 $f_{pk} = 550 \text{kN/m}^2$，桩间土为粉质黏土，承载力标准值 $f_{sk} = 120 \text{kN/m}^2$，压缩模量 $E_s = 7.2 \text{N/mm}^2$，桩土应力比 $n = 2.8$，试求振冲桩复合地基的承载力标准值和压缩模量。

【解】　因桩采取等边三角形布置，故 $d_e = 1.13 \times 2.0 \text{m} = 2.26 \text{m}$

$$m = \frac{d^2}{d_e^2} = \frac{1.2^2}{2.26} \approx 0.28$$

复合地基的承载力标准值为

$$
\begin{aligned}
f_{spk} &= m f_{pk} + (1 - m) f_{sk} \\
&= [0.28 \times 550 + (1 - 0.28) \times 120] \text{kN/m}^2 = 240.4 \text{kN/m}^2
\end{aligned}
$$

复合地基的压缩模量为

$$
\begin{aligned}
E_{sp} &= [1 + m(n - 1)] E_s \\
&= [1 + 0.28(2.8 - 1)] \times 7.2 \text{N/mm}^2 = 10.83 \text{N/mm}^2
\end{aligned}
$$

第五节　土或灰土挤密桩法

土或灰土挤密桩法是通过沉管（锤击、振动）、冲击（长锤、橄榄锤）或爆扩方法成孔，使土侧向挤出挤密桩周土，提高桩间土的密实度和承载力，消除湿陷性。孔中填以素土，分层击实为土桩，填以灰土击实为灰土桩。

一、土或灰土挤密桩的适用范围

土或灰土挤密桩一般用于处理地下水位以上的湿陷性黄土、素填土和杂填土地基，处理深度 5 ~ 15 m。当地基土含水量大于 23% 及其饱和度大于 0.65 时，不宜选用此类方法。

二、土或灰土挤密桩的设计

（一）桩径和桩距
桩的直径宜采用 300 ~ 600 mm，并可根据所选用的成孔设备和成孔方法确定。

桩距一般可取桩身直径的 3 ~ 5 倍。如原地基的密实度较大，则可取桩距大些；反之，可取小些。根据工程经验，可参考表 9-6 选择桩距。

表 9-6　桩距选择

原土干密度/（t·m⁻³）	桩中心距
≤1.5	$3d$
1.5 ~ 1.55	$4d$
>1.55	$5d$

注：d 为桩身直径。

桩距还可用公式计算。如图 9-7 所示，取桩延深 1 m 计算，挤密前土质量为 m_0，为三角形 ABC 面积乘以天然密度平均值 $\bar{\rho}_d$，即

$$m_0 = \frac{1}{2}s \times \frac{\sqrt{3}}{2}s\bar{\rho} = \frac{\sqrt{3}}{4}\rho_d s^2 = \frac{\sqrt{3}}{4}\bar{\rho}_d s^2 \qquad (9\text{-}17)$$

挤密后，由于半个桩体积挤入三角形 ABC 内，且密度为设计要求密度 $\bar{\lambda}_c\rho_{dmax}$，故挤密后土质量 m 应为

$$m = \left(\frac{\sqrt{3}}{4}s^2 - \frac{1}{2} \times \frac{1}{2} \times \frac{\pi d^2}{2}\right)\bar{\lambda}_c\rho_{dmax} \qquad (9\text{-}18)$$

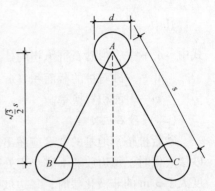

图 9-7　等边三角形布桩

因 $m_0 = m$，即

$$\frac{\sqrt{3}}{4}\bar{\rho}_d s^2 = \left(\frac{\sqrt{3}}{4}s^2 - \frac{1}{8}\pi d^2\right)\bar{\lambda}_c\rho_{dmax} \qquad (9\text{-}19)$$

故

$$s = 0.95\sqrt{\frac{\lambda_c\rho_{dmax}}{\lambda_c\rho_{dmax} - \bar{\rho}_d}}d \qquad (9\text{-}20)$$

式中　s——桩的间距（m）；

　　　d——桩直径（m）。

砂石桩的间距应通过现场试验确定，但不宜大于桩径的 4 倍。在有经验的地区，砂石桩间距也可按如下公式计算。

（1）松散砂土地基

等边三角形布置时

$$s = 0.95\, d\sqrt{\frac{1 + e_0}{e_0 - e_1}} \qquad (9\text{-}21)$$

正方形布置时

$$s = 0.90\, d\sqrt{\frac{1 + e_0}{e_0 - e_1}} \qquad (9\text{-}22)$$

$$e_1 = e_{max} - D_{ri}(e_{max} - e_{min}) \qquad (9\text{-}23)$$

式中　s——砂石桩间距（m）；

　　　d——砂石桩直径（m）；

　　　e_0——地基处理前砂土的孔隙比，可按原状土样试验确定，也可通过动力或静力触探等对比试验确定；

　　　e_1——地基挤密后要求达到的孔隙比；

e_{max}、e_{min}——砂土最大和最小孔隙比，可按《土工试验方法标准》（GB/T 50123—1999）的有关规定确定；

　　　D_{ri}——地基挤密后要求砂土达到的相对密实度，可取 0.70 ~ 0.85。

（2）黏性土地基。

等边三角形布置时

$$s = 1.08 \sqrt{A_c} \qquad (9\text{-}24)$$

正方形布置时

$$s = \sqrt{A_c} \qquad (9\text{-}25)$$

其中

$$A_c = \frac{A_p}{m} \qquad (9\text{-}26)$$

式中　A_c——一根砂石桩承担的处理面积（m^2）；

　　　A_p——砂石桩的截面积（m^2）；

　　　m——面积置换率。

（二）砂石桩处理

砂石桩挤密地基的宽度应超出基础的宽度，每边放宽不应少于 1~3 排，砂石桩用于防止砂层液化时，每边放宽不宜小于处理深度的 1/2，并不应小于 5 m。当可液化土层上覆盖有厚度大于 3 m 的非液化层时，每边放宽不宜小于液化土层厚度的 1/2，并不应小于 3 m。

（三）砂石桩的桩长

当地基中的松软土层不厚时，砂石桩宜穿越松软土层；当松软土层较厚时，桩长应根据建筑地基的允许变形值确定。对可液化砂层、桩长应穿透可液化层或按《建筑抗震设计规范》（GB-50011—2010）的有关规定执行。

【例 9-2】　某工程地基土为松散砂土，孔隙比 $e_0 = 0.758$，采用砂桩加固地基，桩径 $d = 423mm$，深 9.2m，按正方形布置，加固面积 $A = 635m^2$，要求挤密处理后的孔隙比 $e_1 = 0.549$，砂的密度 $\rho_{ds} = 1.67\ t/m^3$，相对密度 $d_s = 2.7$，砂的含水量 $w = 12\%$，试求桩距、排距，并计算布桩总数、总面积、总用料量及施工时每根桩的填砂量。

【解】　计算得

$$n = \sqrt{\frac{1 + e_0}{e_0 - e_1}} = \sqrt{\frac{1 + 0.758}{0.758 - 0.549}} = 2.90$$

桩的间距　　$s = 0.886dn = 0.886 \times 0.423 \times 2.90m = 1.09m$

桩的排距　　　　　$h = 1.000s = 1 \times 1.09m = 1.09m$

布桩总数　　$N = \dfrac{1.2733A}{n^2 d^2} = \dfrac{1.2733 \times 635}{2.90^2 \times 0.423^2}$根 = 537 根

单桩总面积　　　　$A_0 = \dfrac{A}{n^2} = \dfrac{635}{2.90^2}m^2 = 75.5m^2$

布桩总用料量　　$G_0 = \dfrac{Al_0}{n^2}\rho_{ds} = \dfrac{635 \times 9.2}{2.90^2} \times 1.67t = 1160t$

$$A_p = \frac{\pi}{4} \times 0.423^2 m^2 = 0.141 m^2$$

每根桩填砂量　　　　$Q = \dfrac{A_p l_0 d_s}{1 + e_1} \times (1 + 0.01w)$

$$= \frac{0.141 \times 9.2 \times 2.7}{1 + 0.549} \times (1 + 0.01 \times 12)\ m^3$$

$$= 2.53 m^3$$

第六节 预 压 法

预压法包括堆载预压法和真空预压法。预压法适用于处理淤泥质土、淤泥和冲填土饱和黏性土地基。

预压法处理地基应预先通过勘察查明土层在水平和竖直方向的分布、层理变化，查明透水层的位置、地下水类型及水源补给情况等。并应通过土工试验确定土层的先期固结压力、孔隙比与固结压力的关系、渗透系数、固结系数、三轴试验抗剪强度指标以及原位十字板抗剪强度等。

对重要工程应在现场选择试验区进行预压试验，在预压过程中应进行地基竖向变形、侧向位移、孔隙水压力、地下水位等项目的监测并进行原位十字板剪切试验和室内土工试验。根据试验区获得的监测资料确定加载速率控制指标，推算土的固结系数、固结度及最终竖向变形等，分析地基处理效果，对原设计进行修正，并指导设计与施工。

对堆载预压工程，预压荷载应分级逐渐施加，确保每级荷载下地基的稳定性，而对真空预压工程，可一次连续抽真空至最大压力。

对主要以变形控制的建筑，当塑料排水带或砂井等排水竖井处理尝试范围和竖井底面以下受压土层经预压所完成的变形量和平均固结度符合设计要求时，方可卸载。

对主要以地基承载力或抗滑稳定性控制的建筑，当地基土经预压而增长的强度满足建筑物地基承载力或稳定性要求时，方可卸载。

一、真空预压法设计

（一）真空预压法的概念

真空预压法是在需要加固的软土地基表面先铺设砂垫层，然后埋设垂直排水通道（袋装砂井或塑料板排水井），用不透气的封闭膜使其与大气隔绝，薄膜四周埋入土中，通过砂垫层内埋设吸水管道，用真空装置进行抽气，使其形成真空，如图9-8所示。

当抽真空时，在地表砂垫层及竖向排水通道内逐步形成负压，使土体内部与排水通道、垫层之间形成压差，在此压差作用下，土体中的孔隙水不断由排水通道排出，从而使土体固结。

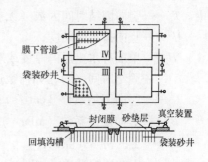

图9-8 真空预压工艺设备平面及剖面

（二）真空预压法加固机理

（1）膜上面承受等于薄膜内外压差的荷载。在抽气前，薄膜内外都承受一个大气压 p_a。抽气后薄膜内气压逐渐下降，首先是砂垫层，其次是砂井中的气压降至 p_V，故使薄膜紧贴砂垫层。由于土体与砂垫层和砂井间具有压差，因此发生渗流，使土中的孔隙水压力不断降低，有效应力不断增加，从而促使土体固结。土体和砂井间的压差，开始时为 $p_a - p_V$，随着抽气时间的增长，压差逐渐变小，最终趋向于零，此时渗流停止，土体固结完成。

（2）地下水位降低，相应于增加一个附加应力。抽气前，地下水位离地面为 H_1，抽气后土体中水位降至 H_2，即下降了 $H_1 - H_2$，在此范围内的土体便从浮重度变为湿重度，此时土骨架增加了大约水高（$H_1 - H_2$）的固结压力。

（3）封闭气泡排出，土的渗透性加大。如饱和土体中含少量封闭气体，在正压作用下，该气泡堵塞孔隙，使土的渗透性降低，固结过程减慢。但在真空吸力下，封闭气泡被吸出孔隙，从而使土的渗透性提高，固结过程加速。

（三）设计要求

（1）选择竖向排水体的形式，确定其间距、排列方式和深度。

（2）确定预压区面积和分块，要求达到的膜下真空度和土层固结度。

（3）真空预压下和建筑物荷载下的地基沉降计算，预压后的强度增长计算等。

（四）加固深度

真空预压法的加固深度，取决于塑料排水板传递负压的深度。当形成负压边界后，若井阻趋近于零，而加固时间又较长时，塑料排水板传递负压可以达到很大的深度。当存在井阻时，加固深度就取决于井阻的大小。

二、砂井堆载预压法设计

（一）竖向排水固结度计算

竖向排水固结度计算公式如下

$$U_v = 1 - \frac{8}{\pi^2} e^{-\frac{\pi^2}{4}T_v} \tag{9-27}$$

$$T_v = \frac{C_v t}{H^2} \tag{9-28}$$

$$C_v = \frac{k_v(1 + e_1)}{a \gamma_w} \tag{9-29}$$

式中　T_v——竖向固结时间因数（无量纲）；

　　　U_v——竖向排水固结度；

　　　H——单面排水土层的厚度或双面排水时土层厚度的一半（cm）；

　　　t——固结时间（s），如荷载逐渐施加，则从加荷历时的一半开始；

　　　C_v——竖向固结系数（cm^2/s）；

　　　k_v——竖向渗透系数（MPa^{-1}）；

　　　e_1——土的初始孔隙比；

　　　a——土的压缩系数（kN/m^3）；

　　　γ_w——水的重度。

砂井地基竖向固结度可从图9-9中虚线查得。

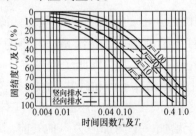

图 9-9　固结时间因数与固结度关系

（二）径向排水固结度计算

令每一砂井的影响范围相当于一个等面积的圆，砂井地基的固结渗流途径如图9-10所示。

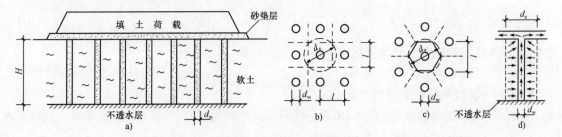

图 9-10　砂井布置示意图

a）砂井布置剖面图　b）正方形平面布置　c）正三角形平面布置　d）孔隙水渗流途径

瞬时加荷条件下，径向固结度 U_r 为

$$U_r = 1 - e^{-\frac{8}{F}T_r} \tag{9-30}$$

$$T_r = \frac{C_h t}{d_e^2} \tag{9-31}$$

$$C_h = \frac{k_h(1 + e_1)}{a\gamma_w} \tag{9-32}$$

$$F = \frac{h^2}{h^2 - 1}\ln n - \frac{3n^2 - 1}{4n^2} \tag{9-33}$$

式中　U_r——径向固结度；

T_r——径向固结时间因数（无因次）；

C_h——径向固结系数（cm²/s）；

k_h——土层水平向渗透系数（cm/s）；

F——与 n 有关的系数；

n——砂井影响范围的直径 d_e 与砂井直径 d_w 之比，即 $n = \dfrac{d_e}{d_w}$；

d_e——砂井影响范围等面积圆的直径（m）。

当为等边三角形布桩时

$$d_e = \sqrt{\frac{2\sqrt{3}}{\pi}}l = 1.05l \tag{9-34}$$

当为正方形布桩时

$$d_e = \sqrt{\frac{4}{\pi}}l = 1.128l \tag{9-35}$$

式中　l——砂井间距。

（三）平均固结度计算

（1）总的平均固结度计算

$$U_{rv} = 1 - (1 - U_v)(1 - U_r) \tag{9-36}$$

式中　U_{rv}——平均固结度；

U_v——竖向固结度；

U_r——径向固结度。

（2）时间对应的总荷载作用下的地基平均固结度计算公式为

$$U_t = \sum_{i=1}^{n} \frac{q_i}{\sum \Delta P} \Big[(T_i - T_{i-1}) - \frac{\alpha}{\beta} e^{-\beta t} (e^{\beta T_i} - e^{\beta T_{i-1}}) \Big] \qquad (9\text{-}37)$$

式中 U_t——t 时间地基的平均固结度；

q_i——第 i 级荷载的加载速率（kPa/d）；

$\sum \Delta P$——各级荷载的累加值（kPa）；

T_{i-1}、T_i——第 i 级荷载加载的起始和终止时间（从零点起算），当计算第 i 级荷载过程中某时间 t 的固结度时，T_i 改为 t；

α、β——参数，按表9-7取用。对竖井地基，表9-7中所列 β 值为不考虑涂抹和井阻影响的参数值。

表9-7　α、β 值

排水固结条件 参　数	竖向排水固结 $U_z > 30\%$	向内径向排水固结	竖向和向内径向排水固结 （砂井贯穿受压土层）
α	$\dfrac{8}{\pi^2}$	1	$\dfrac{8}{\pi^2}$
β	$\dfrac{\pi^2 C_v}{4H^2}$	$\dfrac{8C_h}{Fd_e^2}$	$\dfrac{8C_h}{Fd_e^2} + \dfrac{\pi^2 C_v}{4H^2}$

注：C_v——土的竖向排水固结系数；

$\quad$ C_h——土的水平向排水固结系数；

$\quad$ H——土层的竖向排水距离，双面排水时，H 为土层厚度的一半；单面排水时，H 为土层厚度；

$\quad$ U_z——双面排水土层或固结应力均匀分布的单面排水土层平均固结度。

（3）瞬时加载条件下，考虑涂抹和井阻影响时，地基平均固结度为

$$\overline{U}_r = 1 - e^{-\frac{8C_h}{Fd_e^2}}$$

$$F = F_n + F_s + F_r$$

$$F_n = \ln n - \frac{3}{4} \qquad (n \geqslant 15) \qquad (9\text{-}38)$$

$$F_s = \left(\frac{k_h}{k_s} - 1 \right) \ln s$$

$$F_r = \frac{\pi^2 L^2 k_h}{4 q_w}$$

式中 $\overline{U}_r$——固结时间为 t 时竖井地基径向排水平均固结度；

k_h——天然土层水平向渗透系数（cm/s）；

k_s——涂抹区土的水平向渗透系数，可取 $k_s = (1/5 \sim 1/3) k_h$（cm/s）；

s——涂抹区直径 d_s 与竖井直径 d_w 的比值，可取 $s = 2.0 \sim 3.0$，对中等灵敏黏性土取低值，对高灵敏黏性土取高值；

L——竖井深度（cm）；

q_w——竖井纵向通水量，为单位水力梯度下单位时间的排水量（cm³/s）。

（4）一级或多级等速加荷条件下，考虑涂抹和井阻影响时竖井穿透受压土层地基的平均

固结度可按式（9-37）计算，其中 $\alpha = \dfrac{8}{\pi^2}$，$\beta = \dfrac{8C_h}{Fd_e^2} + \dfrac{\pi^2 C_v}{4H^2}$，此时 F 按式（9-38）取值。

（四）地基土抗剪强度计算

地基土抗剪强度计算公式如下

$$\tau_{ft} = \tau_{f0} + \Delta\tau_{fc} \tag{9-39}$$

$$\Delta\tau_{fc} = \Delta\sigma_z U_t \tan\varphi_{cu} \tag{9-40}$$

式中　τ_{ft}——t 时刻该点土的抗剪强度（kPa）；

τ_{f0}——地基土的天然抗剪强度，由十字板剪切试验测定（kPa）；

$\Delta\tau_{fc}$——该点土由于固结而增长的强度（kPa）；

$\Delta\sigma_z$——预压荷载引起的该点的附加竖向压力（kPa）；

U_t——该点土的固结度；

φ_{cu}——三轴固结不排水剪切试验求得的土的内摩擦角（°）。

（五）沉降计算

沉降的计算公式如下

$$s_f = \xi \sum_{i=1}^{n} \frac{e_{0i} - e_{1i}}{1 + e_{0i}} h_i \tag{9-41}$$

式中　s_f——最终竖向变形量（mm）；

e_{0i}——第 i 层中点上自重压力所对应的孔隙比，由室内固结试验所得的孔隙比 e 和固结压力 p（即 e-p）关系曲线查得；

e_{1i}——第 i 层中点上自重压力和附加压力之和所对应的孔隙比，由室内固结试验所得的 e-p 关系曲线查得；

h_i——第 i 层土层厚度（mm）；

ξ——经验系数，对正常固结饱和黏性土地基可取 $\xi = 1.1 \sim 1.4$，荷载较大、地基土较弱时取较大值，反之取较小值。

（六）卸荷标准

可卸荷的条件有以下几方面：

（1）地面总沉降量达到预压荷载下计算最终沉降量的80%以上。

（2）理论计算的地基总固结度达到80%以上。

（3）地面沉降速度已降到 0.5～1.0 mm/d 以下。

第七节　化学加固法

化学加固法是指采用化学浆液灌入或喷入土中，使土体固结以加固地基的处理方法。这类方法加固土体的原理是，在土中灌入或喷入化学浆液，使土粒胶结成固体，以提高土体强度，减小其压缩性和加强其稳定性。常用的化学加固法有高压喷射法和水泥土搅拌法。

一、高压喷射注浆法

（一）高压喷射注浆法的概念

高压喷射注浆法（简称旋喷法）是将带有特殊喷嘴的注浆管，钻到预定深度，然后利用高压（20～40 MPa）泥浆泵使浆液以高速喷射冲切土体，从而使射入的浆液和土混合，经过凝结硬化，在地基中形成比较均匀的且具有很高强度的加固体。被加固体的形状和喷射移动方式有关，如喷嘴以一定转速旋转、提升时，则形成圆柱状的柱体，此方式称为旋喷；如喷嘴只提升不旋转，则形成壁状加固体，即所谓的定喷。如喷嘴以一定角度往复旋转喷射，则称为摆喷。

（二）高压喷射注浆法的特点

高压喷射注浆法能够克服一般静压灌浆的缺点，它适用于标准贯入击数小于 10 的砂性土、小于 5 的黏性土以及不含瓦砾的填土。用高压喷射注浆法加固后，桩体的单轴抗压强度视施工方法和掺入剂的配比而异。

用高压喷射注浆法加固的地基，按复合地基进行设计与计算。计算参数可通过现场荷载试验确定。

高压喷射注浆法适用于加固各种松软地基，以提高地基承载力。另外，还可采用定喷法形成壁状加固体，以改善地基土和水流性质以及边坡的稳定性。

（三）高压喷射注浆法的分类

根据工程需要和机具设备条件，旋喷方法可分为以下三种：

（1）单管法。单独喷射 1 种水泥浆液。

（2）二重管法。同轴复合喷射高压水泥浆和压缩空气 2 种介质。

（3）三重管法。同轴喷射高压水流、压缩空气和水泥浆液 3 种介质。

（四）高压喷射法注浆加固设计

1. 加固桩体的直径

加固桩体的直径大小与土的类别、密实度及旋喷方法有关。单管旋喷方法所形成的旋喷桩直径，一般为 0.3 ~ 0.8 m；三重管法所形成的桩体直径为 1.0 ~ 2.0 m；二重管法所形成的桩体直径介于上述两者之间。

2. 承载力计算

竖向承载旋喷桩复合地基承载力特征值应通过现场复合地基载荷试验确定。初步设计时，也可按下式估算

$$f_{spk} = m\frac{R_a}{A_p} + \beta(1 - m)f_{sk} \tag{9-42}$$

$$R_a = \eta f_{cu}A_p \tag{9-43}$$

$$R_a = \pi d\sum_{i=1}^{n} h_i q_{si} + A_p q_p \tag{9-44}$$

式中　β——桩间土承载力折减系数，可根据试验或类似土质条件工程经验确定，当无试验资料或经验时，可取 0 ~ 0.5，承载力较低时取低值；

　　R_a——单桩竖向承载力特征值（kN），可通过现场单桩载荷试验确定，也可按式（9-43）和式（9-44）估算，取其中较小值；

　　f_{sk}——复合地基承载力特征值（kPa）；

　　A_p——桩的截面积（m²）；

　　f_{cu}——与旋喷桩桩身水泥土配比相同的室内加固土试块（边长为 70.7 mm 的立方体）；在标准养护条件下 28 天龄期的立方体抗压强度标准值（kPa）；

　　η——桩身强度折减系数，可取 0.33；

　　d——桩的直径（m）；

n——桩长范围内所划分的土层数；

h_i——桩周第 i 层土的厚度（m）；

q_{si}——桩周第 i 层土的摩阻力特征值（kPa），可按现行国家标准《建筑地基基础设计规范》（GB 50007—2011）有关规定或地区经验确定；

q_p——桩端地基土的承载力特征值（kPa），可按现行国家标准《建筑地基基础设计规范》（GB 50007—2011）有关规定确定。

竖向承载旋喷桩复合地基宜在基础和桩顶之间设置褥垫层。褥垫层厚度可取 200 ～ 300 mm，其材料可选用中砂、粗砂、级配砂石等，最大粒径不宜大于 30 mm。

（五）高压喷射注浆法的施工

（1）施工前应根据现场环境和地下埋设物的位置等情况，复核高压喷射注浆的设计孔位。

（2）高压喷射注浆的施工参数应根据土质条件、加固要求通过试验或根据工程经验确定，并在施工中严格加以控制。单管法及双管法的高压水泥浆和三管法高压水的压力应大于 20 MPa。

（3）高压喷射注浆的主要材料为水泥，对于无特殊要求的工程，宜采用强度等级为 42.5 级及以上的普通硅酸盐水泥。根据需要可加入适量的外加剂及掺合料。外加剂和掺合料的用量，应通过试验确定。

（4）水泥浆液的水灰比应按工程要求确定，可取 0.8 ～ 1.5，常取 1.0。

（5）高压喷射注浆的施工工序为机具就位、贯入喷射管、喷射注浆、拔管和冲洗等。

（6）喷射孔与高压注浆泵的距离不宜大于 50 m。钻孔的位置与设计位置的偏差不得大于 50 mm。实际孔位、孔深和每个钻孔内的地下障碍物、洞穴、涌水、漏水及与岩土工程勘察报告不符等情况均应详细记录。

（7）当喷射注浆管贯入土中，喷嘴达到设计标高时，即可喷射；注浆参数达到规定值后，随即分别按旋喷、定喷或摆喷的工艺要求，提升喷射管，由下而上喷射注浆。喷射管分段提升的搭接长度不得小于 100 mm。

（8）对需要局部扩大加固范围或提高强度的部位，可采用复喷措施。

（9）在高压喷射注浆过程中出现压力骤然下降、上升或冒浆异常时，应查明原因并及时采取措施。

（10）高压喷射注浆完毕，应迅速拔出喷射管。为防止浆液凝固收缩影响桩顶高程，必要时可在原孔位采用冒浆回灌或二次注浆等措施。

（11）当处理既有建筑地基时，应采用速凝浆液或跳孔喷射和冒浆回灌等措施，以防喷射过程中地基产生附加变形及地基与基础间出现脱空现象。同时，应对建筑物进行变形监测。

（12）施工中应做好泥浆处理，及时将泥浆运出或在现场短期堆放后将土方运出。

（13）施工中应严格按照施工参数和材料用量施工，并如实做好各项记录。

二、水泥土搅拌法

（一）水泥土搅拌法的概念

水泥土搅拌法加固软土地基是利用水泥、石灰等材料作为固化剂的主剂，通过特制的深层搅拌机械，在地基深处就地将软土和浆液或粉状的固化剂进行强制搅拌，经拌和后的混合物发生一系列物理化学反应，使软土硬结成具有整体性、水稳定性和一定强度的加固体。

水泥土搅拌法常用于加固钢铁原料堆场、港口码头、高速公路等处于深厚软基土的建设工程。加固深度一般可达10~15 m，对含有石块、树根或生活垃圾的人工填土地不宜采用。

（二）加固机理

深层搅拌法是用固化剂、水泥和石灰与外加剂（石膏、木质素磺酸钙）通过深层搅拌机输入到软土中并加以充分拌和，固化剂和软土之间产生一系列的物理化学反应，改变了原状土的结构，使之硬结成具有整体性、水稳性和一定强度的水泥土和石灰土。由于土质不同，其固化机理也有差别。用于砂性土时，水泥土的固化原理类同于建筑上常用的水泥砂浆，具有很高的强度，固化时间也相对较短。用于黏性土时，由于水泥掺量有限（7%~20%），且黏粒具有很大的比表面积并含有一定的活性物质，水泥和石灰的水解和水化反应完全处于黏土颗粒包围之下，硬化速度比较缓慢，固化机理比较复杂。

（三）布桩形式

搅拌桩的布桩形式对加固效果有较大的影响。根据拟建工程的工程地质情况、上部结构的荷载要求以及现阶段深层搅拌桩的施工工艺和设备，搅拌桩一般采用柱状、壁状、格栅状和块状等形式，见图9-11。

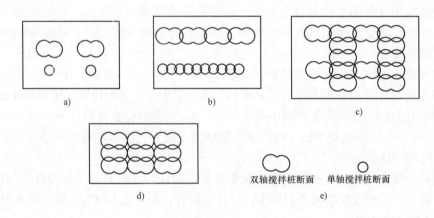

图9-11 深层搅拌桩的布桩形式

a）柱状　b）壁状　c）格栅状　d）块状　e）单桩断面

（四）承载力计算

（1）搅拌桩复合地基承载力特征值f_{spk}应通过现场复合地基载荷试验确定，也可按下式估算

$$f_{spk} = m\frac{R_a}{A_p} + \beta(1-m)f_{sk} \tag{9-45}$$

式中　f_{sk}——桩间天然地基土承载力特征值（kPa），可取天然地基承载力特征值；

　　　β——桩间土承载力折减系数。当桩端土未经修正的承载力特征值大于桩侧土的承载力特征值的平均值时，可取0.1~0.4，差值大时取低值；当桩端土未经修正的承载力特征值小于或等于桩侧土的承载力特征值的平均值时，可取0.5~0.9，差值大时取高值；当设置褥垫层时均取高值；

　　　R_a——水泥土桩单桩竖向承载力特征值（kN）。

（2）水泥土桩单桩竖向承载力特征值应通过现场载荷试验确定。初步设计时也可按式（9-46）估算，并应同时满足式（9-47）的要求。一般宜使由桩身材料强度确定的单桩承载力大于由桩周土和桩端土的抗力所提供的单桩承载力。

$$R_a = u_p \sum_{i=1}^{n} q_{si} l_i + \alpha q_p A_p \qquad (9\text{-}46)$$

$$R_a = \eta f_{cu} A_p \qquad (9\text{-}47)$$

式中 f_{cu}——与搅拌桩桩身水泥土配比相同的室内加固土试块（边长为 70.7 mm 的立方体，也可采用边长为 50 mm 的立方体）在标准养护条件下 90 天龄期的立方体抗压强度标准值（kPa）；

n——桩长范围内划分的土层数；

η——桩身强度折减系数，干法可取 0.20 ~ 0.30，湿法可取 0.25 ~ 0.33；

u_p——桩的周长（m）；

q_{si}——桩周第 i 层土的侧摩阻力特征值，对淤泥可取 4 ~ 7 kPa；对淤泥质土可取 6 ~ 12 kPa；对软塑状态的黏性土可取 10 ~ 15 kPa；对可塑状态的黏性土可取 12 ~ 18 kPa；

l_i——桩长范围内第 i 层土的厚度（m）；

q_p——桩端地基土未经修正的承载力特征值（kPa），可按现行国家标准《建筑地基基础设计规范》（GB 50007—2011）的有关规定确定；

α——桩端天然地基土的承载力折减系数，可取 0.4 ~ 0.6，承载力高时取低值。

（3）桩体本身，其桩体强度也应满足单桩承载力的要求，按下式验算

$$f_{cu} < 3 \frac{R_a}{A_p} \qquad (9\text{-}48)$$

式中 f_{cu}——桩体混合料试块（边长 150 mm 立方体）标准养护 28 天立方体抗压强度平均值（kPa）。

（4）搅拌桩复合土层的压缩变形 s_1 可按下式计算

$$s_1 = \frac{(p_z + p_{zl}) l}{2 E_{sp}} \qquad (9\text{-}49)$$

$$E_{sp} = m E_p + (1 - m) E_s \qquad (9\text{-}50)$$

式中 p_z——搅拌桩复合土层顶面的平均附加压力值（kPa）；

p_{zl}——搅拌桩复合土层底面的平均附加压力值（kPa）；

E_{sp}——搅拌桩复合土层的复合模量；

E_p——搅拌桩的压缩模量，可取（100 ~ 120）f_{cu}（kPa）；对桩较短或桩身强度较低者取低值，反之可取高值。

（5）桩端以下未加固土层的压缩变形 s_2 可按现行国家标准《建筑地基基础设计规范》（GB 50007—2011）有关规定进行计算。

【例 9-3】   桩基工程已知钢筋混凝土桩截面为 370 × 370mm 桩长为 13m，弹性模量为 2.1 × 10^7 kPa。现采用 27kN 柴油桩锤，最大冲击力为 2100kN。试验算打桩时，在桩锤弹击力作用下，是否会产生长柱屈曲破坏。

【解】   设桩的下端固定于土中 5.5m，上端与桩帽连接为半自由状态，桩屈曲计算长度为

$$l_0 = 1.5l = 1.5 \times (13 - 5.5) \text{ m} = 11.25\text{m}$$

桩最小回转半径 $i = 0.289h = 0.289 \times 37$

桩的长细比 $\dfrac{l_0}{i} = 1125/0.289 \times 37 = 105.21 > 100$

$$P_{cr} = \pi^2 EI/l_0^2 = \frac{\left[3.14^2 \times 2.1 \times 10^7 \left(\frac{1}{12}\right) \times 0.37^4\right]}{11.25^2} kN$$

$$22554kN > 2100kN$$

所以，桩在锤冲击荷载作用下不会产生屈曲破坏。

【例9-4】 桩基工程采用钢筋混凝土桩，已知桩净截面 $A = 0.37m \times 0.37m$、长 13m、$E = 2.1 \times 10^7 kPa$，桩的重度 $\gamma_p = 37.5 kN/m^3$，桩允许锤击应力为 $8750 kN/m^2$；现选用 25kN 落锤，锤截面 $A_H = 0.36m \times 0.36m$，$E_H = 2.1 \times 10^8 kPa$，锤重度 $\gamma_H = 25 kN/m^3$，落锤高度 $H = 0.6m$，桩垫截面 $A_C = 0.4m \times 0.4m$，$E_C = 1.0 \times 10^7 kPa$，桩垫重度 $\gamma_0 = 1.0 kN/m^3$，取 $e = 0.6$，$a = \sqrt{1}$，试验算打桩是否安全。

【解】

$$\sigma_p = \frac{a\sqrt{2eE\gamma_p H}}{\left[1 + \frac{A_C}{A_H}\sqrt{\frac{E_C\gamma_C}{E_H\gamma_H}}\right]\left[1 + \frac{A}{A_C}\sqrt{\frac{E\gamma_p}{E_C\gamma_C}}\right]}$$

$$= \frac{1 \times \sqrt{2 \times 0.6 \times 2.1 \times 10^7 \times 37.5 \times 0.6}}{\left[1 + \frac{0.4 \times 0.4}{0.36 \times 0.36} \times \sqrt{\frac{1.0 \times 10^7 \times 1.0}{2.1 \times 10^8 \times 25}}\right] \times \left[1 + \frac{0.37 \times 0.37}{0.40 \times 0.4} \times \sqrt{\frac{2.1 \times 10^7 \times 37.5}{1.0 \times 10^7 \times 1.0}}\right]} kN/m^2$$

$$= \frac{23811}{1.054 \times 8.593} kN/m^2$$

$$= 2629 kN/m^2 < 8750 kN/m^2 \text{ 打桩安全。}$$

【例9-5】 采用 18kN 柴油打桩机进行打桩，落锤高 $H = 500mm$，钢筋混凝土桩长为 10m，截面 $A = 370mm \times 370mm = 136900mm^2$，桩重力 29kN。桩帽用麻垫（$n = 1.0$），桩帽重力 1.2kN，地基土质为硬塑粉质黏土，桩的设计承载力为 135N；求打桩时控制贯入度。

【解】 $$S = \frac{1.0 \times 136900 \times 18000 \times 500}{2 \times 135000 \times (2 \times 135000 + 136900)} \times \frac{18000 + 0.2(29000 + 1200)}{18000 + (29000 + 1200)} mm$$

$$= 11.215 \times 0.509mm$$

$$= 11.724mm$$

取 12mm，所以打桩时的控制贯入度为 12mm。

第十章 区域性地基

第一节 区域性特殊土的分类及主要分布

一、区域性特殊土的概念

我国地域辽阔,从沿海到内陆,由山区到平原,分布着多种多样的土类。某些区域的土类,由于不同的地理环境、气候条件、地质成因、历史过程、物质成分和次生变化等原因,而具有与一般土明显不同的特殊性质。当其作为建筑物地基时,如果不注意它们的这些特性,很可能引起事故。人们把具有特殊工程性质的土类称为特殊土。各种天然形成的特殊土的地理分布,存在着一定的规律性,表现出一定的区域性,所以有区域性特殊土之称。我国区域性特殊土主要有湿陷性黄土(分布于西北、华北、东北等地区),沿海和内陆地区的软土以及分散各地的膨胀土、红黏土和高纬度及高海拔地区的多年冻土等。

二、区域性特殊土的分类及主要分布

我国山区(包括丘陵地带)面积广阔,广泛分布在我国西南地区的山区地基同平原地基相比,其工程地质条件更为复杂。山区有多种不良地质现象,如滑坡、崩塌、岩溶和土洞等,对建筑物具有直接或潜在威胁。在一些山区建设中,由于对不良地质现象认识不足,工程建成后,有的被迫搬迁,有的耗费大量整治费用,甚至有的工程遭受破坏。

我国区域性特殊土的分类及主要分布见表 10-1。

表 10-1 特殊土的分类及主要分布

项　目		内　　容
软　土	基本概念	软土一般是指在静水或缓慢流水环境中沉积而成的,以黏粒为主并伴有微生物作用的一种细粒土
	性能指标	(1) 天然含水量 w 大于液限 w_L,一般超过 30%,常取 35%~80%。 (2) 天然孔隙比 $e>1.0$,常取 1.0~2.0。 (3) 压缩系数 $a_{1-2}>0.5$ MPa^{-1}。 (4) 不排水抗剪强度 $c<20$ kPa。 (5) 渗透系数取 1×10^{-8}~1×10^{-6} cm/s
	在我国的主要分布地区	沿海地区、内陆平原、山区

项　目		内　容
黄　土	基本概念	（1）以粉粒为主，经过风力搬运、沉积，具有大孔隙富含碳酸盐类的黄色或褐黄色土称为黄土。 （2）有些黄土，在上覆土自重压力或自重压力与建筑物附加荷载的作用下受水浸湿后，会迅速发生显著的附加沉降，强度急剧降低，称为湿陷性黄土；不发生湿陷的黄土，则称为非湿陷性黄土
	性能指标	影响黄土湿陷性的主要指标为天然孔隙比和天然含水量。其他条件相同时，黄土的孔隙比越大，湿陷性越强
	在我国的主要分布地区	黄河流域及其以北各省，以黄河中游分布最多
冻　土	基本概念	凡温度等于或低于 0 ℃，且含有冰的土，称为冻土。 冻结状态连续保持 3 年或 3 年以上者，称为多年冻土。 冬季冻结夏季融化，每年冻融交替一次的土层称为季节性冻土
	在我国的主要分布地区	青藏高原、东北大小兴安岭，以及东部和西部地区的一些高山顶部
填　土	基本概念	填土是指由于人类活动而堆填的土，根据填土的组成物质和堆填方式形成的工程性质的差异，划分为素填土、杂填土、冲填土和压实填土
	在我国的主要分布地区	城市及其他道路交通沿线
膨胀土	基本概念	膨胀土一般是指黏粒成分主要由强亲水性的蒙脱石和伊利石矿物组成，具有吸水膨胀和失水收缩，胀缩性能显著的黏性土
	性能指标	黏粒含量一般很高，液限 $w_L > 40\%$，塑性指数 $I_P > 17$，多在 22～35，自由膨胀率一般超过 40%
	在我国的主要分布地区	呈岛状分布，在广西、云南、贵州、湖北、河北、河南、四川、安徽、山东、陕西、江苏、广东等地均有不同范围的分布
红黏土	基本概念	红黏土包括原生与次生红黏土。颜色为棕红或褐黄，覆盖于碳酸盐岩系之上，其液限大于或等于 50% 的高塑性黏土，称为原生红黏土。原生红黏土经搬运、沉积后仍保留其基本特征，且液限大于 45% 的黏土，可判定为次生红黏土
	在我国的主要分布地区	以贵州、云南、广西等省区最为典型，且分布较广
盐渍土	基本概念	盐渍岩土是指易溶盐含量大于 0.3%，且具有溶陷、盐胀、腐蚀等工程特性的岩土。 盐渍岩按主要的含盐矿物成分可分为石膏盐渍岩、芒硝盐渍岩等
	在我国的主要分布地区	西北干旱地区的新疆、青海、甘肃、宁夏、内蒙古等地，以及低洼的盆地和平原，其次为华北平原、松辽平原等

第二节 软 土 地 基

一、软土的物理性质

（一）天然含水量高、孔隙比大

（1）软土天然含水量一般都大于30%。山区软土的含水量变化幅度很大，有时可达70%，甚至高达200%。

（2）软土的饱和度一般大于90%。液限一般在35%～60%，随土的矿物成分、胶体矿物的活性因素而定。液性指数大多大于1.0。

（3）软土的重度较小，在15～19 kN/m³。孔隙比都大于1，山区软土的孔隙比有的甚至可达6.0。

（二）透水性低

软土的透水性很低。垂直方向的渗透系数要小一些，其值在10^{-9}～10^{-7} cm/s，水平向渗透系数为10^{-5}～10^{-4} cm/s。

（三）压缩性高

软土孔隙比大，具有高压缩性的特点。又因为软土中存在大量微生物，由于厌气菌活动，在土内蓄积了可燃气体（沼气），致使土的压缩性增高，并使土层在自重和外荷作用下，长期得不到固结。软土的压缩系数a_{1-2}一般在0.5～2.0 MPa^{-1}，最大可达4.5 MPa^{-1}。如其他条件相同，则软土的液限越大，压缩性也越大。

（四）抗剪强度低

软土的抗剪强度很低，与排水固结程度密切相关。在不排水剪切时，软土的内摩擦角接近于零，抗剪强度主要由内聚力决定，而内聚力值一般小于20 kPa。经排水固结后，软土的抗剪强度便能提高，但由于其透水性差，当应力改变时，孔隙水渗出过程相当缓慢，因此抗剪强度的增长也很缓慢。

（五）具有触变性

软土具有絮凝结构，是结构性沉积物，具有触变性。当其结构未被破坏时，具有一定的结构强度，但一经扰动，土的结构强度便被破坏。软土中含亲水性矿物（如蒙脱石）较多时，结构性强，其触变性较显著。常用灵敏度S_t来表示黏土的触发性。软土的灵敏度一般在3～4，个别情况可达8～9。

（六）具有流变性

软土具有流变性，其中包括蠕变特性、流动特性、应力松弛特性和长期强度特性。

蠕变特性是指在荷载不变的情况下变形随时间发展的特性；流动特性是土的变形速率随应力变化的特性；应力松弛特性是在恒定的变形条件下应力随时间减小的特性；长期强度特性是指土体在长期荷载作用下土的强度随时间变化的特性。考虑到软土的流变特性，用一般剪切试验方法求得的软土的抗剪强度值，不宜全部用足。

二、软土地基设计采取的措施

（1）当表层有密实土层（软土硬壳层）时，应充分利用作为天然地基的持力层，"轻基浅埋"是我国软土地区总结出来的经验。

（2）减少建筑物作用于地基的压力，如采用轻型结构、轻质墙体、空心构件、设置地下室或半地下室等。具体措施有下列几种：

1）对3~6层民用建筑采用薄筏基础，筏厚为20~30 cm。上部结构采用轻型结构，每层平均荷载为10 kN/m²，则基底压力为40~70 kN/m²。利用软土上部的"硬壳"层作为基础的持力层，可以减少施工期间对软土的扰动。

2）采用箱形基础。利用箱形基础排出的土重，减小地基的附加压力，同时还可利用箱形基础本身的刚度减小地基的不均匀变形。

3）当建筑物对变形要求较高时，采用较小的地基承载力。

铺设砂垫层一方面可以减小作用在软土上的附加压力，减少建筑物沉降；另一方面有利于软土中水分的排除，缩短土层固结时间，使建筑物的沉降较快地达到稳定。

（3）采用砂井、砂井预压、电渗法等促使土层排水固结，以提高地基承载力。当黏土中夹有薄砂层或砂土层时，更有利于采用砂井预压加固的办法来减小土的压缩性，提高地基承载力。

（4）当软土地基加载过大、过快时，容易发生地基土塑流挤出的现象。防止软土塑流挤出的措施有以下几方面：

1）控制施工速度和加载速度不要太快。可通过现场加载试验进行观测，根据沉降情况控制加载速率，掌握加载间隔时间，使地基逐渐固结，强度逐渐提高，这样可使地基土不发生塑流挤出。

2）在建筑物的四周打板桩围墙，能防止地基软土挤出。板桩应有足够的刚度和锁口抗拉力，以抵抗向外的水平压力，但此法用料较多，应用不广。

3）用反压法防止地基土塑流挤出。这是因为软土是否会发生塑流挤出，主要取决于作用在基底平面处土体上的压力差。压差小，发生塑流挤出的可能性也小。如在基础两侧堆土反压，即可减小压差，增加地基稳定性。

（5）遇有局部软土和暗埋的塘、浜、沟、谷、洞等情况，应查清其范围，根据具体情况，采取基础局部深埋、换土垫层、短桩、基础梁跨越等办法处理。

三、软土地基的承载力计算

由于软土大多是饱和的，含水量基本上反映土的孔隙比的大小，一般当孔隙比为1时，相应含水量为36%；孔隙比为1.5时，相应的含水量为55%。因此，可根据土的天然含水量 w 由《建筑地基基础设计规范》（GB 50007—2011）或各地经验计算承载力值。

（1）规范计算法。

1）利用《建筑地基基础设计规范》（GB 50007—2011）推荐的理论公式计算软土地基的承载力。

2）极限荷载公式：饱和软黏土的极限承载力 p_u 可按下列公式计算

条形基础 $$p_u = 5.14c + \gamma d \tag{10-1}$$

方形基础 $$p_u = 5.71c + \gamma d \tag{10-2}$$

矩形基础

当 $\dfrac{b}{a} < 0.53$ 时 $$p_u = \left(5.14 + 0.66\frac{b}{a}\right)c + \gamma d \tag{10-3}$$

当 $\dfrac{b}{a} > 0.53$ 时 $$p_u = \left(5.14 + 0.47\frac{b}{a}\right)c + \gamma d \tag{10-4}$$

式中 c——土的粘聚力，一般由不排水剪切试验求得（kPa）；

γ——基底以上土的重度（kN/m^3）；

d——基础埋深（m）；

b——基础短边（m）；

a——基础长边（m）。

利用极限荷载公式确定软土地基的承载力时，可将计算所得极限荷载 p_u 除以安全系数 3 以后采用。

3）临塑荷载公式：软土地基承载力除按强度公式计算外，尚应考虑变形因素。可按临塑荷载公式计算

$$p = \pi c + \gamma d \qquad (10-5)$$

式中符号意义同前。

试验证明，按公式计算的临塑荷载与荷载试验所确定的比例界限值十分接近。同时，如果作用在软土上的压力小于或等于比例界限值，软土的变形将不会很大。

当利用理论公式计算地基的承载力时，必须进行地基变形验算，以满足地基变形的要求。

（2）原位测试法。

几种常用的原位测试方法有载荷试验、十字板剪切试验、静力触探试验、标准贯入试验和旁压试验。现场原位测试可减小对软土原状结构的扰动，取得比较准确的试验数据。

（3）经验法。

根据对本地区土层分布和性质的了解，参照已有建筑物的经验，辅以简单的勘察就可确定地基的承载力。

四、软土地基变形计算

软土地基可用分层总和法求出软土的地基变形量。

（1）求压缩指数

$$C_c = \frac{e_1 - e_2}{\lg\sigma_2 - \lg\sigma_1} = \frac{e_1 - e_2}{\lg\dfrac{\sigma_2}{\sigma_1}} \qquad (10-6)$$

式中 C_c——压缩指数，无量纲；C_c 越大，压缩性就越大；

e_1——土样在有效压力 σ_1 作用下的孔隙比；

e_2——土样在有效压力增至 σ_2 时的孔隙比。

（2）求孔隙率

$$e_2 = e_1 - C_c\lg\frac{\sigma_2}{\sigma_1} \qquad (10-7)$$

（3）求软土地基变形量 ΔS

$$\Delta S = \frac{e_1 - e_2}{1 + e_1}\Delta h \Rightarrow \Delta S = \frac{\Delta h}{1 + e_1}C_c\lg\frac{\sigma_2}{\sigma_1} \qquad (10-8)$$

第三节　湿陷性黄土地基

湿陷性土是指非饱和的结构不稳定土，在一定压力作用下受水浸湿时，其结构迅速被破

坏，并发生显著的附加下沉。凡在上覆土的自重应力下受水浸湿发生湿陷的，称为自重湿陷性土。凡在上覆土的自重应力下受水浸不发生湿陷的，称为非自重湿陷性土，它们必须在土自重应力和由外部荷载所引起的附加应力的共同作用下受水浸湿才会发生湿陷。

在地球上，大多数地区几乎都存在湿陷性土，主要有风积的砂和黄土（含次生的黄土状土）、疏松的填土和冲积土以及由黄岗岩和其他酸性岩浆岩风化而成的残积土，此外，还有来源于火山灰沉积物、石膏质土、由可溶盐胶结的松砂、分散性黏土、钠蒙脱石黏土以及某些盐渍土等，其中又以湿陷性黄土为主。世界各大洲的湿陷性黄土主要分布在中纬度干旱和半干旱地区的大陆内部、温带荒漠和半荒漠地区的外缘，以及分布于第四纪冰川地区的外缘，在俄罗斯、中国和美国的分布面积较大。

一、湿陷性黄土地基的湿陷等级

表 10-2　湿陷性黄土地基的湿陷等级

湿陷类型　Δ_{zs} /mm　Δ_s /mm	非自重湿陷性场地	自重湿陷性场地	
	$\Delta_{zs} \leqslant 70$	$70 < \Delta_{zs} \leqslant 350$	$\Delta_{zs} > 350$
$\Delta_{zs} \leqslant 300$	Ⅰ（轻微）	Ⅱ（中等）	—
$300 < \Delta_s \leqslant 700$	Ⅱ（中等）	Ⅱ（中等）或Ⅲ（严重）	Ⅲ（严重）
$\Delta_s > 700$	Ⅱ（中等）	Ⅲ（严重）	Ⅳ（很严重）

注：当湿陷量的计算值 $\Delta_s > 600$ mm、自重湿陷量的计算值 $\Delta_{zs} > 300$ mm 时，可判为Ⅲ级，其他情况可判为Ⅱ级。

二、湿陷性黄土地基承载力计算

（1）地基承载力基本特征值 f_0。

1）对晚更新世 Q_3、全新世 Q_4^1 湿陷性黄土、新近堆积黄土地基上的各类建筑饱和黄土地基上的乙、丙类建筑，可根据土的物理力学性质指标的平均值或建议值，查表10-3～表10-6确定。

表 10-3　晚更新世 Q_3、全新世 Q_4^1 湿陷性黄土承载力 f_0　　（单位：kPa）

w_L/e	w （%）				
	<13	16	19	22	25
22	180	170	150	130	110
25	190	180	160	140	120
28	210	190	170	150	130
31	230	210	190	170	150
34	250	230	210	190	170
37	—	250	230	210	190

注：对小于塑限含水量的土，宜按塑限含水量确定土的承载力。

表 10-4　新近堆积黄土 Q_4^2 承载力 f_0（一）　　（单位：kPa）

a/MPa^{-1}	w/w_L					
	0.4	0.5	0.6	0.7	0.8	0.9
0.2	148	143	138	133	128	123

a/MPa^{-1}	w/w_{L}					
	0.4	0.5	0.6	0.7	0.8	0.9
0.4	136	132	126	122	116	112
0.6	125	120	115	110	105	100
0.8	115	110	105	100	95	90
1.0	—	100	95	90	85	80
1.2	—	—	85	80	75	70
1.4	—	—	—	70	65	60

注：压缩系数 a 值，可取 50~150 kPa 或 100~200 kPa 压力下的大值。

表 10-5　新近堆积黄土 Q_4^2 承载力 f_0（二）　　（单位：kPa）

p_{s}/MPa	0.3	0.7	1.1	1.5	1.9	2.3	2.8	3.3
f_0	55	75	92	108	124	140	161	182

表 10-6　新近堆积黄土 Q_4^2 承载力 f_0（三）　　（单位：kPa）

N_{10}（锤击数）	7	11	15	19	23	27
f_0	80	90	100	110	120	135

2）对饱和黄土地基上的甲类建筑和乙类建筑中 10 层以上的高层建筑，宜采用静载荷试验确定。

3）对丁类建筑，可根据邻近建筑的施工经验确定。

（2）地基承载力特征值 f_{ak}。

地基承载力特征值 f_{ak} 可用载荷试验或其他原位测试、公式计算，并结合工程实践经验等方法综合确定，也可按下式计算

$$f_{\text{ak}} = \psi_{\text{f}} f_0 \tag{10-9}$$

式中　ψ_{f}——回归修正系数，对湿陷性黄土地基上的各类建筑与饱和黄土地基上的一般建筑，

ψ_{f} 宜取 1；对饱和黄土地基上的甲类建筑和乙类中的重要建筑，ψ_{f} 应按 $\psi_{\text{f}} = 1 -$

$\left(\dfrac{2.884}{\sqrt{n}} + \dfrac{7.918}{n^2}\right)\delta$ 计算确定，其中 δ 为变异系数。

（3）修正后的承载力特征值 f_{a}

$$f_{\text{a}} = f_{\text{ak}} + \eta_{\text{b}}\gamma\,(b-3) + \eta_{\text{d}}\gamma_0\,(d-1.5) \tag{10-10}$$

式中　f_{a}——地基承载力经基础宽度和基础埋深修正后的特征值（kPa）；

f_{ak}——地基承载力特征值（kPa）；

η_{b}、η_{d}——基础宽度和埋置深度的地基承载力修正系数；

γ——基底以下土的重度，地下水位以下取有效重度（kN/m³）；

γ_0——基底以上土的加权平均重度，地下水位以下取有效重度（kN/m³）；

b——基础底面宽度（m），当基底宽度小于 3 m 时按 3 m 计，大于 6 m 时按 6 m 计；

d——基础埋置深度（m），当基础埋深小于 1.5 m 时，按 1.5 m 计。

三、湿陷性黄土地基变形计算

湿陷性黄土地基的沉降量，包括压缩变形和湿陷变形两部分，即

$$s = s_h + s_w \tag{10-11}$$

$$s_w = \sum_{i=1}^{n} \frac{\Delta e_i}{1 + e_{1i}} h_i \tag{10-12}$$

式中　s——黄土地基总沉降量（mm）；

　　　s_h——天然含水量黄土未浸水的沉降量（mm）；

　　　s_w——黄土浸水后的湿陷变形量（mm）；

　　　Δe_i——在相应的附加压力作用下，第 i 层土样浸水前后孔隙比的变化；

　　　e_{1i}——第 i 层土样浸水前的孔隙比；

　　　h_i——第 i 层黄土的厚度（mm）。

四、湿陷性黄土地基的处理方法

湿陷性黄土地基的处理方法见表10-7。

表10-7　湿陷性黄土地基常用的处理方法

名　称		适 用 范 围	一般可处理（或穿透）基底下的湿陷性土层厚度/m
垫层法		地下水位以上，局部或整片处理	1~3
夯实法	强夯	$S_r < 60\%$ 的湿陷性黄土，局部或整片处理	3~6
	重夯		1~2
挤密法		地下水位以上，局部或整片处理	5~15
桩基础		基础荷载大，有可靠的持力层	≤30
预浸水法		Ⅲ、Ⅳ级自重湿陷性黄土场地，6 m 以上尚应采用垫层等方法处理	可消除地面下 6 m 以下全部土层的湿陷性
单液硅化或碱液加固法		一般用于加固地下水位以上的已有建筑物地基	≤10 单液硅化加固的最大深度可达 20 m

第四节　膨胀土地基

一、膨胀土的概念

膨胀土一般是指黏粒成分主要由强亲水性的蒙脱石和伊利石矿物组成，具有显著吸水膨胀和失水收缩性能的黏性土。

二、膨胀土的特性

（1）胀缩性。膨胀土吸水体积膨胀，使建筑物隆起，如果膨胀受阻即产生膨胀力，失水体积收缩，造成土体开裂，并使建筑物下沉。土中蒙脱石含量越多，膨胀量和膨胀力就越大。土的初始含水量越低，膨胀量与膨胀力也越大。击实土比原状土大，密度值高，膨胀性也越大。

（2）崩解性。膨胀土浸水后体积膨胀，发生崩解，强膨胀土浸水后几分钟即完全崩解。弱膨胀土崩解缓慢且不完全。

（3）多裂隙性。膨胀土中的裂隙，主要分为垂直裂隙、水平裂隙和斜交裂隙三种类型。这些裂隙将土层分割成具有一定几何形状的块体，破坏了土体的完整性，容易造成边坡塌滑。

（4）超固结性。膨胀土大多具有超固结性，天然孔隙比小，密实度大，初始结构强度高。

（5）风化特性。膨胀土受气候因素影响很敏感，极易产生风化破坏作用，基坑开挖后，在风力作用下，土体很快会产生碎裂、剥落，结构遭到破坏，强度降低。受大气、风作用影响深度各地不完全一样，云南、四川、广西地区在地表下 3~5 m；其他地区在 2 m 左右。

（6）强度衰减性。膨胀土的抗剪强度为典型的变动强度，具有极高的峰值，而残余强度又极低，由于膨胀土的超固结性，初期强度极高，现场开挖很困难。然而由于胀缩效应和风化作用时间增加，抗剪强度大幅度衰减。在风化带以内，湿胀干缩效应显著，经过多次湿胀干缩循环以后，特别是黏聚力 c 大幅度下降，而内摩擦角 φ 变化不大，一般反复循环 2~3 次以后趋于稳定。

三、膨胀土地基设计

（一）地基膨胀等级划分

地基膨胀等级划分见表10-8。

（二）地基承载力

膨胀土地基承载力见表10-9。

表10-8　地基膨胀等级划分

地基分级变形量 s_c/mm	级　别
$15 \leqslant s_c < 35$	I
$35 \leqslant s_c < 70$	II
$s_c > 70$	III

注：膨胀土地基分级变形量应按式（10-13）~式（10-15）计算，式中膨胀率采用的压力应为 50 MPa。

表10-9　膨胀土地基承载力　　　　　　　（单位：kPa）

含水比 α_w ＼ 孔隙比 e	0.6	0.9	1.1
<0.5	350	280	200
0.5~0.6	300	220	170
0.6~0.7	250	200	150

（三）按变形进行膨胀土地基设计

按变形控制进行膨胀土地基设计时应满足下列要求

$$s_j \leqslant [s_j] \tag{10-13}$$

式中　s_j——天然地基或人工地基及采用其他处理措施后的地基变形量计算值（mm）；

$[s_j]$——建筑物的膨胀土地基允许变形值（mm），可按表10-10采用。

表10-10　建筑物的膨胀土地基容许变形值

结构类型	相对变形		变形量 /mm
	种类	数值	
砖混结构	局部倾斜	0.001	15

（续）

结构类型	相对变形		变形量 /mm
	种类	数值	
房屋长度三到四开间及四角有构造柱或配筋砖混承重结构	局部倾斜	0.001 5	30
工业与民用建筑相邻柱基： （1）框架结构无填充墙时； （2）框架结构有填充墙时； （3）当基础不均匀升降时，不产生附加应力的结构	变形差 变形差 变形差	$0.001l$ $0.000 5l$ $0.003l$	30 20 40

注：l 为相邻柱基的中心距离（m）。

膨胀土地基的变形量，可按下列几种情况分别计算：

（1）当离地表下 1 m 处地基上的天然含水量等于或接近最小值时，或地面有覆盖且无蒸发可能时，以及建筑物在使用期间经常有水浸湿的地基，按膨胀变形量 s_e 计算。

（2）当离地表下 1 m 处地基土的天然含水量大于 1.2 倍塑限含水量时，或直接受高温作用时，按收缩变形量 s_s 计算。

（3）其他情况下按胀缩变形量计算。

当对膨胀土地基变形量进行取值时，应符合下列规定：

（1）膨胀变形量，应取基础某点的最大膨胀上升量。

（2）收缩变形量，应取基础某点的最大收缩下沉量。

（3）胀缩变形量，应取基础某点的最大膨胀上升量与最大收缩下沉量之和。

（4）变形差，应取相邻两基础的变形量之差。

（5）局部倾斜，应取砖混承重结构沿纵墙 6～10 m 内基础两点的变形量之差与其距离的比值。

下面分别说明膨胀土地基的膨胀变形量、收缩变形量和胀缩变形量的计算方法。

地基土的膨胀变形量 s_e 应按下式计算

$$s_e = \psi_e \sum_{i=1}^{n} \delta_{epi} h_i \tag{10-14}$$

式中　s_e——地基土的膨胀变形量（mm）；

ψ_e——计算膨胀变形量的经验系数，宜根据当地经验确定，若无可依据经验时，三层及三层以下建筑物，可采用 0.6；

δ_{epi}——基础底面下第 i 层土在该层土的平均自重压力与平均附加压力之和作用下的膨胀率，由室内试验确定；

h_i——第 i 层土的计算厚度（mm）；

n——自基础底面至计算深度内所划分的土层数（图 10-1a），计算深度应根据大气影响深度确定；有浸水可能时，可按浸水影响深度确定。

地基土的收缩变形量 s_s 应按下式计算

$$s_s = \psi_s \sum_{i=1}^{n} \lambda_{si} \Delta w_i h_i \tag{10-15}$$

式中 s_s——地基土的收缩变形量（mm）；

    ψ_s——计算收缩变形量的经验系数，宜根据当地经验确定，若无可依据经验时，三层及
三层以下建筑物，可采用0.8；

    λ_{si}——第 i 层土的收缩系数，应由室内试验确定；

    Δw_i——地基土收缩过程中，第 i 层土可能发生的含水量变化的平均值（以小数表示）；

    n——自基础底面至计算深度内所划分的土层数（图10-1b），计算深度可取大气影响深
度，当有热源影响时，应按热源影响深度确定。

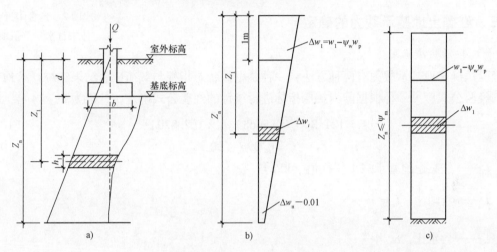

图 10-1   地基土变形计算示意

地基土的胀缩变形量 s 应按下式计算

$$s = \psi \sum_{i=1}^{n} (\delta_{epi} + \lambda_{si} \Delta w_i) h_i \tag{10-16}$$

式中 ψ——计算胀缩变形量的经验系数，可取0.7。

第五节   红黏土地基

一、红黏土的概念

红黏土包括原生红黏土和次生红黏土。颜色为棕红或褐黄，覆盖于碳酸盐岩系之上，其液
限大于或等于50%的高塑性黏土，称为原生红黏土。原生红黏土经搬运、沉积后仍保留其基
本特征，且其液限大于45%的黏土，可判定为次生红黏土。其形成通常是在炎热湿润气候条
件下的石灰岩、白云岩等碳酸盐岩系的裸露区，由于岩石在长期的化学风化作用（又称红土化
作用）下而形成。它常堆积于山麓坡地、丘陵、谷地等处。我国的红黏土以贵州、云南、广西
等省区最为典型，且分布较广。

二、红黏土的特性

红黏土具有高分散性，黏粒含量高，粒间胶体氧化铁具有较强的粘结力，并形成团粒。因
此反映出具有高塑性的特征，特别是液限 w_L 比一般黏性土高，都在50%以上。

自然状态下的红黏土呈致密状态，无层理，表面受大气影响呈坚硬、硬塑状态。当失水后土体发生收缩，土体中出现裂缝。接近地表的裂缝呈竖向开口状，往深处逐渐减弱，呈网状微裂隙且闭合。由于裂隙的存在，土体整体性遭到破坏，总体强度大为削弱。此外，裂隙又促使深部失水。有些裂隙发展成为地裂，如图 10-2 所示。从图 10-2 中标出的裂缝周围含水量的等值线，可以看出在地裂缝附近含水量低于远处。

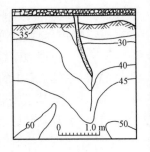

图 10-2　地裂附近土体中含水量等值线

三、红黏土地基承载力的确定

（一）按经验法确定

经验法确定地基承载力有两种方法：一种是根据状态指标与载荷试验结果经统计求地基承载力的经验公式；另一种根据静力触探指标进行统计的经验公式确定，分别为

$$f_0 = 121.8 \times (0.5968) I_r \times (2.820)^{\frac{1}{\alpha_w}} \tag{10-17}$$

$$f_0 = 0.09 p_s + 90 \tag{10-18}$$

式中　f_0——红黏土地基承载力特征值（kPa）；

I_r——液塑比，$I_r = \dfrac{w_L}{w_p}$；

α_w——含水比，$\alpha_w = \dfrac{w}{w_L}$；

p_s——静力触探比贯入阻力（kPa）。

（二）按公式确定

按承载力公式计算时，抗剪强度指标应由三轴压缩试验求得。当用直剪仪快剪指标时，计算参数应予以修正，对 c 值一般乘以 0.6~0.8 系数；对 φ 值乘以 0.8~1.0 系数。

四、红黏土地基处理

（一）不均匀地基处理

土层厚度不均匀的一般情况如图 10-3 所示。

不均匀地基的处理方法有以下几种方法：

（1）下卧岩层单向倾斜较大时可调整基础的深度、宽度或采用桩基等处理，如图 10-4 所示，将条形基础沿基岩的倾斜方向分段做成阶梯形，使地基变形趋于一致。

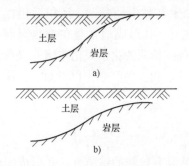

图 10-3　土层厚度不均匀情况

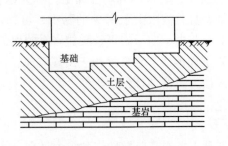

图 10-4　阶梯形基础

（2）对于大块孤石石芽、石笋或局部岩层出露等情况宜在基础与岩石接触的部位将岩石露头削低，做厚度不小于 50 cm 的褥垫，如图 10-5 所示，再根据土质情况，结合结构措施综合处理。

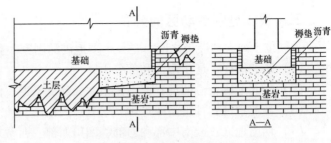

图 10-5　褥垫构造

（二）土中裂缝的问题

（1）土中出现的细微网状裂缝可使抗剪强度降低 50% 以上，主要影响土体的稳定性。所以，当承受较大水平荷载或外侧地面倾斜、有临空面等情况时，应验算其稳定性。当仅受竖向荷载时，应适当折减地基承载力。

（2）土中深长的地裂缝对工程危害极大。地裂缝长可达数千米，深可达 8 ~ 9 m。其上的建筑都会受到不同程度的损坏，不是一般工程措施可治理的，因此原则上应避开地裂缝地区。

（三）胀缩性问题

红黏土的收缩特性，能引起建筑物的损坏，特别是对一些低层建筑影响较大，所以应采取有效的防水措施。

第六节　地震区的地基基础问题

一、地震的概念

地震是由内力地质作用和外力地质作用引起的地壳振动现象的总称。据统计，全世界每年约发生 500 万次地震，其中破坏性地震约 140 余次，造成严重破坏的地震平均每年约十几次。

二、地震的成因类型

地震的成因类型如图 10-6 所示。

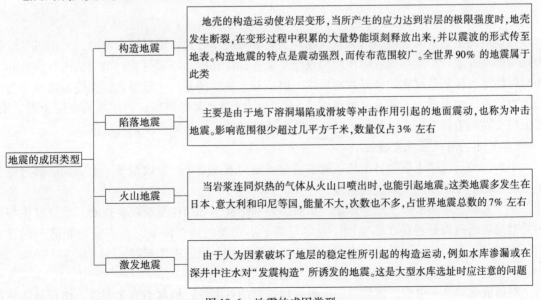

图 10-6　地震的成因类型

三、我国地震活动区的分布

我国位于两大地震带之间，是一个多地震的国家。我国的主要地震活动区分为以下几种：

（1）东北地区：辽宁南部和部分山区。

（2）华北地区：汾渭河谷、山西东北、河北平原、山东中部到渤海地区。

（3）西北地区：甘肃河西走廊、宁夏、天山南北麓。

（4）西南地区：云南中部和西部、四川西部、西藏东南部。

（5）东南地区：我国台湾及其附近的海域，福建、广东的沿海地区。

四、地基基础抗震设计原则

（一）选择有利的建筑场地

参照地震烈度区划资料，结合地质调查和勘察，查明场地土质条件、地质构造和地形特征，尽量选择有利地段，避开不利地段，不得在危险地段进行建设。实践证明，在高烈度地区往往可以找到低烈度地段作为建筑场地，反之亦然，不可不慎。

（二）加强基础的防震性能

基础在整个建筑物中一般是刚度比较大的组成部分，又因处于建筑物的最低部位，周围还有土层的限制，因而振幅较小，故基础本身受到的震害总是较轻的。一般认为，如果地基良好，在7~8度烈度下，基础本身强度可不加核算。加强基础防震性能的目的主要是减轻上部结构的震害。

（三）加强基础和上部结构的整体性

加强基础与上部结构的整体作用可采用的措施有以下几种：

（1）在内外墙下室内地坪标高处加一道连续的闭合地梁。

（2）对一般砖混结构的防潮层采用防水砂浆代替油毡。

（3）上部结构采用组合柱时，柱的下端应与地梁牢固连接。

（4）当地基土质较差时，还宜在基底配置构造钢筋。

五、地基抗震措施

（一）软弱黏性土地基抗震措施

当地基的主要受力层范围内有软弱黏性土层时，应结合具体情况综合考虑；采用桩基或各种地基处理方法，扩大基础底面积和加设地基梁、加深基础、减轻荷载、增加结构整体性和均衡对称性等。桩基是抗震的良好基础形式，但应补充说明的是，一般竖直桩抵抗地震水平荷载的能力较差，如承载力不够，可加斜桩或加深承台埋深并紧密回填；当地基为成层土时，松、密土层交界面上易于出现错动，为防止钻孔灌注桩开裂，在该处应配置构造钢筋。

（二）不均匀地基抗震措施

不均匀地基包括土质明显不均、有古河道或暗沟通过及半挖半填地带。土质偏弱部分可参照上述软黏土处理原则采取抗震措施。

鉴于大部分地裂来源于地层错动，单靠加强基础或上部结构是难以奏效的。地裂发生与否的关键是场地四周是否存在临空面。要尽量填平不必要的残存沟渠，在明渠两侧适当设置支挡，或代以排水暗渠；尽量避免在建筑物四周开沟挖坑，以防患于未然。

（三）可液化地基抗震措施

对可液化地基采取的抗液化措施应根据建筑物的重要性、地基的液化等级，结合具体情况综合确定，选择全部或部分消除液化沉陷、基础和上部结构处理等措施，或不采取措施等。

附录　附加应力系数 α 和平均附加应力系数 $\bar{\alpha}$

1. 矩形面积上均布荷载作用下角点的附加应力系数 α 见表附录-1、平均附加应力系数 $\bar{\alpha}$ 见表附录-2。

表附录-1　矩形面积上均布荷载作用下角点附加应力系数 α

z/b	l/b											
	1.0	1.2	1.4	1.6	1.8	2.0	3.0	4.0	5.0	6.0	10.0	条形
0.0	0.250	0.250	0.250	0.250	0.250	0.250	0.250	0.250	0.250	0.250	0.250	0.250
0.2	0.249	0.249	0.249	0.249	0.249	0.249	0.249	0.249	0.249	0.249	0.249	0.249
0.4	0.240	0.242	0.243	0.243	0.244	0.244	0.244	0.244	0.244	0.244	0.244	0.244
0.6	0.223	0.228	0.230	0.232	0.232	0.233	0.234	0.234	0.234	0.234	0.234	0.234
0.8	0.200	0.207	0.212	0.215	0.216	0.218	0.220	0.220	0.220	0.220	0.220	0.220
1.0	0.175	0.185	0.191	0.195	0.198	0.200	0.203	0.204	0.204	0.204	0.205	0.205
1.2	0.152	0.163	0.171	0.176	0.179	0.182	0.187	0.188	0.189	0.189	0.189	0.189
1.4	0.131	0.142	0.151	0.157	0.161	0.164	0.171	0.173	0.174	0.174	0.174	0.174
1.6	0.112.	0.124	0.133	0.140	0.145	0.148	0.157	0.159	0.160	0.160	0.160	0.160
1.8	0.097	0.108	0.117	0.124	0.129	0.133	0.143	0.146	0.147	0.148	0.148	0.148
2.0	0.084	0.095	0.103	0.110	0.116	0.120	0.131	0.135	0.136	0.137	0.137	0.137
2.2	0.073	0.083	0.092	0.098	0.104	0.108	0.121	0.125	0.126	0.127	0.128	0.128
2.4	0.064	0.073	0.081	0.088	0.093	0.098	0.111	0.116	0.118	0.118	0.119	0.119
2.6	0.057	0.065	0.072	0.079	0.084	0.089	0.102	0.107	0.110	0.111	0.112	0.112
2.8	0.050	0.058	0.065	0.071	0.076	0.080	0.094	0.100	0.102	0.104	0.105	0.105
3.0	0.045	0.052	0.058	0.064	0.069	0.073	0.087	0.093	0.096	0.097	0.099	0.099
3.2	0.040	0.047	0.053	0.058	0.063	0.067	0.081	0.087	0.090	0.092	0.093	0.094
3.4	0.036	0.042	0.048	0.053	0.057	0.061	0.075	0.081	0.085	0.086	0.088	0.089
3.6	0.033	0.038	0.043	0.048	0.052	0.056	0.069	0.076	0.080	0.082	0.084	0.084
3.8	0.030	3.035	0.040	0.044	0.048	0.052	0.065	0.072	0.075	0.077	0.080	0.080
4.0	0.027	0.032	0.036	0.040	0.044	0.048	0.060	0.067	0.071	0.073	0.076	0.076
4.2	0.025	0.029	0.033	0.037	0.041	0.044	0.056	0.063	0.067	0.070	0.072	0.073
4.4	0.023	0.027	0.031	0.034	0.038	0.041	0.053	0.060	0.064	0.066	0.069	0.070
4.6	0.021	0.025	0.028	0.032	0.035	0.038	0.049	0.056	0.061	0.063	0.066	0.067
4.8	0.019	0.023	0.026	0.029	0.032	0.035	0.046	0.053	0.058	0.060	0.064	0.064
5.0	0.018	0.021	0.024	0.027	0.030	0.033	0.043	0.050	0.055	0.057	0.061	0.062
6.0	0.013	0.015	0.017	0.020	0.022	0.024	0.033	0.039	0.043	0.046	0.051	0.052
7.0	0.009	0.011	0.013	0.015	0.016	0.018	0.025	0.031	0.035	0.038	0.043	0.045
8.0	0.007	0.009	0.010	0.011	0.013	0.014	0.020	0.025	0.028	0.031	0.037	0.039
9.0	0.006	0.007	0.008	0.009	0.010	0.011	0.016	0.020	0.024	0.026	0.032	0.035
10.0	0.005	0.006	0.007	0.007	0.008	0.009	0.013	0.017	0.020	0.022	0.028	0.032

z/b	l/b											
	1.0	1.2	1.4	1.6	1.8	2.0	3.0	4.0	5.0	6.0	10.0	条形
12.0	0.003	0.004	0.005	0.005	0.006	0.006	0.009	0.012	0.014	0.017	0.022	0.026
14.0	0.002	0.003	0.003	0.004	0.004	0.005	0.007	0.009	0.011	0.013	0.018	0.023
16.0	0.002	0.002	0.003	0.003	0.003	0.004	0.005	0.007	0.009	0.010	0.014	0.020
18.0	0.001	0.002	0.002	0.002	0.003	0.003	0.004	0.006	0.007	0.008	0.012	0.018
20.0	0.001	0.001	0.002	0.002	0.002	0.002	0.004	0.005	0.006	0.007	0.010	0.016
25.0	0.001	0.001	0.001	0.001	0.001	0.001	0.002	0.003	0.004	0.004	0.007	0.013
30.0	0.001	0.001	0.001	0.001	0.001	0.001	0.002	0.002	0.003	0.002	0.005	0.011
35.0	0.000	0.000	0.001	0.001	0.001	0.001	0.001	0.002	0.002	0.002	0.004	0.009
40.0	0.000	0.000	0.000	0.000	0.001	0.001	0.001	0.001	0.001	0.002	0.003	0.008

注：l 为基础长度（m）；b 为基础宽度（m）；z 为计算点距基础底面垂直距离（m）。

表附录-2　矩形面积上均布荷载作用下角点的平均附加应力系数 $\bar{\alpha}$

z/b ＼ l/b	1.0	1.2	1.4	1.6	1.8	2.0	2.4	2.8	3.2	3.6	4.0	5.0	10.0
0.0	0.2500	0.2500	0.2500	0.2500	0.2500	0.2500	0.2500	0.2500	0.2500	0.2500	0.2500	0.2500	0.2500
0.2	0.2496	0.2497	0.2497	0.2498	0.2498	0.2498	0.2498	0.2498	0.2498	0.2498	0.2498	0.2498	0.2498
0.4	0.2474	0.2479	0.2481	0.2483	0.2483	0.2484	0.2485	0.2485	0.2485	0.2485	0.2485	0.2485	0.2485
0.6	0.2423	0.2437	0.2444	0.2448	0.2451	0.2452	0.2454	0.2455	0.2455	0.2455	0.2455	0.2455	0.2456
0.8	0.2346	0.2372	0.2387	0.2395	0.2400	0.2403	0.2407	0.2408	0.2409	0.2409	0.2410	0.2410	0.2410
1.0	0.2252	0.2291	0.2313	0.2326	0.2335	0.2340	0.2346	0.2349	0.2351	0.2352	0.2352	0.2353	0.2353
1.2	0.2149	0.2199	0.2229	0.2248	0.2260	0.2268	0.2278	0.2282	0.2285	0.2286	0.2287	0.2288	0.2289
1.4	0.2043	0.2102	0.2140	0.2164	0.2180	0.2191	0.2204	0.2211	0.2215	0.2217	0.2218	0.2220	0.2221
1.6	0.1939	0.2006	0.2049	0.2079	0.2099	0.2113	0.2130	0.2138	0.2143	0.2146	0.2148	0.2150	0.2152
1.8	0.1840	0.1912	0.1960	0.1994	0.2018	0.2034	0.2055	0.2066	0.2073	0.2077	0.2079	0.2082	0.2084
2.0	0.1746	0.1822	0.1875	0.1912	0.1938	0.1958	0.1982	0.1996	0.2004	0.2009	0.2012	0.2015	0.2018
2.2	0.1659	0.1737	0.1793	0.1833	0.1862	0.1883	0.1911	0.1927	0.1937	0.1943	0.1947	0.1952	0.1955
2.4	0.1578	0.1657	0.1715	0.1757	0.1789	0.1812	0.1843	0.1862	0.1873	0.1880	0.1885	0.1890	0.1895
2.6	0.1503	0.1583	0.1642	0.1686	0.1719	0.1745	0.1779	0.1799	0.1812	0.1820	0.1825	0.1832	0.1838
2.8	0.1433	0.1514	0.1574	0.1619	0.1654	0.1680	0.1717	0.1739	0.1753	0.1763	0.1769	0.1777	0.1784
3.0	0.1369	0.1449	0.1510	0.1556	0.1592	0.1619	0.1658	0.1682	0.1698	0.1708	0.1715	0.1725	0.1733
3.2	0.1310	0.139u	0.1450	0.1497	0.1533	0.1562	0.1602	0.1628	0.1645	0.1657	0.1664	0.1675	0.1685
3.4	0.1256	0.1334	0.1394	0*1441	0.1478	0.1508	0.1550	0.1577	0.1595	0.1607	0.1616	0.1628	0.1639
3.6	0.1205	0.1282	0.1342	0.1389	0.1427	0.1456	0.1500	0.1528	0.1548	0.1561	0.1570	0.1583	0.1595
3.8	0.1158	0.1234	0.1293	0.1340	0.1378	0.1408	0.1452	0.1482	0.1502	0.1516	0.1526	0.1541	0.1554
4.0	0.1114	0.1189	0.12.48	0.1294	0.1332	0.1362	0.1408	0.1438	0.1459	0.1474	0.1485	0.1500	0.1516
4.2	0.1073	0.1147	0.1205	0.1251	0.1289	0.1319	0.1365	0.1396	0.1418	0.1434	0.1445	0.1462	0.1479
4.4	0.1035	0.1107	0.1164	0.1210	0.1248	0.1279	0.1325	0.1357	0.1379	0.1396	0.1407	0.1425	0.1444

l/b z/b	1.0	1.2	1.4	1.6	1.8	2.0	2.4	2.8	3.2	3.6	4.0	5.0	10.0
4.6	0.1000	0.1070	0.1127	0.1172	0.1209	0.1240	0.1287	0.1319	0.1342	0.1359	0.1371	0.1390	0.1410
4.8	0.0967	0.1036	0.1091	0.1136	0.1173	0.1204	0.1250	0.1283	0.1307	0.1324	0.1337	0.1357	0.1379
5.0	0.0935	0.1003	0.1057	0.1102	0.1139	0.1169	0.1216	0.1249	0.1273	0.1291	0.1304	0.1325	0.1348
5.2	0.0906	0.0972	0.1026	0.1070	0.1106	0.1136	0.1183	0.1217	0.1241	0.1259	0.1273	0.1295	0.1320
5.4	0.0878	0.0943	0.0996	0.1039	0.1075	0.1105	0.1152	0.1186	0.1211	0.1229	0.1243	0.1265	0.1292
5.6	0.0852	0.0916	0.0968	0.1010	0.1046	0.1076	0.1122	0.1156	0.1181	0.1200	0.1215	0.1238	0.1266
5.8	0.0828	0.0890	0.0941	0.0983	0.1018	0.1047	0.1094	0.1128	0.1153	0.1172	0.1187	0.1211	0.1240
6.0	0.0805	0.0866	0.0916	0.0957	0.0991	0.1021	0.1067	0.1101	0.1126	0.1146	0.1161	0.1185	0.1216
6.2	0.0783	0.0842	0.0891	0.0932	0.0966	0.0995	0.1041	0.1075	0.1101	0.1120	0.1136	0.1161	0.1193
6.4	0.0762	0.0820	0.0869	0.0909	0.0942	0.0971	0.1016	0.1050	0.1076	0.1096	0.1111	0.1137	0.1171
6.6	0.0742	0.0799	0.0847	0.0886	0.0919	0.0948	0.0993	0.1027	0.1053	0.1073	0.1088	0.1114	0.1149
6.8	0.0723	0.0779	0.0826	0.0865	0.0898	0.0926	0.0970	0.1004	0.1030	0.1050	0.1066	0.1092	0.1129
7.0	0.0705	0.0761	0.0806	0.0844	0.0877	0.0904	0.0949	0.0982	0.1008	0.1028	0.1044	0.1071	0.1109
7.2	0.0688	0.0742	0.0787	0.0825	0.0857	0.0884	0.0928	0.0962	0.0987	0.1008	01023	0.1051	0.1090
7.4	0.0672	0.0725	0.0769	0.0806	0.0838	0.0865	0.0908	0.0942	0.0967	0.0988	0.1004	0.1031	0.1071
7.6	0.0656	0.0709	0.0752	0.0789	0.0820	0.0846	0.0889	0.0922	0.0948	0.0968	0.0984	0.1012	0.1054
7.8	0.0642	0.0693	0.0736	0.0771	0.0802	0.0828	0.0871	0.0904	0.0929	0.0950	0.0966	0.0994	0.1036
8.0	0.0627	0.0678	0.0720	0.0755	0.0785	0.0811	0.0853	0.0886	0.0912	0,0932	0.0948	0.0976	0.1020
8.2	0.0614	0.0663	0.0705	0.0739	0.0769	0.0795	0.0837	0.0869	0.0894	0.0914	0.0931	0.0959	0.1004
8.4	0.0601	0.0649	0.0690	0.0724	0.0754	0.0779	0.0820	0.0852	0.0878	0.0893	0.0914	0.0943	0.0938
8.6	0.0588	0.0636	0.0676	0.0710	0.0739	0.0764	0.0805	0.0836	0.0862	0.0882	0.0898	0.0927	0.0973
8.8	0.0576	0.0623	0.0663	0.0696	0.0724	0.0749	0.0790	0.0821	0.0846	0.0866	0.0882	0.0912	0.0959
9.2	0.0554	0.0599	0.0637	0.0670	0.0697	0.0721	0.0761	0.0792	0.0817	0.0837	0.0853	0.0882	0.0931
9.6	0.0533	0.0577	0.0614	0.0645	0.0672	0.0696	0.0734	0.0765	0.0789	0.0809	0.0825	0.0855	0.0905
10.0	0.0514	0.0556	0.0592	0.0622	0.0649	0.0672	0.0710	0.0739	0.0763	0.0783	0.0799	0.0829	0.0880
10.4	0.0496	0.0537	0.0572	0.0601	0.0627	0.0649	0.0686	0.0716	0.0739	0.0759	0.0775	0.0804	0.0857
10.8	0.0479	0.0519	0.0553	0.0581	0.0606	0.0628	0.0664	0.0693	0.0717	0.0736	0.0751	0.0781	0.0834
11.2	0,0463	0.0502	0.0535	0.0563	0.0587	0.0609	0.0644	0.0672	0.0695	0.0714	0.0730	0.0759	0.0813
11.6	0.0448	0.0486	0.0518	0.0545	0.0569	0.0590	0.0625	0.0652	0.0675	0.0694	0.0709	0.0738	0.0793
12.0	0.0435	0.0471	0.0502	0.0529	0.0552	0.0573	0.0606	0.0634	0.0656	0.0674	0.0690	0.0719	0.0774
12.8	0.0409	0.0444	0.0474	0.0499	0.0521	0.0541	0.0573	0.0599	0.0621	0.0639	0.0654	0.0682	0.0739
13.6	0.0387	0.0420	0.0448	0.0472	0.0493	0.0512	0.0543	0.0568	0.0589	0.0607	0.0621	0.0649	0.0707
14.4	0.0367	0.0398	0.0425	0.0448	0.0468	0.0486	0.0516	0.0540	0.0561	0.0577	0.0592	0.0619	0.0677
15.2	0.0349	0.0379	0.0404	0.0426	0.0446	0.0463	0.0492	0.0515	0.0535	0.0551	0.0565	0.0592	0.0650
16.0	0.0332	0.0361	0.0385	0.0407	0.0425	0.0442	0.0469	0.0492	0.0511	0.0527	0.0540	0.0567	0.0625
18.0	0.0297	0.0323	0.0345	0.0364	0.0381	0.0396	0.0422	0.0442	0.0460	0.0475	0.0487	0.0512	0.0570
20.0	0.0269	0.0292	0.0312	0.0330	0.0345	0.0359	0.0383	0.0402	0.0418	0.0432	0.0444	0.0468	0.0524

2. 矩形面积上三角形分布荷载作用下的附加应力系数 α 和平均附加应力系数 $\bar{\alpha}$ 见表附录-3。

3. 圆形面积上均布荷载作用下中点的附加应力系数 α 和平均附加应力系数 $\bar{\alpha}$ 见表附录-4。

4. 圆形面积上三角形分布荷载作用下边点的附加应力系数 α 和平均附加应力系数 $\bar{\alpha}$ 见表附录-5。

表附录-3　矩形面积上三角形分布荷载作用下的附加应力系数 α 和平均附加应力系数 $\bar{\alpha}$

l/b	0.2				0.4				0.6			
点系数	1		2		1		2		1		2	
z/b	α	$\bar{\alpha}$	α	$\bar{\alpha}$	α	$\bar{\alpha}$	α	$\bar{\alpha}$	α	$\bar{\alpha}$	α	$\bar{\alpha}$
0.0	0.0000	0.0000	0.2500	0.2500	0.0000	0.0000	0.2500	0.2500	0.0000	0.0000	0.2500	0.2500
0.2	0.0223	0.0112	0.1821	0.2161	0.0280	0.0140	0.2115	0.2308	0.0296	0.0148	0.2165	0.2333
0.4	0.0269	0.0179	0.1094	0.1810	0.0420	0.0245	0.1604	0.2084	0.0487	0.0270	0.1781	0.2153
0.6	0.0259	0.0207	0.0700	0.1505	0.0448	0.0308	0.1165	0.1851	0.0560	0.0355	0.1405	0.1966
0.8	0.0232	0.0217	0.0480	0.1277	0.0421	0.0340	0.0853	0.1640	0.0553	0.0405	0.1093	0.1787
1.0	0.0201	0.0217	0.0346	0.1104	0.0375	0.0351	0.0638	0.1461	0.0508	0.0430	0−0852	0.1624
1.2	0.0171	0.0212	0.0260	0.0970	0.0324	0.0351	0.0491	0.1312	0.0450	0.0439	0.0673	0.1480
1.4	0.0145	0.0204	0.0202	0.0865	0.0278	0.0344	0.0386	0.1187	0.0392	0.0436	0.0540	0.1356
1.6	0.0123	0.0195	0.0160	0.0779	0.0238	0.0333	0.0310	0.1082	0.0339	0.0427	0.0440	0.1247
1.8	0.0105	0.0186	0.0130	0.0709	0.0204	0.0321	0.0254	0.0993	0.0294	0.0415	0.0363	0.1153
2.0	0.0090	0.0178	0.0108	0.0650	0.0176	0.0308	0.0211	0.0917	0.0255	0.0401	0.0304	0.1071
2.5	0.0063	0.0157	0.0072	0.0538	0.0125	0.0276	0.0140	0.0769	0.0183	0.0365	0.0205	0.0908
3.0	0.0046	0.0140	0.0051	0.0458	0.0092	0.0248	0.0100	0.0661	0.0135	0.0330	0.0148	0.0786
5.0	0.0018	0.0097	0.0019	0.0289	0.0036	0.0175	0.0038	0.0424	0.0054	0.0236	0.0056	0.0476
7.0	0.0009	0.0073	0.0010	0.0211	0.0019	0.0133	0.0019	0.0311	0.0028	0.0180	0.0029	0.0352
10.0	0.0005	0.0053	0.0004	0.0150	0.0009	0.0097	0.0010	0.0222	0.0014	0.0133	0.0014	0.0253
l/b	0.8				1.0				1.2			
点系数	1		2		1		2		1		2	
z/b	α	$\bar{\alpha}$	α	$\bar{\alpha}$	α	$\bar{\alpha}$	α	$\bar{\alpha}$	α	$\bar{\alpha}$	α	$\bar{\alpha}$
0.0	0.0000	0.0000	0.2500	0.2500	0.0000	0.0000	0.2500	0.2500	0.0000	0.0000	0.2500	0.2500
0.2	0.0301	0.0151	0.2178	0.2339	0.0304	0.0152	0.2182	0.2341	0.0305	0.0153	0.2184	0.2342
0.4	0.0517	0.0280	0.1844	0.2175	0.0531	0.0285	0.1870	0.2184	0.0539	0.0288	0.1881	0.2187
0.6	0.0621	0.0376	0.1520	0.2011	0.0654	0.0388	0.1575	0.2030	0.0673	0.0394	0.1602	0.2039
0.8	0.0637	0.0440	0.1232	0.1852	0.0688	0.0459	0.1311	0.1883	0.0720	0.0470	0.1355	0.1899
1.0	0.0602	0.0476	0.0996	0.1704	0.0666	0.0502	0.1086	0.1746	0.0708	0.0518	0.1143	0.1769
1.2	0.0546	0.0492	0.0807	0.1571	0.0615	0.0525	0.0901	0.1621	0.0664	0.0546	0.0962	0.1649
1.4	0.0483	0.0495	0.0661	0.1451	0.0554	0.0534	0.0751	0.1507	0.0606	0.0559	0.0817	0.1541

z/b	l/b=0.8 点1 α	ᾱ	点2 α	ᾱ	l/b=1.0 点1 α	ᾱ	点2 α	ᾱ	l/b=1.2 点1 α	ᾱ	点2 α	ᾱ
1.6	0.0424	0.0490	0.0547	0.1345	0.0492	0.0533	0.0628	0.1405	0.0545	0.0561	0.0696	0.1443
1.8	0.0371	0.0480	0.0457	0.1252	0.0435	0.0525	0.0534	0.1313	0.0487	0.0556	0.0596	0.1354
2.0	0.0324	0.0467	0.0387	0.1169	0.0384	0.0513	0.0456	0.1232	0.0434	0.0547	0.0513	0.1274
2.5	0.0236	0.0429	0.0265	0.1000	0.0284	0.0478	0.0318	0.1063	0.0326	0.0513	0.0365	0.1107
3.0	0.0176	0.0392	0.0192	0.0871	0.0214	0.0439	0.0233	0.0931	0.0249	0.0476	0.0270	0.0976
5.0	0.0071	0.0285	0.0074	0.0576	0.0088	0.0324	0.0091	0.0624	0.0104	0.0356	0.0108	0.0661
7.0	0.0038	0.0219	0.0038	0.0427	0.0047	0.0251	0.0047	0.0465	0.0056	0.0277	0.0056	0.0496
10.0	0.0019	0.0162	0.0019	0.0308	0.0023	0.0186	0.0024	0.0336	0.0028	0.0207	0.0028	0.0359

z/b	l/b=1.4 点1 α	ᾱ	点2 α	ᾱ	l/b=1.6 点1 α	ᾱ	点2 α	ᾱ	l/b=1.8 点1 α	ᾱ	点2 α	ᾱ
0.0	0.0000	0.0000	0.2500	0.2500	0.0000	0.0000	0.2500	0.2500	0.0000	0.0000	0.2500	0.2500
0.2	0.0305	0.0153	0.2185	0.2343	0.0306	0.0153	0.2185	0.2343	0.0306	0.0153	0.2185	0.2343
0.4	0.0543	0.0289	0.1886	0.2189	0.0545	0.0290	0.1889	0.2190	0.0546	0.0290	0.1891	0.2190
0.6	0.0684	0.0397	0.1616	0.2043	0.0690	0.0399	0.1625	0.2046	0.0694	0.0400	0.1630	0.2047
0.8	0.0739	0.0476	0.1381	0.1907	0.0751	0.0480	0.1396	0.1912	0.0759	0.0482	0.1405	0.1915
1.0	0.0735	0.0528	0.1176	0.1781	0.0753	0.0534	0.1202	0.1789	0.0766	0.0538	0.1215	0.1794
1.2	0.0698	0.0560	0.1007	0.1666	0.0721	0.0568	0.1037	0.1678	0.0738	0.0574	0.1055	0.1684
1.4	0.0644	0.0575	0.0864	0.1562	0.0672	0.0586	0.0897	0.1576	0.0692	0.0594	0.0921	0.1585
1.6	0.0586	0.0580	0.0743	0.1467	0.0616	0.0594	0.0780	0.1484	0.0639	0.0603	0.0806	0.1494
1.8	0.0528	0.0578	0.0644	0.1381	0.0560	0.0593	0.0681	0.1400	0.0585	0.0604	0.0705	0.1413
2.0	0.0474	0.0570	0.0560	0.1303	0.0507	0.0587	0.0596	0.1324	0.0533	0.0599	0.0625	0.1338
2.5	0.0362	0.0540	0.0405	0.1139	0.0393	0.0560	0.0440	0.1163	0.0419	0.0575	0.0469	0.1180
3.0	0.0280	0.0503	0.0303	0.1008	0.0307	0.0525	0.0333	0.1033	0.0331	0.0541	0.0359	0.1052
5.0	0.0120	0.0382	0.0123	0.0690	0.0135	0.0403	0.0139	0.0714	0.0148	0.0421	0.0154	0.0734
7.0	0.0064	0.0299	0.0066	0.0520	0.0073	0.0318	0.0074	0.0541	0.0081	0.0333	0.0083	0.0558
10.0	0.0033	0.0224	0.0032	0.0379	0.0037	0.0239	0.0037	0.0395	0.0041	0.0252	0.0042	0.0409

l/b=2.0 点1 α	ᾱ	点2 α	ᾱ	l/b=3.0 点1 α	ᾱ	点2 α	ᾱ	l/b=4.0 点1 α	ᾱ	点2 α	ᾱ	z/b
0.0000	0.0000	0.2500	0.2500	0.0000	0.0000	0.2500	0.2500	0.0000	0.0000	0.2500	0.2500	0.0
0.0306	0.0153	0.2185	0.2343	0.0306	0.0153	0.2186	0.2343	0.0306	0.0153	0.2186	0.2343	0.2
0.0547	0.0290	0.1892	0.2191	0.0548	0.0290	0.1894	0.2192	0.0549	0.0291	0.1894	0.2192	0.4
0.0696	0.0401	0.1633	0.2048	0.0701	0.0402	0.1638	0.2050	0.0702	0.0402	0.1639	0.2050	0.6

z/b	2.0 点系数 1 α	ᾱ	2 α	ᾱ	3.0 点系数 1 α	ᾱ	2 α	ᾱ	4.0 点系数 1 α	ᾱ	2 α	ᾱ	z/b
0.0764	0.0483	0.1412	0.1917	0.0773	0.0486	0.1423	0.1920	0.0776	0.0487	0.1424	0.1920	0.8
0.0774	0.0540	0.1225	0.1797	0.0790	0.0545	0.1244	0.1803	0.0794	0.0546	0.1248	0.1803	1.0
0.0749	0.0577	0.1069	0.1689	0.0774	0.0584	0.1096	0.1697	0.0779	0.0586	0.1103	0.1699	1.2
0.0707	0.0599	0.0937	0.1591	0.0739	0.0609	0.0973	0.1603	0.0748	0.0612	0.0982	0.1605	1.4
0.0656	0.0609	0.0826	0.1502	0.0697	0.0623	0.0870	0.1517	0.0708	0.0626	0.0882	0.1521	1.6
0.0604	0.0611	0.0730	0.1422	0.0652	0.0628	0.0782	0.1441	0.0666	0.0633	0.0797	0.1445	1.8
0.0553	0.0608	0.0649	0.1348	0.0607	0.0629	0.0707	0.1371	0.0624	0.0634	0.0726	0.1377	2.0
0.0440	0.0586	0.0491	0.1193	0.0504	0.0614	0.0559	0.1223	0.0529	0.0623	0.0585	0.1233	2.5
0.0352	0.0554	0.0380	0.1067	0.0419	0.0589	0.0451	0.1104	0.0449	0.0600	0.0482	0.1116	3.0
0.0161	0.0435	0.0167	0.0749	0.0214	0.0480	0.0221	0.0797	0.0248	0.0500	0.0256	0.0817	5.0
0.0089	0.0347	0.0091	0.0572	0.0124	0.0391	0.0126	0.0619	0.0152	0.0414	0.0154	0.0642	7.0
0.0046	0.0263	0.0046	0.0403	0.0066	0.0302	0.0066	0.0462	0.0084	0.0325	0.0083	0.0485	10.0

z/b	6.0 点系数 1 α	ᾱ	2 α	ᾱ	8.0 点系数 1 α	ᾱ	2 α	ᾱ	10.0 点系数 1 α	ᾱ	2 α	ᾱ
0.0	0.0000	0.0000	0.2500	0.2500	0.0000	0.000c	0.2500	0.2500	0.0000	0.0000	0.2500	0.2500
0.2	0.0306	0.0153	0.2186	0.2343	0.0306	0.0153	0.2186	0.2343	0.0306	0.0153	0.2186	0.2343
0.4	0.0549	0.0291	0.1894	0.2192	0.0549	0.0291	0.1894	0.2192	0.0549	0.0291	0.1894	0.2192
0.6	0.0702	0.0402	0.1640	0.2050	0.0702	0.0402	0.1640	0.2050	0.0702	0.0402	0.1640	0.2050
0.8	0.0776	0.0487	0.1426	0.1921	0.0776	0.0487	0.1426	0.1921	0.0776	0.0487	0.1426	0.1921
1.0	0.0795	0.0546	0.1250	0.1804	0.0796	0.0546	0.1250	0.1804	0.0796	0.0546	0.1250	0.1804
1.2	0.0782	0.0587	0.1105	0.1700	0.0783	0.0587	0.1105	0.1700	0.0783	0.0587	0.1105	0.1700
1.4	0.0752	0.0613	0.0986	0.1606	0.0752	0.0613	0.0987	0.1606	0.0753	0.0613	0.0987	0.1606
1.6	0.0714	0.0628	0.0887	0.1523	0.0715	0.0628	0.0888	0.1523	0.0715	0.0628	0.0889	0.1523
1.8	0.0673	0.0635	0.0805	0.1447	0.0675	0.0635	0.0806	0.1448	0.0675	0.0635	0.0808	0.1448
2.0	0.0634	0.0637	0.0734	0.1380	0.0636	0.0638	0.0736	0.1380	0.0636	0.0638	0.0738	0.1380
2.5	0.0543	0.0627	0.0601	0.1237	0.0547	0.0628	0.0604	0.1238	0.0548	0.0628	0.0605	0.1239
3.0	0.0469	0.0607	0.0504	0.1123	0.0474	0.0609	0.0509	0.1124	0.0476	0.0609	0.0511	0.1125
5.0	0.0283	0.0515	0.0290	0.0833	0.0296	0.0519	0.0303	0.0837	0.0301	0.0521	0.0309	0.0839
7.0	0.0186	0.0435	0.0190	0.0663	0.0204	0.0442	0.0207	0.0671	0.0212	0.0445	0.0216	0.0674
10.0	0.0111	0.0349	0.0111	0.0509	0.0128	0.0359	0.0130	0.0520	0.0139	0.0364	0.0141	0.0526

表附录-4 圆形面积上均布荷载作用下中点的附加应力系数 α 与平均附加应力系数 $\bar{\alpha}$

z/r	圆 形		z/r	圆 形	
	α	$\bar{\alpha}$		α	$\bar{\alpha}$
0.0	1.000	1.000	2.6	0.187	0.560
0.1	0.999	1.000	2.7	0.175	0.546
0.2	0.992	0.998	2.8	0.165	0.532
0.3	0.976	0.993	2.9	0.155	0.519
0.4	0.949	0.986	3.0	0.146	0.507
0.5	0.911	0.974	3.1	0.138	0.495
0.6	0.864	0.960	3.2	0.130	0.484
0.7	0.811	0.942	3.3	0.124	0.473
0.8	0.756	0.923	3.4	0.117	0.463
0.9	0.701	0.901	3.5	0.111	0.453
1.0	0.647	0.878	3.6	0.106	0.443
1.1	0.595	0.855	3.7	0.101	0.434
1.2	0.547	0.831	3.8	0.096	0.425
1.3	0.502	0.808	3.9	0.091	0.417
1.4	0.461	0.784	4.0	0.087	0.409
1.5	0.424	0.762	4.1	0.083	0.401
1.6	0.390	0.739	4.2	0.079	0.393
1.7	0.360	0.718	4.3	0.076	0.386
1.8	0.332	0.697	4.4	0.073	0.379
1.9	0.307	0.677	4.5	0.070	0.372
2.0	0.285	0.658	4.6	0.067	0.365
2.1	0.264	0.640	4.7	0.064	0.359.
2.2	0.245	0.623	4.8	0.062	0.353
2.3	0.229	0.606	4.9	0.059	0.347
2.4	0.210	0.590	5.0	0.057	0.341
2.5	0.200	0.574			

表附录-5 圆形面积上三角形分布荷载作用下边点的 附加应力系数 α 与平均附加应力系数 $\bar{\alpha}$

	点	1		2	
z/r	系数	α	$\bar{\alpha}$	α	$\bar{\alpha}$
0.0		0.000	0.000	0.500	0.500
0.1		0.016	0.008	0.465	0.483
0.2		0.031	0.016	0.433	0.466
0.3		0.044	0.023	0.403	0.450
0.4		0.054	0.030	0.376	0.435

点 系数 z/r	1		2	
	α	$\bar{\alpha}$	α	$\bar{\alpha}$
0.5	0.063	0.035	0.349	0.420
0.6	0.071	0.041	0.324	0.406
0.7	0.078	0.045	0.300	0.393
0.8	0.083	0.050	0.279	0.380
0.9	0.088	0.054	0.258	0.368
1.0	0.091	0.057	0.238	0.356
1.1	0.092	0.061	0.221	0.344
1.2	0.093	0.063	0.205	0.333
1.3	0.092	0.065	0.190	0.323
1.4	0.091	0.067	0.177	0.313
1.5	0.089	0.069	0.165	0.303
1.6	0.087	0.070	0.154	0.294
1.7	0.085	0.071	0.144	0.286
1.8	0.083	0.072	0.134	0.278
1.9	0.080	0.072	0.126	0.270
2.0	0.078	0.073	0.117	0.263
2.1	0.075	0.073	0.110	0.255
2.2	0.072	0.073	0.104	0.249
2.3	0.070	0.073	0.097	0.242
2.4	0.067	0.073	0.091	0.236
2.5	0.064	0.072	0.086	0.230
2.6	0.062	0.072	0.081	0.225
2.7	0.059	0.071	0.078	0.219
2.8	0.057	0.071	0.074	0.214
2.9	0.055	0.070	0.070	0.209
3.0	0.052	0.070	0.067	0.204
3.1	0.050	0.069	0.064	0.200
3.2	0.048	0.069	0.061	0.196
3.3	0.046	0.068	0.059	0.192
3.4	0.045	0.067	0.055	0.188
3.5	0.043	0.067	0.053	0.184
3.6	0.041	0.066	0.051	0.180
3.7	0.040	0.065	0.048	0.177
3.8	0.038	0.065	0.046	0.173
3.9	0.037	0.064	0.043	0.170
4.0	0.036	0.063	0.041	0.167
4.2	0.033	0.062	0.038	0.161
4.4	0.031	0.061	0.034	0.155
4.6	0.029	0.059	0.031	0.150
4.8	0.027	0.058	0.029	0.145
5.0	0.025	0.057	0.027	0.140